深入浅出 工业机器学习算法 详解与实战

张朝阳 著

实用性是本书的基本出发点，书中介绍了近年来在工业界被广泛应用的机器学习算法，这些算法经受了时间的考验，不但效果好而且使用方便。此外，本书也十分注重理论的深度和完整性，内容编排力求由浅入深、推理完整、前后连贯、自成体系，先讲统计学、矩阵、优化方法这些基础知识，再介绍线性模型、概率图模型、文本向量化算法、树模型和深度学习。与大多数机器学习图书不同，本书还介绍了算法周边的一些工程架构及实现原理，比如如何实时地收集训练样本和监控算法指标、参数服务器的架构设计、做 A/B 测试的注意事项等。

本书理论体系完整，公式推导清晰，可作为机器学习初学者的自学用书。读者无需深厚的专业知识，本科毕业的理工科学生都能看懂。另外由于本书与工业实践结合得很紧密，所以也非常适合于从事算法相关工作的工程技术人员阅读。

图书在版编目（CIP）数据

深入浅出：工业机器学习算法详解与实战 / 张朝阳著 .— 北京：机械工业出版社，2020. 1 (2022.10 重印)
ISBN 978-7-111-64056-1

Ⅰ.①深…　Ⅱ.①张…　Ⅲ.①机器学习 - 算法　Ⅳ.① TP181

中国版本图书馆 CIP 数据核字（2019）第 230518 号

机械工业出版社（北京市百万庄大街 22 号　邮政编码 100037）
策划编辑：孙　业　责任编辑：孙　业　白文亭
责任校对：郑　婕　责任印制：郜　敏
北京盛通商印快线网络科技有限公司印刷
2022 年 10 月第 1 版第 2 次印刷
169mm×239mm・17.75 印张・344 千字
标准书号：ISBN 978-7-111-64056-1
定价：69.00 元

电话服务　　　　　　　　网络服务
客服电话：010-88361066　机　工　官　网：www.cmpbook.com
　　　　　010-88379833　机　工　官　博：weibo.com/cmp1952
　　　　　010-68326294　金　　书　　网：www.golden-book.com
封底无防伪标均为盗版　机工教育服务网：www.cmpedu.com

前　言

我曾经在字节跳动工作过一段时间，那是一家企业文化让我感到很舒适的公司，我说的舒适指的是平等和开放，公司很有野心，员工也都十分优秀，每年校招总能吸引一大批优秀的毕业生前来面试。在面试算法岗的同学里有很大一部分人面临这样的困境：他们很勤奋，也上过数据挖掘、机器学习的相关课程，但是对算法的思想、特点把握得不准，也看不到各个算法之间的通性和联系，有些同学直接问我有什么书可以推荐。我深深地感到对于那些有一定机器学习基础而经验尚不丰富的同学来说，一本从实际应用出发、深挖算法原理的图书是多么的重要。不久之后我就开始了本书的编写，没想到这一写就是一年半的时间，在整理知识的过程中我也得到了进一步的提升，希望在今后的日子里能和读者一起进步。

本书更是写给进入职场的算法工程师的，我确定这里需要一个“更”字。直到今天我一直都是一线码农，我写的都是实际工作中效果好、见效快的算法，如果你是一名算法工程师，在读本书的过程中相信会引起更多的共鸣。我刚参加工作那几年买了不少机器学习方面的书，现在想想当初是多么的焦虑，如果那时我就拥有本书会是多么的开心。因此写书时心里一直有个美好的愿望，希望我能写出一本工业界的算法宝典，帮广大读者省去四处求索的时间。当然算法工程师还有另一个重要的学习途径 —— 看论文，论文是关于算法的第一手资料，里面有原作者创作的心路历程。但是看论文对读者的知识技能要求比较高，因为写论文的人一般都会对算法的优点大书特书，而对劣势轻描淡写，道行浅的人难以辨别其中的水分有多少。相比之下写书的人会比较客观，他会把不同的算法放在一起对比，而且被写进书里面的算法都经过了时间的考验，所以读书对于初级选手来说是一种更友好的学习方式。

在难易程度上，我对本书的定位是深入浅出。“深入浅出”这个词已经被大家用滥了，看到这个词读者心目中想到的可能只有“浅出”，默认忽略了“深入”。而我一直在提醒自己写书一定要深入，不能为了简单易懂而故意避讳冗长的公式推导，深入才是对读者的负责。对于每一位想成为算法工程师的同学而言，你们都选择了一条注定艰辛的道路，不要幻想着通过轻轻松松看完一本书就能够领会各大主流算法的精髓。然而如果写书只顾着深入，那就成了作者一个人的自嗨，同样是对读者的不负责。为了帮助读者加速理解、减少疑惑，我会尽量从实际应用出发，多举一些工程实践中的例子，详细列出公式的推导过程，给出核心算法的代码实现，道破不同算法的内在联系。

张朝阳

目　录

CONTENTS

第 1 章　概　述

欢迎开启机器学习之旅！首先需要对机器学习有一个概貌性的了解：机器学习是如何解决实际问题的？它的关键步骤是什么？常用的算法有哪些？在实际操作中要注意哪些问题？工业界是如何搭建机器学习系统的？通过本章的学习，相信大家对机器学习会有一个更加科学、全面的了解。

1.1　机器学习基本流程

用机器学习解决实际工程中的问题可分五步走：

step 1. 建模，即把实际问题转化为一个数学问题。

step 2. 选择算法，机器学习算法繁多，同样的问题可以用多种算法来解决，而且新算法还在不断地涌现。

step 3. 确立优化目标，所有的机器学习问题最终都转变为一个最优化问题，比如最小化均方误差，或者最大化似然函数等。

step 4. 学习迭代，采用某种优化算法 (比如梯度下降) 去不停地更新参数，以逼近目标函数的最优解。

step 5. 效果评估，回归实际问题，用恰当的指标来评估模型的好坏。

建模可不是一件容易的事，以电商推荐为例，首先要把目标定得非常明确，是以提高点击量为目标，还是以提高成交量为目标，又或是以提高成交额为目标？假设目标是点击量，那就预测用户点击每一件商品的概率，把点击概率最高的排在最前面。从直观上看预测点击率是一个回归问题，其实也可以把它看成是一个二分类问题，即用户点还是不点。不论是分类问题还是回归问题，每次预测只需要关注一件商品，这种方法被称为 pointwise。还有一个思路是 pairwise，即把商品两两组合，预测用户喜欢前者高于后者的概率。

机器学习的发展主要是算法的发展，在 1.2 节会对主流的算法做一个梳理和总结。

对于概率问题经常用极大化似然函数作为目标，回归问题多用平方误差作为损失函数，而分类问题则多用交叉熵损失函数。

要极大化目标函数或极小化损失函数有很多种优化方法可以选择，第 4 章会专门介绍。

模型的评估和它的目标函数可以是两回事，也可以是一回事。模型评估的重点是从实际问题出发，目标函数的设立当然也是为了解决实际问题，但它还要兼顾数学问题的可解性。比如对于分类问题，目标函数通常用交叉熵，评估模型时用 AUC (Area Under Curve) 指标，又比如推荐问题，模型训练时用交叉熵或平方误差作为目标函数，评估时用 NDCG (Normalized Discounted Cumulative Gain) 指标，当然也可以直接用 AUC 或 NDCG 作为目标函数去训练模型，但那样做，优化算法会变得比较复杂。

1.2 业界常用算法

每年人工智能领域的论文浩如烟海，对于一个算法初学者来说时常不知道该从何下手，笔者在为本书挑选算法时遵循以下三个原则。

1) 在工业界广泛使用。有些算法虽然理论完美，效果也确实不错，但它所适用的数据特征、规模以及所需的计算资源与绝大多数企业面临的实际情况不符。

2) 具有理论代表性。读者掌握了这些典型算法后，再去学习其他同类型的算法就会容易许多。本书算法章节的编写力求由浅入深、推理完整、前后连贯、自成体系。

3) 同类算法给出实验对比。比如在线性模型、文本向量化模型、决策树模型中都给出了实验对比，这样理论结合实践，帮助读者对各种算法的特点有一个感性的认知。

线性模型古老而又生命力顽强，逻辑回归 (Logistic Regression) 是不得不提的一个算法。模型不足，特征来补，由于线性模型很简单，所以需要通过组合更复杂的特征来提高模型的表达能力。

隐马尔可夫模型和条件随机场是序列挖掘算法中的代表，序列挖掘应用十分广泛，比如分词、命名实体识别、语音识别等。近年来虽然深度学习在序列挖掘领域成绩斐然，但深度学习与条件随机场的结合已经成为新的趋势。

绝大多数的自然语言处理 (Natual Language Processing，NLP) 问题都绕不

开对文本进行向量化表示，有时需要把词表示成向量，有时需要把段落表示成向量。word2vec、fastText、GloVe 是词向量化领域的三柄长剑，笔者比较钟爱 fastText。

决策树的表达能力天然地优于线性模型，实践中应用决策树时一般都是森林，很少会使用单棵树，因为森林类的算法更健壮。对于简单的问题，随机森林和 AdaBoost 就可以获得非常好的效果，当特征比较多时给大家推荐一剂“灵丹妙药”——XGBoost。LightGBM 对 XGBoost 又做了升级改进，调参虽然变得复杂了一些，但速度和精度确实要超越 XGBoost。LightGBM 是微软亚洲研究院的作品，他们还推出了 LightLDA 和 LightRNN，目的都是为了节约计算资源，提高训练速度。

如今深度学习已成为新的风潮，人们正投入极大的热情设计各种复杂的网络来解决机器学习领域曾经和正在遇到的所有问题。笔者想提醒机器学习的初学者们，深度学习虽然强大，但它的理论体系没有传统算法那么优雅完整，所以传统的算法还是要学习的。关于深度学习本书将介绍卷积神经网络、循环神经网络和注意力机制，它们在工程实践中已经被广泛应用，并且可以比较轻松地获得更优的效果。同时会介绍 Keras 网络编程从入门到进阶的一些技能。

推荐系统是机器学习在工业界非常典型的应用案例，笔者将用一章的篇幅带领大家经历一个完整的推荐项目开发流程，包括从前期的算法调研到最终的服务上线。

1.3　构建机器学习系统

在工业界搞算法受到很多因素的制约。首先，如果没有足够多的、纯的样本，采用再先进的算法也不能获得好的预测效果，相反如果有足够多的样本数据，即使采用简单的模型也可能获得很好的效果，所以样本数据的收集是算法工程师面临的第一大难题。有了大量的样本数据，还需要能够快速地训练出模型，如果跑一次实验需要几天甚至一个月的时间，这在工业界是不可接受的，这时，一个分布式的训练系统就能派上大用场。模型离线取得的指标 (准确率、AUC 等) 跟线上实际运行时的指标往往是不一样的，如果代码有 bug，那么线上指标可能会很差，所以必须对模型的线上指标进行监控，而且是实时监控，另外在对比两个算法的好坏时最终都要以线上指标为准。

为了算法能实施落地，充分发挥其威力，需要构建一套完善的机器学习系统，图 1-1 是一个比较通用的构架。前端即手机 App 或 PC 网站，与用户直接相连。前端把请求上下文发给算法服务，算法服务预测出用户最感兴趣的物品，并返回给前端，请求上下文中包含用户的 ID、IP、地理位置等信息。算法服务在做预测时需要获取两样东西：模型和特征。如果线上同时运行着多个模型，需要由 A/B 系统来决定针对当前用户采用哪个模型。用户特征和物品特征是离线计算好的，其交叉特征需要实时计算，另外对算法而言，请求上下文也属于特征的一部分。日志收集器实时地收集特征以及展现点击数据，按物品 ID 对它们进行拼接，构成正负样本 (比如展现的物品被点击的是正样本，没被点击的是负样本)。这些样本送给模型训练器，训练器采用 SGD(Stochastic Gradient Descent)、FTRL(Follow the Regularized Leader) 等方法实时地更新模型。同时日志收集器负责计算模型的在线指标，发给监控系统进行展示，当在线指标低于阈值时，监控系统通过短信、邮件等方式通知开发人员。

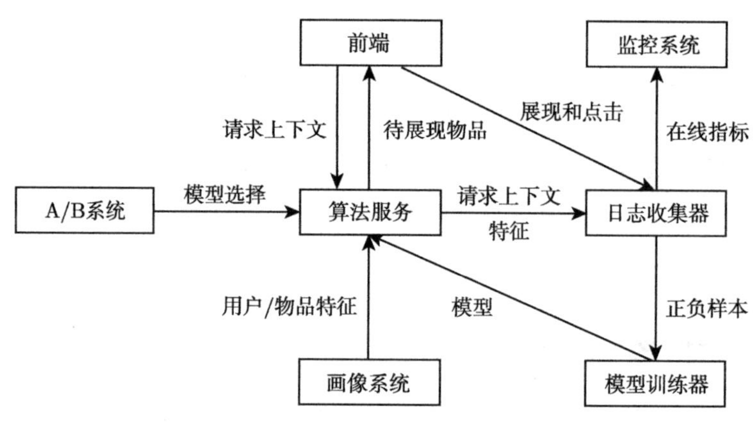

图 1-1　机器学习系统架构

本书最后三章侧重于工程化部分，详细描述如何搭建日志收集系统、A/B 测试系统，以及如何进行模型的分布式训练。这三章实战性很强，所以会展示比较详尽的核心代码，由于 Python 在机器学习领域最为流行，大部分读者都已掌握了这门语言，所以本书全部采用 Python 来做代码演示，但是在搭建线上系统，尤其是 CPU 密集型的算法任务时，一般采用 C++、Go 这类高效的语言，其速度可能是 Python 的成百上千倍。

第 2 章 统计学

统计学是人类总结过去、对历史经验进行度量刻画的一种方法。在机器学习中，统计学的思想是无处不在的，甚至可以说一些机器学习算法就是统计学的高级封装和复杂应用。

2.1 概率分布

在统计学里万物都是随机变量，概率分布是对随机变量的基本描述。如果我们掌握了随机变量的概率分布函数，那么就掌握了它的一切，就可以对它进行预测，当然这种预测都是有概率的，不是确定性的。

2.1.1 期望与方差

如果 $\int_{-\infty}^{\infty}|x|f(x)\mathrm{d}x<\infty$，那么 $\mathrm{E}(x)=\int_{-\infty}^{\infty}xf(x)\mathrm{d}x$；如果积分发散，则期望不存在。

方差 $\mathrm{Var}(X)$ 可以看作是 $\left[X-\mathrm{E}(X)\right]^2$ 的期望。

$$\mathrm{Var}(X)=\mathrm{E}\big[X-\mathrm{E}(X)\big]^2$$

乍一看计算方差需要遍历两次样本，第 1 次遍历算出 X 的期望 $\mathrm{E}(X)$，第 2 次遍历算出 $\left[X-\mathrm{E}(X)\right]^2$ 的期望，实际上我们对公式稍作变换就能发现，只需一次遍历就可以计算出方差。由于 $\mathrm{E}(X)$ 是常数，$\mathrm{E}(X)^2$ 也是常数，常数的期望还是这个数本身，所以 $\mathrm{E}\big(\mathrm{E}(X)\big)=\mathrm{E}(X)$，$\mathrm{E}\big(\mathrm{E}(X)^2\big)=\mathrm{E}(X)^2$。

$$\begin{aligned}
\mathrm{Var}(X)&=\mathrm{E}\big[X-\mathrm{E}(X)\big]^2\\
&=\mathrm{E}\left[X^2-2X\,\mathrm{E}(X)+\mathrm{E}(X)^2\right]\\
&=\mathrm{E}\left(X^2\right)-2\,\mathrm{E}(X)\,\mathrm{E}\left(\mathrm{E}(X)\right)+\mathrm{E}\left(\mathrm{E}(X)^2\right)\\
&=\mathrm{E}(X^2)-2\,\mathrm{E}(X)\,\mathrm{E}(X)+\mathrm{E}(X)^2
\end{aligned}$$

$$=\mathrm{E}(X^2)-\mathrm{E}(X)^2$$

可见，只需一次遍历既可以算出 $\mathrm{E}(X^2)$，也可以算出 $\mathrm{E}(X)$。

代码 2-1 计算均值和方差

```
def mean_Var(arr):
    dim = len(arr)
    if dim == 0:
        return (0, 0)
    sumOrig = 0.0
    sumSquare = 0.0
    for ele in arr:
        sumOrig += ele
        sumSquare += ele**2
    mean = sumOrig / dim
    variance = sumSquare / dim - mean**2
    return (mean, variance)
```

定义样本的均值 $\overline{X}$ 和方差 S^2：

$$\overline{X}=\frac{\sum_{i=1}^{n}X_i}{n}$$

$$S^2=\frac{1}{n-1}\sum_{i=1}^{n}(X_i-\overline{X})^2$$

定理 2.1 (大数定理) 当样本总量足够大时，样本均值 $\overline{X}$ 趋于总体期望 μ。

定义 2.1 对于统计量 θ，若 $\mathrm{E}(\hat{\theta})=\theta$，则 $\hat{\theta}$ 是 θ 的无偏估计

定理 2.2 样本均值 $\overline{X}$ 是总体期望 μ 的无偏估计。

证明：

$$\mathrm{E}\left(\overline{X}\right)=\mathrm{E}\left(\frac{1}{n}\sum_{i=1}^{n}X_i\right)=\frac{1}{n}\sum_{i=1}^{n}\mathrm{E}(X_i)$$

$$=\frac{1}{n}\sum_{i=1}^{n}\mu=\frac{1}{n}n\mu=\mu$$

定理 2.3 样本方差 S^2 是总体方差 σ^2 的无偏估计。

证明：对于任意的 i 都有 $\mathrm{E}(X_i)=\mathrm{E}(X)$，$\mathrm{E}(X_i^2)=\mathrm{E}(X^2)=\mu^2+\sigma^2$。

$$
\begin{aligned}
\mathrm{E}(\overline{X}^2) &= \mathrm{E}\left[\left(\frac{\sum_{i=1}^n X_i}{n}\right)^2\right] = \mathrm{E}\left[\frac{\sum_{i=1}^n X_i^2 + 2\sum_{i=1}^{n-1}\sum_{j=i+1}^n X_iX_j}{n^2}\right] \\
&= \frac{1}{n^2}\left[\sum_{i=1}^n \mathrm{E}(X_i^2) + 2\sum_{i=1}^{n-1}\sum_{j=i+1}^n \mathrm{E}(X_i)\,\mathrm{E}(X_j)\right] \\
&= \frac{1}{n^2}\left[\sum_{i=1}^n \mathrm{E}(X^2) + 2\sum_{i=1}^{n-1}\sum_{j=i+1}^n \mathrm{E}(X)^2\right] \\
&= \frac{1}{n^2}\left[n\,\mathrm{E}(X^2) + (n^2-n)\,\mathrm{E}(X)^2\right] \\
&= \frac{1}{n^2}\left[n(\mu^2+\sigma^2) + (n^2-n)\mu^2\right] \\
&= \frac{\sigma^2}{n} + \mu^2
\end{aligned}
$$

$$
\begin{aligned}
\mathrm{E}(S^2) &= \mathrm{E}\left[\frac{1}{n-1}\sum_{i=1}^n (X_i-\overline{X})^2\right] = \frac{1}{n-1}\mathrm{E}\left[\sum_{i=1}^n \left(X_i^2 - 2X_i\overline{X} + \overline{X}^2\right)\right] \\
&= \frac{1}{n-1}\mathrm{E}\left[\sum_{i=1}^n X_i^2 - 2\overline{X}\sum_{i=1}^n X_i + \sum_{i=1}^n \overline{X}^2\right] \\
&= \frac{1}{n-1}\mathrm{E}\left[\sum_{i=1}^n X_i^2 - 2n\overline{X}^2 + n\overline{X}^2\right] \\
&= \frac{1}{n-1}\mathrm{E}\left[\sum_{i=1}^n X_i^2 - n\overline{X}^2\right] \\
&= \frac{1}{n-1}\left[\sum_{i=1}^n \mathrm{E}(X_i^2) - n\,\mathrm{E}\left(\overline{X}^2\right)\right] \\
&= \frac{1}{n-1}\left[n(\mu^2+\sigma^2) - n(\frac{\sigma^2}{n}+\mu^2)\right] = \sigma^2
\end{aligned}
$$

这就是为什么样本的方差公式中分母是 $n-1$ 而不是 n 的原因，如果是 n，那 S^2 就不是 σ^2 的无偏估计了。

2.1.2 概率密度函数

随机变量 X 的概率密度函数 (Probability Density Function, PDF) 表示 $X=x$

的概率，即 $f(x) = p(X = x)$。在机器学习中最常见的几种概率分布有均匀分布、正态分布 (又叫高斯分布)、伯努利分布和二项分布，前两个是针对连续变量，后两个是针对离散变量。

随机变量 X 服从 $[a,b]$ 上的均匀分布，$X \sim U(a,b)$，则

$$f(x) = \frac{1}{b-a}$$

绝大多数的编程语言都提供这样一个 rand(a,b) 函数，它返回 $[a,b]$ 上的服从均匀分布的随机数。

X 服从正态分布，$X \sim N(\mu,\sigma)$，则

$$f(x) = \frac{1}{\sqrt{2\pi}\sigma}\exp\left\{-\frac{(x-\mu)^2}{2\sigma^2}\right\}$$

式中，μ 是期望；σ^2 是方差。区间 $[\mu-3\sigma,\mu+3\sigma]$ 上覆盖了 99.73% 的样本，质量管理中的“6σ 原则”由此而来。当 $\mu=0$，$\sigma=1$ 时，称 X 服从标准正态分布。

定理 2.4 *若 X 服从正态分布 $X \sim N(\mu,\sigma^2)$，则 $(X-\mu)/\sigma \sim N(0,1)$。*

请读者根据期望和方差的基本定义自行证明定理 2.4。可以近似认为标准正态分布的变量都位于 $[-3,3]$ 上，再通过线性压缩就可以得到 $[0,1]$ 上的随机变量，这就是机器学习中经常用的数据归一化方法，注意归一化之后的结果仍然服从正态分布。

如何用代码生成服从标准正态分布的样本呢？这里给出一种方法：首先独立生成 [0,1] 上的均匀随机变量 U_1 和 U_2，则 $X = \sqrt{-2\log^{\ominus} U_1}\cos(2\pi U_2)$ 和 $Y = \sqrt{-2\log U_1}\sin(2\pi U_2)$ 是相互独立的标准正态随机变量。这种方法叫作极化方法 (polar method)。

若给定一个连续随机变量的概率密度函数，如何编码生成服从该分布的样本？有一种方法叫作接收–拒绝法 (Acceptance-Rejection Method)。

以高斯分布为例，概率密度函数 $f(x)$ 的定义域可近似认为是 $[\mu-3\sigma,\mu+3\sigma]$，当 $x=\mu$ 时，$f(x)$ 取得最大值，所以 $f(x)$ 的值域为 $\left[0,1/(\sqrt{2\pi}\sigma)\right]$。

⊖ 在机器学习领域及 Python 代码中，以常数 e 为底数的对数均写作 log。

算法 2-1 接收–拒绝抽样法

输入: 分布的概率密度函数为 $f(x)$，$f(x)$ 的定义域为 $[x_{\min}, x_{\max}]$

输出: 分布上的一个样本

1. 计算出 $f(x)$ 的值域 $[y_{\min}, y_{\max}]$。
2. 独立生成 2 个均匀分布的随机变量，$X \sim U(x_{\min}, x_{\max})$，$Y \sim U(y_{\min}, y_{\max})$。
3. 如果 $Y \leqslant f(X)$，则返回 X；否则回到上一步。

代码 2-2 接收–拒绝法进行高斯采样

```
import math
import random

def gusaa_pdf(x):
    y = 1.0 / (math.sqrt(2 * math.pi) * sigma) * \
        math.exp(-math.pow(x - mu, 2.0) / (2 * sigma ** 2))
    return y

def guass_sample(mu, sigma):
    x_min = -3 * sigma
    x_max = 3 * sigma
    x_intv = x_max - x_min
    y_min = 0
    y_max = 1.0 / math.sqrt(2 * math.pi)
    y_intv = y_max - y_min
    while True:
        x = x_min + x_intv * random.random()
        y = y_min + y_intv * random.random()
        if y < gusaa_pdf(x):
            return x
```

如果离散变量 X 的取值只有 0 和 1 两种，那么 X 服从伯努利分布。

$$f(1) = p,\ f(0) = 1 - p$$

令 $X_1, X_2, \cdots, X_n$ 是相互独立的伯努利随机变量，那么 $Y = X_1 + X_2 + \cdots + X_n$ 是一个二项随机变量。

$$f(k) = p(Y = k) = \binom{n}{k} p^k (1-p)^{n-k}$$

二项分布的期望是 np，方差是 $np(1-p)$。大名鼎鼎的 LR(Logistic Regression) 算法用的就是二项分布。

2.1.3 累积分布函数

顾名思义，累积分布函数 (Cumulative Distribution Function, CDF) 是对概率密度函数求积分。

$$F_X(x) = p(X \leqslant x) = \int_{-\infty}^{x} f(t) \mathrm{d}t$$

显然在整个定义域上对概率密度函数求积分的结果是 1，这是一种绝妙的数据归一化方法！因为它不受数据分布的限制，只要累积分布函数存在就能进行归一化，而且归一化之后服从 $[0, 1]$ 的均匀分布。

定理 2.5 (中心极限定理) 不论 X 服从什么分布，设其均值为 μ，方差为 σ^2，每次从总体中取出 n 个样本并计算它们的均值，反复取 m 次就得 m 个均值，把这些均值也看成是随机变量并用 $\overline{X}$ 表示，当 m 足够大时，$\overline{X}$ 的总体就趋于正态分布 $\overline{X} \sim N\left(\mu, \dfrac{\sigma^2}{n}\right)$。

因为 $\overline{X} = \dfrac{1}{n} \sum_{i=1}^{n} X_i$，所以粗略来看中心极限定理 (Central Limit Theorem) 是说，如果一个随机变量是许多独立同分布的随机变量之和，那么它就近似服从正态分布。如此看来正态分布是“分布之王”，当对一个随机变量全然不知时，最保险的假设是它服从正态分布，机器学习中很多算法实际上都默认了数据是服从正态分布的。正态分布的累积分布函数为

$$f(x) = \frac{1}{\sqrt{2\pi}\sigma} \int_{-\infty}^{x} \mathrm{e}^{-\frac{(t-\mu)^2}{2\sigma^2}} \mathrm{d}t$$

正态分布的累积分布函数与 sigmoid 函数非常相似。式 (2-1) 是 sigmoid 函数的一般表示，标准正态分布的累积分布函数和 $1/(1 + \mathrm{e}^{-1.7x})$ 的函数图像非常地逼近。LR 中就是用 sigmoid 函数来做归一化的。

$$\frac{1}{1 + \mathrm{e}^{-w \cdot x}} \tag{2-1}$$

2.2 极大似然估计与贝叶斯估计

现实中任何随机变量的概率分布函数都是未知的，我们需要通过科学的方法进行猜测和验证。如果事先假定随机变量服从某种特定的分布 (比如二项分布)，然后通过统计的手段来计算其分布参数，这种方法称为参数估计。如果事先不对变量的分布做任何假设，这种方法称为无参估计。

2.2.1 极大似然估计

极大似然估计 (Maximum Likelihood Estimate, MLE) 是一种参数估计的方法，它利用待估参数写出似然函数，并令似然函数极大化，从而求出参数。似然函数是实验结果发生的概率函数。

例 2-1 抛了 10 次硬币，实验结果是 6 次正面向上，4 次反面向上，求该硬币正面向上的概率。

频率学派简单地统计频次就能给出结果是 0.6。这实际上跟极大似然估计是等价的。抛硬币实验的似然函数曲线如图 2-1 所示。

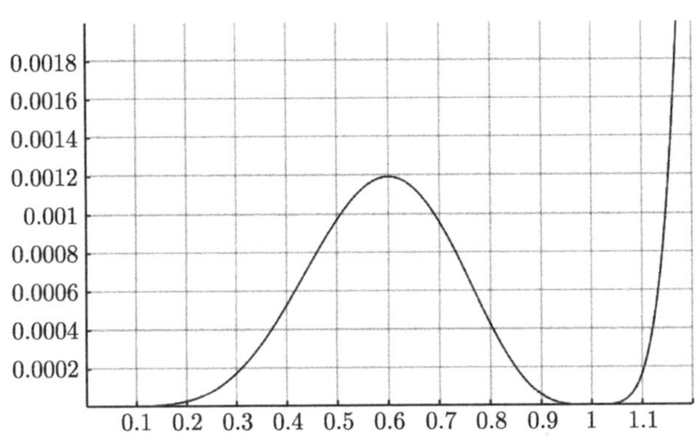

图 2-1 抛硬币实验的似然函数曲线

抛硬币这种事情服从二项分布，设正面向上的概率为 θ，$0 \leqslant \theta \leqslant 1$，正面向上的似然函数为 $L(\theta)=C_{10}^{6}\theta^{6}(1-\theta)^{4}$，它在 [0,1] 是个凹函数，直接求导数为 0 的点即为最大值点。

由 $\partial L/\partial\theta=0$ 得 $6\theta^{5}(1-\theta)^{4}-4\theta^{6}(1-\theta)^{3}=0$，所以 $\theta=0.6$。

对于线性拟合问题，当拟合误差服从 0 均值正态分布时，由极大似然估计可以推导出最小化平方误差。对于所有的样本 i 如果能用线性函数 wx_i 准确地拟合 y_i，

那么 $p(y_i|x_i,w)=1$，但现实情况中拟合是有误差的，令误差为 ξ，即 $y_i=wx_i+\xi_i$。假设 ξ 服从均值为 0、标准差为 σ 的正态分布，即

$$p(\xi)=\frac{1}{\sqrt{2\pi}\sigma}\mathrm{e}^{-\frac{\xi^2}{2\sigma^2}}$$

那么在给定 x_i 的情况下，真实值 y_i 服从均值为 wx_i、标准差为 σ 的正态分布。

$$p(y_i|x_i,w)=\frac{1}{\sqrt{2\pi}\sigma}\mathrm{e}^{-\frac{(y_i-wx_i)^2}{2\sigma^2}} \tag{2-2}$$

依据极大似然估计，即

$$\max\prod_i p(y_i|x_i,w)$$

指数连乘变换为对数连加，即

$$\max\sum_i \ln p(y_i|x_i,w)$$

将式 (2-2) 代入得

$$\min\ \frac{1}{2}\sum_i (y_i-wx_i)^2$$

极大似然估计同样可以推出最小化交叉熵。有两个 n 项分布，取第 i 种情况的概率分别设为 p_i 和 q_i，则这两个多项分布之间的交叉熵为

$$-\sum_i p_i\log q_i$$

设有一个 n 项分布，通过实验观察到各个情况分别发生了 $m_1,m_2,m_i,\cdots,m_n$ 次，设其第 i 种情况的概率为 q_i，依据极大似然估计

$$\max\prod_i Cq_i^{m_i}$$

C 是正常数，对于优化问题而言可以去掉。转变为对数形式，同时取相反数，得

$$\min\ -\sum_i m_i\log q_i$$

上式除以一个系数 $M=\sum_i m_i$，并令 $p_i=m_i/M$，得

$$\min\ -\sum_i p_i\log q_i$$

各个 p_i 之和为 1，所以 p_i 可以表示某个多项分布，这样上式就代表最小化 p 和 q 的交叉熵。

设 y 是取值为 $\{0,1\}$ 的伯努利分布，$p(y=1)=p$，$p(y=0)=1-p$，把这两个式子统一起来得到伯努利实验 y 发生的概率为 $p^y(1-p)^{1-y}, y\in\{0,1\}$。由此得到二项分布的似然函数

$$\max \prod_i p^{y_i}(1-p)^{1-y_i}$$

转变成对数形式即为交叉熵损失函数

$$\min -\sum_i (y_i \log p + (1-y_i)\log(1-p)) \tag{2-3}$$

2.2.2 贝叶斯估计

当变量 A 和 B 之间相互独立时，则 $p(A,B)=p(A)p(B)$，且有 $p(A,B|C)=p(A|C)p(B|C)$。当变量 A 和 B 之间不相互独立时，有 $p(A,B)=p(A)p(B|A)=p(B)p(A|B)$，由此得贝叶斯公式

$$p(A|B)=\frac{p(B|A)p(A)}{p(B)}$$

在参数估计中，令 θ 表示随机变量的分布参数，是待求变量，E 表示实验观察到的结果，套用贝叶斯公式可得到

$$p(\theta|E)=\frac{p(E|\theta)p(\theta)}{p(E)}$$

θ 是因，E 是果，$p(E|\theta)$ 是由因寻果，称之为似然概率 likelihood。$p(\theta|E)$ 是执果寻因，称之为 θ 的后验概率 posterior。而 $p(\theta)$ 是在实验之前对 θ 的猜测，称之为 θ 的先验概率 prior。当 θ 是待求变量时，$p(E)$ 是常数，贝叶斯公式说明了

$$\text{posterior} \propto \text{likelihood} * \text{prior}$$

因此求后验概率最大化就等价于求"似然概率 * 先验概率"最大化，贝叶斯学派在估计参数 θ 时用的就是后验概率最大化。在极大似然估计中仅仅是令似然概率最大化。

先验概率 $p(\theta)$ 的函数表达式是什么呢？通常可以根据似然函数来选择相应的先验概率函数，这里的技巧是：选那些表达形式跟似然函数非常相似的函数作为先

验概率函数，这种先验概率函数与似然函数共轭。比如 2.2.1 节中抛硬币实验的二项分布似然函数为 $C_{10}^{6}\theta^6(1-\theta)^4$，那么先验函数最好也是 $\gamma\theta^\alpha(1-\theta)^\beta$ 这样的形式，因为这种情况下似然函数和先验函数可以很容易地在形式上合并，给求极值带来方便。巧的是，Beta 函数刚好就满足这样的形式：

$$B(\theta;\alpha,\beta)=\frac{\Gamma(\alpha+\beta)}{\Gamma(\alpha)\Gamma(\beta)}\theta^{\alpha-1}(1-\theta)^{\beta-1}$$

Γ 表示 Gamma 函数，对于正整数 n，$\Gamma(n)=(n-1)!$

Beta 分布是二项分布的共轭分布。针对 2.2.1 节中抛硬币实验，根据极大化后验概率的原则得到

$$\max\ \frac{\Gamma(\alpha+\beta)}{\Gamma(\alpha)\Gamma(\beta)}\theta^{5+\alpha}(1-\theta)^{3+\beta}$$

转换为对数形式为

$$\max\ \ln\frac{\Gamma(\alpha+\beta)}{\Gamma(\alpha)\Gamma(\beta)}+(5+\alpha)\ln\theta+(3+\beta)\ln(1-\theta)$$

对目标函数求导，令导数为 0，$(5+\alpha)/\theta-(3+\beta)/(1-\theta)=0$，得 $\theta=(5+\alpha)/(8+\alpha+\beta)$，当我们取 $\alpha=\beta>1$ 的 Beta 分布作为二项分布的共轭时，算出来的 θ 总是介于 0.6 和 0.5 之间。先验分布中参数的物理含义是什么，或者说如何理解先验分布？假设在 2.2.1 节抛硬币实验之前我们先做一次实验，在这个“先验”实验中硬币正面向上出现了 α 次，反面向上出现了 β 次，则正面向上的先验概率为 $\alpha/(\alpha+\beta)$。把“先验”实验的结果与真实实验的结果合并起来得到该硬币正面向上的概率为 $(6+\alpha)/(10+\alpha+\beta)$，所以贝叶斯估计就是用先验去修正似然，先验参数 α 和 β 越大，贝叶斯估计的结果就越趋近于先验概率。比如在“先验”实验中抛了 200 次硬币，且我们先验地认为正反的概率是一样的，即 $\alpha=\beta=100$，而在真实实验中总共才抛了 10 次硬币，最终得到的正面向上概率会非常逼近于 0.5。

最后还是要提醒读者，贝叶斯估计不一定比极大似然估计效果好，实践中还是极大似然估计用得更多。贝叶斯估计在极大似然估计的基础上又加了一项先验分布，而这一举措是很主观的，即先验分布并不是客观存在的。在先验分布的选取上，只是出于计算方便考虑而选择了共轭分布，并没有理论依据。

2.2.3 共轭先验与平滑的关系

Laplase 是实践中最常用的平滑方法，设抛一枚硬币正面向上出现了 m 次，反面向上出现了 n 次，则 Laplase 平滑认为正面向上发生的概率为

$$\frac{m+\alpha}{m+n+2\alpha}$$

Laplase 平滑的结果正是 Beta 先验的一种特例，即在 Beta 分布中 $\beta=\alpha$。平滑的方法还有很多，Laplase 平滑与多项式共轭先验的内在关联纯属巧合。

既然说到了平滑算法就不得不提 Good-Turing，Good-Turing 是平滑算法中的佼佼者，对于任何发生 r 次的事件，都假设它发生了 r^* 次，有

$$r^*=(r+1)\frac{n_r+1}{n_r} \tag{2-4}$$

式中，n_r 是历史数据中发生了 r 次的事件的个数。

比如我们统计到 7 个事件发生的次数依次为：2，1，0，1，2，2，2。发生了 0 次的事件有 1 个，发生了 1 次的事件有 2 个，发生了 2 次的事件有 4 个，即当 $r=0$ 时，$n_r=1$；当 $r=1$ 时，$n_r=2$；当 $r=2$ 时，$n_r=4$。按照式 (2-4) 计算，得

$$0^*=(0+1)\frac{1+1}{1}=2$$

$$1^*=(1+1)\frac{2+1}{2}=3$$

$$2^*=(2+1)\frac{4+1}{4}=3.75$$

因此经过 Good-Turing 平滑之后这 7 个事件发生的次数为：3.75，3，2，3，3.75，3.75，3.75。Good-Turing 可以保证平滑之后的次数都大于 0。

2.3 置信区间

无偏估计、极大似然估计等都是给未知参数估计一个值，并没有给出这种估计的误差或可靠度，这就是点估计。而区间估计则给出未知参数可能位于哪段区间上，以及位于该区间的可信度有多少。这段区间称为置信区间，相应的可信度称为置信度。

2.3.1 t 分布

定义 2.2 若 $X_1, X_2, \cdots, X_n$ 是独立的标准正态随机变量，则 $X_1^2 + X_2^2 + \cdots + X_n^2$ 是自由度为 n 的卡方分布，记为 χ_n^2。

可以得出两个推论，如果 Z 是标准正态随机变量，则 $Z^2 \sim \chi_1^2$；如果 U 和 V 独立，$U \sim \chi_n^2$，$V \sim \chi_m^2$，那么 $U + V \sim \chi_{n+m}^2$。

定理 2.6 对于正态分布，$(n-1)S^2/\sigma^2$ 服从自由度为 $n-1$ 的卡方分布。

证明：首先

$$\frac{1}{\sigma^2}\sum_{i=1}^{n}(X_i-\mu)^2 = \sum_{i=1}^{n}\left(\frac{X_i-\mu}{\sigma}\right)^2 \sim \chi_n^2$$

同时

$$\begin{aligned}
&\frac{1}{\sigma^2}\sum_{i=1}^{n}(X_i-\mu)^2 = \frac{1}{\sigma^2}\sum_{i=1}^{n}\left[(X_i-\overline{X})+(\overline{X}-\mu)\right]^2 \\
=&\frac{1}{\sigma^2}\sum_{i=1}^{n}\left[(X_i-\overline{X})^2+(\overline{X}-\mu)^2+2(X_i-\overline{X})(\overline{X}-\mu)\right] \\
=&\frac{1}{\sigma^2}\sum_{i=1}^{n}(X_i-\overline{X})^2+\frac{n(\overline{X}-\mu)^2}{\sigma^2}+\frac{2(\overline{X}-\mu)\sum_{i=1}^{n}(X_i-\overline{X})}{\sigma^2}
\end{aligned}$$

利用 $\sum_{i=1}^{n}(X_i-\overline{X})=0$ 得

$$\frac{1}{\sigma^2}\sum_{i=1}^{n}(X_i-\mu)^2 = \frac{1}{\sigma^2}\sum_{i=1}^{n}(X_i-\overline{X})^2+\left(\frac{\overline{X}-\mu}{\sigma/\sqrt{n}}\right)^2$$

因为 $\sum_{i=1}^{n}(X_i-\mu)^2/\sigma^2 \sim \chi_n^2$，$\left(\frac{\overline{X}-\mu}{\sigma/\sqrt{n}}\right)^2 \sim \chi_1^2$，所以 $(n-1)S^2/\sigma^2$ 服从自由度为 $n-1$ 的卡方分布。

定义 2.3 如果 $Z \sim N(0,1), U \sim \chi_n^2$，且 Z 和 U 独立，则 $\dfrac{Z}{\sqrt{U/n}}$ 是自由度为 n 的 t 分布。

由中心极限定理可知对于任意的分布都有

$$\frac{\overline{X}-\mu}{\sigma/\sqrt{n}} \sim N(0,1) \tag{2-5}$$

注意：如果已知 X 服从正态分布，则直接用定理 2.4 就可以转换为标准正态分布，否则可以用式 (2-5) 转换。

又有 $(n-1)S^2/\sigma^2$ 服从自由度为 $n-1$ 的卡方分布，所以

$$\frac{\dfrac{\overline{X}-\mu}{\sigma/\sqrt{n}}}{\sqrt{\dfrac{(n-1)S^2/\sigma^2}{n-1}}}=\frac{\overline{X}-\mu}{S/\sqrt{n}}\sim t(n-1) \tag{2-6}$$

对比式 (2-5) 和式 (2-6),“$\sim$”左边仅仅是 σ 和 S 的区别，当 n 足够大时，σ 和 S 可以认为是相等的，由此推断 t 分布和标准正态分布应该很相似。事实正是如此，t 分布也关于 0 点对称，当自由度趋于无穷大时，t 分布趋于标准正态分布。事实上，自由度超过 20 或 30 时，两个分布就非常接近。

2.3.2 区间估计

对于概率密度函数 PDF 已知的随机变量，给定置信区间 $[a,b]$，置信度用 $1-\alpha$ 表示，$1-\alpha=\int_a^b \mathrm{pdf}(x)\mathrm{d}x$，$\alpha$ 称为显著性水平，$\alpha=\int_{-\infty}^a \mathrm{pdf}(x)\mathrm{d}x+\int_b^\infty \mathrm{pdf}(x)\mathrm{d}x$。图 2-2 进一步解释了置信区间与置信度的关系，中间空白区段 $[-t_{\alpha/2},t_{\alpha/2}]$ 为置信区间，两侧阴影的面积之和为 α。从标准正态分布中任取一个样本 x，它位于置信区间 $[-3,3]$ 上的置信度为 0.9973，置信区间越宽置信度就越高。对于几种常用的分布，比如标准正态分布、二项分布、t 分布、F 分布、χ^2 分布，置信区间与显著性水平的对应关系都已经算好了，工程实践中查表即可得，对于标准正态分布还可以利用 Excel 的 NORMSINV 函数求置信区间，$t_{\alpha/2}=\mathrm{NORMSINV}(1-\alpha/2)$。

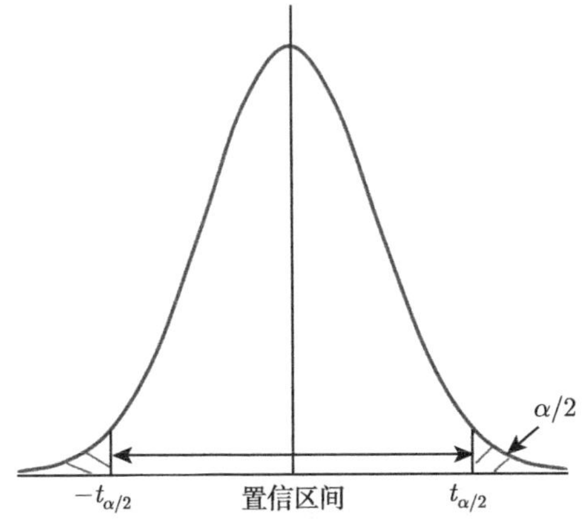

图 2-2 t 分布置信区间与置信度

介绍了这么多定理和公式，我们终于来到一个实际问题面前：在新闻推荐系统中我们常以每日人均阅读新闻数来评价推荐算法的好坏，一个用户一天阅读的新闻数 X 可以认为服从正态分布 $N(\mu,\sigma^2)$，μ 和 σ^2 都是未知的。为了估计 μ，我们取近一周所有用户每天阅读新闻的数量作为样本，样本容量为 n，直接用样本均值 $\overline{X}$ 来估计总体均值 μ 是无偏的，但是点估计无法给出置信度。我们希望给定一个置信度 $1-\alpha$，能估计出 μ 的一个置信区间 $[\overline{X}-z,\overline{X}+z]$。根据式 (2-6) 得

$$p\left[\left|\frac{\overline{X}-\mu}{\dfrac{S}{\sqrt{n}}}\right| \geqslant t_{\alpha/2}(n-1)\right]=\alpha$$

故 μ 的置信区间为

$$\left[\overline{X}-t_{\alpha/2}(n-1)\frac{S}{\sqrt{n}},\overline{X}+t_{\alpha/2}(n-1)\frac{S}{\sqrt{n}}\right] \tag{2-7}$$

给定显著性水平 α 的情况下，抽样样本数 n 越大，$t_{\alpha/2}(n-1)$ 越小，置信区间越窄，用 $\overline{X}$ 估计 μ 的精度越高。

第二个实际问题：新闻推荐系统中经常要做 A/B 实验，即把全部用户分成两部分，第一部分用户有 n 个人，给他们展现算法 A 的推荐结果，第二部分用户有 m 个人，给他们展现算法 B 的推荐结果。这两部分用户日阅读新闻数分别用随机变量 X 和 Y 来表示，$X\sim N(\mu_1,\sigma_1^2)$，$Y\sim N(\mu_2,\sigma_2^2)$。在给定置信水平 $1-\alpha$ 的情况下用 $\overline{X}-\overline{Y}$ 来估计两种算法的效果差异置信区间有多宽，如果置信区间比较宽说明这种估计的结果不够精准。

由式 (2-5) 得 $\overline{X}\sim N(\mu_1,\sigma_1^2/n)$，$\overline{Y}\sim N(\mu_2,\sigma_2^2/m)$。补充一个推论：若 A 和 B 都是正态随机变量，则 $A+B$ 也是正态随机变量，且其均值为 $\mathrm{E}(A+B)=\mathrm{E}(A)+\mathrm{E}(B)$，方差为 $\mathrm{Var}(A+B)=\mathrm{Var}(A)+\mathrm{Var}(B)+2\,\mathrm{Cov}(A,B)$，$\mathrm{Cov}(A,B)$ 是 A 和 B 的协方差，当 A 和 B 相互独立时，$\mathrm{Cov}(A,B)=0$。A/B 实验的两部分用户是相互独立的，所以

$$\overline{X}-\overline{Y}\sim N\left(\mu_1-\mu_2,\frac{\sigma_1^2}{n}+\frac{\sigma_2^2}{m}\right)$$

由定理 2.4 得

$$\frac{(\overline{X}-\overline{Y})-(\mu_1-\mu_2)}{\sqrt{\dfrac{\sigma_1^2}{n}+\dfrac{\sigma_2^2}{m}}}\sim N(0,1)$$

$\mu_1-\mu_2$ 的置信区间为

$$\left[(\overline{X}-\overline{Y})-z_{\alpha/2}\sqrt{\frac{\sigma_1^2}{n}+\frac{\sigma_2^2}{m}},(\overline{X}-\overline{Y})+z_{\alpha/2}\sqrt{\frac{\sigma_1^2}{n}+\frac{\sigma_2^2}{m}}\right]$$

虽然 σ_1^2 和 σ_2^2 是未知的，但当 $n,m>50$ 时，可以分别用 S_1^2 和 S_2^2 取代 σ_1^2 和 σ_2^2。$z_{\alpha/2}$ 通过查正态分布表可以得到。

$$\left[(\overline{X}-\overline{Y})-z_{\alpha/2}\sqrt{\frac{S_1^2}{n}+\frac{S_2^2}{m}},(\overline{X}-\overline{Y})+z_{\alpha/2}\sqrt{\frac{S_1^2}{n}+\frac{S_2^2}{m}}\right] \tag{2-8}$$

还有一种 A/B 实验的方法是从全体用户中随机分出数量均等的两小部分用户进行效果的对比，即此时 $n=m$，求 $\mu_1-\mu_2$ 的置信区间。

构造一个随机变量 Z，$Z_i=X_i-Y_i$，$i=1,2,\cdots,n$，则 $Z\sim N(\mu_1-\mu_2,\sigma_1^2+\sigma_2^2)$，有

$$\overline{Z}=\overline{X}-\overline{Y}$$

$$S_Z^2=\frac{1}{n-1}\sum_{i=1}^{n}\left[(X_i-Y_i)-(\overline{X}-\overline{Y})\right]^2$$

用变量 Z 类比式 (2-7) 中的变量 X 可得 $\mu_1-\mu_2$ 的置信区间为

$$\left[(\overline{X}-\overline{Y})-t_{\alpha/2}(n-1)\frac{S_z}{\sqrt{n}},(\overline{X}-\overline{Y})+t_{\alpha/2}(n-1)\frac{S_z}{\sqrt{n}}\right]$$

2.3.3 Wilson 置信区间

区间估计还有一个实际用途就是排序。在问答类网站中，用户可以支持或反对某个回答，那么可以用支持率来对一个问题下的所有回答进行排序。

$$\hat{p}=\text{支持率}=\frac{\text{支持数}}{\text{支持数}+\text{反对数}}$$

考虑一种情况：回答 A 有 8 个支持 2 个反对，回答 B 有 70 个支持 30 个反对，虽然回答 B 的支持率较低，但回答 A 的支持率可信度很差，毕竟它的支持数加反对数总共才 10 个。有没有一种度量标准综合考虑支持率和采样数量呢？有！那就是置信区间。给定置信水平 $1-\alpha$，计算出期望的置信区间，用置信区间的下限参与排序。之所以用置信区间下限而不用上限，是因为在样本均值相同的情况下样本容量越大 (我们希望样本容量大的排名靠前)，其置信区间下限就越大，而置信区间上限越小。

因为回答要么支持要么反对，所以支持数属于二项分布。二项随机变量是独立的伯努利随机变量之和，由中心极限定理可知，二项分布可用正态分布来近似，当 $p=0.5$ 时近似得最好，常用的经验方法是当 $np>5$ 且 $n(1-p)>5$ 时，近似比较合理。如果能用正态分布来近似，那么用式 (2-8) 就可以算出 p 的置信区间。如果样本容量 n 不是特别大，当 $np>5$ 和 $n(1-p)>5$ 无法满足时，可以使用 Wilson 置信区间，即

$$\frac{\hat{p}+\dfrac{z^2}{2n}}{1+\dfrac{z^2}{n}} \pm \frac{z}{1+\dfrac{z^2}{n}}\sqrt{\frac{\hat{p}(1-\hat{p})}{n}+\frac{z^2}{4n^2}}$$

上式等价于

$$\frac{n_S+\dfrac{z^2}{2}}{n+z^2} \pm \frac{z}{n+z^2}\sqrt{\frac{n_S n_F}{n}+\frac{z^2}{4}}$$

n_S 是支持数，n_F 是反对数，$n=n_S+n_F$，z 就是指式 (2-8) 中的 $z_{\alpha/2}$。

2.4 相关性

因果关系是一个复杂的哲学问题。当网站近期活跃用户增加时，营销部门说是因为打了更多的品牌广告，设计部门说是因为某些页面比之前更漂亮了，产品经理说是因为简化了用户的登录流程，算法工程师说是因为新的推荐策略比之前更精准了。到底什么才是活跃用户增加的真正原因？或者说各个部门的努力付出都是原因，那么这些原因对结果的贡献率是多少？因果关系很难度量，但统计学可以给出各个变量之间的相关性。

2.4.1 数值变量的相关性

定义随机变量 X 和 Y 的协方差，即

$$\operatorname{Cov}(X,Y)=\mathrm{E}\left[(X-\mu_X)(Y-\mu_Y)\right]$$

将上式展开可得到协方差的另一种表达式，即

$$\begin{aligned}\operatorname{Cov}(X,Y)&=\mathrm{E}(XY-X\mu_Y-Y\mu_X+\mu_X\mu_Y)\\&=\mathrm{E}(XY)-\mathrm{E}(X)\mu_Y-\mathrm{E}(Y)\mu_X+\mu_X\mu_Y\\&=\mathrm{E}(XY)-\mathrm{E}(X)\,\mathrm{E}(Y)\end{aligned}$$

对于离散变量，协方差表达式为

$$\mathrm{Cov}(X,Y)=\frac{\sum_{i=1}^{n}(X_i-\overline{X})(Y_i-\overline{Y})}{n-1}$$

协方差和方差之间存在如下关系：

$$\begin{cases}\mathrm{Cov}(X,Y)=\mathrm{Var}(X+Y)-\mathrm{Var}(X)-\mathrm{Var}(Y)\\ \mathrm{Cov}(X,X)=\mathrm{Var}(X)\end{cases}\tag{2-9}$$

Pearson 相关系数在协方差的基础上又除以了 X 和 Y 的标准差，这样一来相关系数的取值总是位于 $[-1,1]$。

$$\rho_{X,Y}=\frac{\mathrm{Cov}(X,Y)}{\sigma_X\sigma_Y}=\frac{\mathrm{E}(XY)-\mathrm{E}(X)\,\mathrm{E}(Y)}{\sqrt{\mathrm{E}(X^2)-\mathrm{E}(X)^2}\sqrt{\mathrm{E}(Y^2)-\mathrm{E}(Y)^2}}$$

当 $\rho_{X,Y}$ 为正时，说明 X 和 Y 之间是正的线性相关性，当 $\rho_{X,Y}$ 为负时，说明 X 和 Y 之间是负的线性相关性，$\rho_{X,Y}$ 的绝对值越大说明 X 和 Y 的线性相关性越强。如果 X 和 Y 相互独立，那么 $\mathrm{E}(XY)=\mathrm{E}(X)\,\mathrm{E}(Y)$，$\mathrm{Cov}(X,Y)=0$，$\rho_{X,Y}=0$，但是反过来 $\rho_{X,Y}=0$ 并不能说明 X 和 Y 完全不相关，它们之间仍然可能存在某种非线性的相关性。

使用 Pearson 相关系数时样本最好服从正态分布，离群点的存在会对方差计算产生很大干扰，这样算出来的 Pearson 相关系数会不准。

当 X 和 Y 是离散变量，且 $\mathrm{E}(X)=\mathrm{E}(Y)=0$ 时，有

$$\rho_{X,Y}=\frac{\mathrm{E}(XY)}{\sqrt{\mathrm{E}(X^2)}\sqrt{\mathrm{E}(Y^2)}}=\frac{\frac{1}{N}\sum_{i=1}^{N}X_iY_i}{\sqrt{\frac{1}{N}\sum_{i=1}^{N}X_i^2}\sqrt{\frac{1}{N}\sum_{i=1}^{N}Y_i^2}}$$

$$=\frac{\sum_{i=1}^{N}X_iY_i}{\sqrt{\sum_{i=1}^{N}X_i^2}\sqrt{\sum_{i=1}^{N}Y_i^2}}=\frac{\sum_{i=1}^{N}X_iY_i}{\|X\|\|Y\|}$$

即 cosin 相似度是 Pearson 相关系数的特例。进一步，当 X 和 Y 向量归一化后，$\|X\| = \|Y\| = 1$，Pearson 相关系数即为两个向量的乘积，即 $\rho_{X,Y} = X \cdot Y$。

协同过滤 (Collaborative Filtering, CF) 是经典的推荐算法，该算法就是利用了 Pearson 相关系数来计算两个用户的相似度。用 r_{ik} 来表示用户 i 对商品 k 的评分，用户 i 可以用向量 $R_i =< r_{i1}, r_{i2}, \cdots, r_{in} >$ 来表示，n 是商品的总数，用 cosin 值来度量用户 i 和用户 j 之间的相似度，即

$$\text{sim}(user_i, user_j) = \frac{R_i \cdot R_j}{\|R_i\| \|R_j\|} = \frac{\sum\limits_{k=1}^{n} r_{ik} r_{jk}}{\sqrt{\sum\limits_{k=1}^{n} r_{ik}^2} \sqrt{\sum\limits_{k=1}^{n} r_{jk}^2}}$$

考虑到有些用户对商品的评分普遍偏低，有些用户对商品的评分普遍偏高，比如有些用户心目中的 3 分相当于另外一些用户心目中的 4 分，为了消除用户之间的这种偏差，对所有评分做一个处理：原评分减去当前用户对所有商品评分的平均值，即 $r'_{ik} = r_{ik} - \overline{R_i}$。这样 R'_i 和 R'_j 就变成了期望为 0 的随机变量，计算 R'_i 和 R'_j 的 cosin 相似度等价于计算 R_i 和 R_j 的 Pearson 相关系数。

Pearson 相关系数的发明者正是 Karl Pearson 本人，他是数理统计的创立者，标准差、极大似然估计、卡方检验等也都是他提出来的。Pearson 相关系数是如此之重要，以至于 Microsoft Excel 中的 CORREL 函数计算的就是两组数据的 Pearson 相关系数。后文中讲到的 Spearman 相关系数也是 Pearson 相关系数的延伸。

2.4.2 分类变量的相关性

所谓分类变量指的是无序的离散变量，比如性别 (男、女) 和民族 (傣、回、侗) 都是分类型变量。本节介绍两种著名的相关性检测方法：卡方检验和信息增益，介绍卡方检验的同时会把假设检验也详细地讲一下。

1. 卡方检验

设一个二项分布事件 1 发生的概率为 p，实验进行了 n 次，事件 1 总共发生了 m 次。在 2.3.3 节我们已经用过中心极限定理的一个重要推论：当样本 n 足够大时二项分布近似于正态分布。二项分布的期望是 np，方差是 npq，其中 $q = 1 - p$，再

结合定理 2.4 得

$$X=\frac{m-np}{\sqrt{npq}}\sim N(0,1)$$

由定义 2.2 得 X^2 服从自由度为 1 的卡方分布，即

$$\frac{(m-np)^2}{npq}\sim\chi^2(1)$$

$$\begin{aligned}\because (m-np)^2&=(np-m)^2=(n-nq-m)^2\\ \therefore \frac{(m-np)^2}{npq}&=\frac{q(m-np)^2+p(m-np)^2}{npq}\\ &=\frac{q(m-np)^2+p(n-nq-m)^2}{npq}\\ &=\frac{(m-np)^2}{np}+\frac{(n-nq-m)^2}{nq}\sim\chi^2(1)\end{aligned}$$

m 是事件 1 实际发生的次数，记为 O_1，np 是事件 1 期望发生的次数，记为 E_1，$n-m$ 是事件 0 实际发生的次数，记为 O_0，nq 是事件 0 期望发生的次数，记为 E_0，可以总结出

$$\sum_{i\in\{0,1\}}\frac{(O_i-E_i)^2}{E_i}\sim\chi^2(1)$$

其中 O_i 是事件 i 实际发生的次数，E_i 是事件 i 期望发生的次数。不加证明地推广到多项分布，即

$$\sum_{i=1}^{k}\frac{(O_i-E_i)^2}{E_i}\sim\chi^2(k-1)$$

假设检验 (Test of Hypothesis) 又称为显著性检验 (Test of Statistical Significance)。在抽样研究中，由于样本来自的总体的参数是未知的，只能根据样本统计量对的来自总体的参数进行估计，但是要评估样本统计量和总体的参数是不是一回事是很困难的，假设检验可以作为一种解决办法。

无参数的假设检验：对总体的分布不做任何的假设。有参数的假设检验：假设总体服从某种特定的分布。χ^2 假设检验是一种无参数的假设检验。

例 2-2 某地区有 10000 名合法选民，现统计了男性和女性分别有多少人参加了投票，观察值见表 2-1。请问："性别"和"投票"是不是相互独立的?

表 2-1 观察值表

	男	女	总计
投票	2792	3591	6383
未投票	1486	2131	3617
总计	4278	5722	10000

假设 H_0：性别和投票相互独立。投票的概率 $p(v) = 6383/10000 = 0.6383$，选民为男性的概率 $p(m) = 4278/10000 = 0.4278$

在 H_0 下，男性参加投票的概率为 $p(m, v) = p(m)p(v) = 0.2731$，这样男性投票的期望值为 $0.2731 * 10000 = 2731$。

同样方法我们可得到一张“期望值表”，见表 2-2。

表 2-2 期望值表

	男	女	总计
投票	2731	3652	6383
未投票	1547	2070	3617
总计	4278	5722	10000

对比实际值和期望值，计算误差比。

$$c_{11} = \frac{(2792 - 2731)^2}{2731}$$

$$c_{12} = \frac{(3591 - 3652)^2}{3652}$$

$$c_{21} = \frac{(1486 - 1547)^2}{1547}$$

$$c_{22} = \frac{(2131 - 2070)^2}{2070}$$

$$\chi^2 = \sum_{E_{r,c} \neq 0} \frac{(O_{r,c} - E_{r,c})^2}{E_{r,c}} = c_{11} + c_{12} + c_{21} + c_{22} = 6.584284357 \tag{2-10}$$

式中，r 表示行数；c 表示列数。上述卡方分布的自由度是 $(r-1)*(c-1) = 1$。从图 2-3 上可以看到 $\chi^2 > 5$ 的概率非常低，事实上，当给定置信度 $1 - \alpha = 0.95$ 时，$\chi^2 < 3.84$，而在选民投票这个例子中 χ^2 高达 6.58，这是个极小概率才会发生的事件，所以只能认为最初的假设 H_0 是不成立的。由此得到性别和是否投票是有

关联的，卡方值可以成为度量这种关联性的指标，卡方值越大说明两个变量之间的相关性越大。

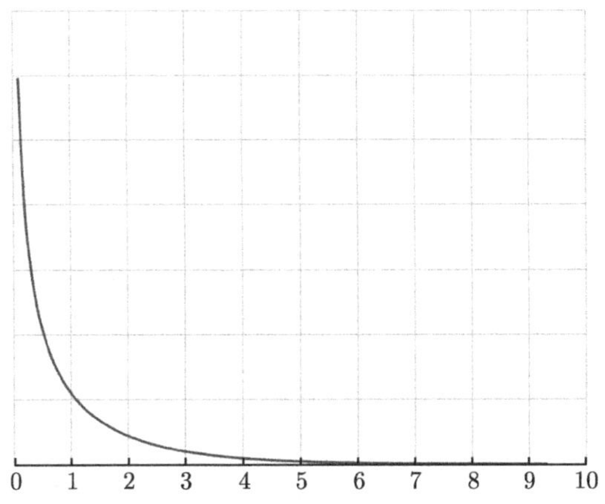

图 2-3　自由度为 1 的卡方分布的概率密度

通过这个例子来总结一下假设检验的一般步骤。

1) 给出关于分布的某种假设 H_0。

2) 根据假设 H_0 构造随机变量 X，通常 X 要服从二项分布、正态分布、χ^2 分布、t 分布或 F 分布。计算本次实验中 X 的值，根据 X 的分布判断它是否落在了小概率区间，如果是就拒绝假设 H_0，否则就接受假设 H_0。

要谨慎构造 H_0，因为只有当小概率事件发生时我们才会拒绝它。比如在反作弊系统中判定一个用户是作弊用户时要非常谨慎，因为如果把一个合规用户判定为作弊用户对他的伤害是很大的，所以 H_0 通常假设该用户是合规用户；还比如在推荐系统中为扩大召回通常会假设用户对商品是感兴趣的。构造 H_0 还要考虑的一点是由此能够构造出一个服从常规分布的随机变量。所谓“小”概率事件跟给定的置信度有关系，由置信度 $1-\alpha$ 找 X 的置信区间通常查表即可得。

置信区间和假设检验之间存在对偶关系。所谓对偶可以简单理解为一个问题存在两种方向相反的等价的解决方法。在上文中置信区间是比较容易给出的，因为我们构造的 X 服从常规分布，可利用置信区间来判断假设是否成立；在另一些情况下假设检验相对比较容易，直接推导置信区间则比较难，此时可以根据假设检验的接受域来构造置信区间，这种情况比较少见，不再举例。

2. 信息增益

信息熵表示系统的不确定性，熵的定义为 $H(X)=-\sum_{i=1}^{n}p(x_i)\log p(x_i)$，熵值越大系统的不确定性越大。极端情况下所有的 $p(x_i)$ 都等于 $1/n$，系统的不确定性最大，熵值也达到了最大。另有随机变量 Y，假如 X 和 Y 之间存在相关性，那么给定 Y 的取值后系统 X 的熵应该能够有所下降，下降得越多表明 X 和 Y 的相关性越强。定义条件熵为

$$\begin{aligned}H(X|Y)&=\sum_{j=1}^{m}p(y_j)H(X|Y=y_j)=-\sum_{j=1}^{m}p(y_j)\sum_{i=1}^{n}p(x_i|y_j)\log p(x_i|y_j)\\&=-\sum_{i=1}^{n}\sum_{j=1}^{m}p(x_i,y_j)\log p(x_i|y_j)\end{aligned}$$

信息增益 (Information Gain, IG) 定义为信息熵与条件熵之差，$IG=H(X)-H(X|Y)$，IG 值越大表明 X 和 Y 的相关度越高。

3. 特征词选择

相关性度量的一个重要应用就是特征选择，当设计者在选择特征时实际上就是计算每一个自变量 X_i 与因变量 Y 的相关性，把相关性最高的前 n 个自变量选为特征。

在文本分类任务中通常要选取一些对分类帮助比较大的词作为特征词，如果说一个词 w 对分类帮助比较大，实际上就是说词 w 与文档类别 c 之间的相关性比较高。卡方和信息增益都可以用来度量 w 和 c 之间的相关性，而且这两种方法是实践中效果比较好的选取特征词的方法。

词和类别的共现关系见表 2-3，其中 a 表示词条 w 在类别 c_j 中出现的频数；b 表示词条 w 在 c_j 以外的其他类别中出现的频数；c 表示除 w 以外的其他词条在 c_j 中出现的频数；d 表示除 w 以外的其他词条在除 c_j 以外的类别中出现的频数。

表 2-3　词和类别的共现关系

	c_j	$\bar{c_j}$
w	a	b
$\bar{w}$	c	d

将式 (2-10) 展开得到

$$\chi^2(w,c_j)=\frac{(a+b+c+d)(ad-bc)^2}{(a+b)(a+c)(c+d)(b+d)}$$

词 w 对整个分类任务的重要度应该是 w 与每一个类别的相关度之和，即

$$\chi^2_{\text{avg}}(w)=\sum_j p(c_j)\chi^2(w,c_j)$$

计算词 w 对分类的 χ^2 重要度时既考虑了 w 出现时对分类的影响，又考虑了 w 不出现时 $\bar{w}$ 对分类的影响，同样在计算 w 对 c 的信息增益时也要把 $\bar{w}$ 的影响考虑进来，即

$$\begin{aligned}IG(W)=&H(C)-H(C|W)\\=&-\sum_i p(c_i)\log p(c_i)+\sum_i p(c_i,w)\log p(c_i|w)+\sum_i p(c_i,\bar{w})\log p(c_i|\bar{w})\\=&-\sum_i p(c_i)\log p(c_i)+p(w)\sum_i p(c_i|w)\log p(c_i|w)\\&+p(\bar{w})\sum_i p(c_i|\bar{w})\log p(c_i|\bar{w})\end{aligned}$$

2.4.3 顺序变量的相关性

现有一批用户，将他们按身高从低到高排列形成序列 X，再把他们按体重从轻到重排列形成序列 Y，如果两序列非常接近，那么说明身高和体重的相关度很高。Spearman 相关系数就是一种基于秩次的相关性度量方法。对无序数组 $X=[X_1,X_2,\cdots,X_n]$，从大到小排序得到 $\tilde{X}=[\tilde{X}_1,\tilde{X}_2,\cdots,\tilde{X}_n]$，$\tilde{X}_i$ 在 X 中的秩次记为 RX_i，序列 $RX=[RX_1,RX_2,\cdots,RX_n]$。同样对无序数组 Y 从大到小排序得到 $\tilde{Y}$，$\tilde{Y}_i$ 在 Y 中的秩次记为 RY_i。记秩序差 $d_i=RX_i-RY_i$，Spearman 秩相关系数为

$$\rho_s=1-\frac{6\sum d_i^2}{n(n^2-1)}$$

上式等价于求 RX 和 RY 的 Pearson 相关系数。显然 d 越小，X 和 Y 的相关性越高，Spearman 秩相关系数越大。

由表 2-4 中的数据算出 Spearman 秩相关系数为

$$1-\frac{6\times(1+1+1+9)}{6\times 35}=0.6571$$

表 2-4 Spearman 秩相关系数计算过程

位置	原始 X	排序后 $\tilde{X}$	秩次 RX	原始 Y	排序后 $\tilde{Y}$	秩次 RY	秩次差
1	12	546	5	1	78	6	1
2	546	45	1	78	46	1	0
3	13	32	4	2	45	5	1
4	45	13	2	46	6	2	0
5	32	12	3	6	2	4	1
6	2	2	6	45	1	3	−3

计算 $RX = [5,1,4,2,3,6]$ 和 $RY = [6,1,5,2,4,3]$ 的 Pearson 相关系数同样为 0.6571。

2.4.4 分布之间的距离

分布之间的距离并不是一个抽象的概念，举几个常见的例子：比如有两枚质量分布不均匀的骰子，每枚骰子可以看成是一个多项分布，计算这两枚骰子的相似度实际上就是计算两个多项分布的距离；又比如新闻推荐系统中每个用户对 n 个新闻类别的感兴趣程度同样构成了一个 n 项分布，寻找相似用户就是在寻找相近的多项分布。当然不止多项分布，任意分布之间都存在距离这个概念，可以用 KL 散度或 Hellinger 距离来度量。

1. KL 散度 (Kullback Leibler divergence)

概率分布 p 的熵为

$$H(p) = -\sum_x p(x)\log p(x)$$

随机变量 x 服从的概率分布 $p(x)$ 往往是不知道的，我们用 $q(x)$ 来近似逼迫 $p(x)$，q 到 p 的交叉熵定义为

$$H(p,q) = E_p[-\log q] = -\sum_x p(x)\log q(x)$$

KL 散度是熵与交叉熵之差，即

$$D_{\mathrm{KL}}(p||q) = H(p) - H(p,q) = \sum_x p(x)\log q(x) - \sum_x p(x)\log p(x)$$

当 p 和 q 这两个分布完全吻合时，KL 散度 (或者叫 KL 距离) 为 0。当 p 和 q 没有交集时，其 KL 散度是一个常数，这时 KL 散度就反映不了距离了。

交叉熵不具有对称性，所以 KL 散度也不具有对称性，即 $D_{\mathrm{KL}}(p||q) \neq D_{\mathrm{KL}}(q||p)$。为了找到一种具有对称性的距离度量方式，人们发明了 JS 散度 (Jensen Shannon divergence)，有

$$D_{\mathrm{JS}}(p||q) = \frac{1}{2}D_{\mathrm{KL}}\left(p||\frac{p+q}{2}\right) + \frac{1}{2}D_{\mathrm{KL}}\left(q||\frac{p+q}{2}\right)$$

2. Hellinger 距离 (Hellinger distance)

对于连续分布有

$$D_{\mathrm{H}}(p||q) = \frac{1}{\sqrt{2}}\sqrt{\int\left(\sqrt{p(x)} - \sqrt{q(x)}\right)^2 \mathrm{d}x}$$

对于离散分布有

$$D_{\mathrm{H}}(p||q) = \frac{1}{\sqrt{2}}\sqrt{\sum_x\left(\sqrt{p(x)} - \sqrt{q(x)}\right)^2}$$

上式可以被看作两个离散概率分布平方根向量的欧式距离。

$$D_{\mathrm{H}}(p||q) = \frac{1}{\sqrt{2}} \parallel \sqrt{p(x)} - \sqrt{q(x)} \parallel_2$$

只有在如下情况时 Hellinger 距离才会取得最大值 1：

$$p(x_i) * q(x_i) = 0 且 p(x_i) \neq q(x_i)$$

第 3 章 矩　阵

矩阵计算是图模型的基础，现实世界中许多事物的关联关系都可以用图来表示。基于图的各种 Rank 算法，比如 PageRank、TextRank、SimRank 等，归根结底都是矩阵运算。

3.1 矩阵的物理意义

矩阵在机器学习中的地位虽然比不上统计学，但它也是一门非常"实用"的学科，本节从实践应用的角度解释一些矩阵中的基本概念。

3.1.1 矩阵是什么

任意 n 个线性无关的 n 维向量都可以作为 n 维线性空间的基 (即坐标系)，而这 n 个向量又构成了一个矩阵 (因为向量之间线性无关，所以这个矩阵是非奇异的)，因此矩阵可以看作是线性空间的基。$Ma = b$ 等价于 $Ma = Ib$，意思是说"在以 M 为基的线性空间中一个点的坐标是 a 向量，如果换到以 I 为基的线性空间中来看，该点的坐标是 b 向量"。坐标系选取得不一样，物体的位置描述也就不一样。

矩阵除了可以表示基，还可以表示线性变换。从几何上来看，线性变换就是缩放和旋转的组合。任何线性变换都可以用一个非奇异矩阵来描述。$Ma = b$ 的意思是说"对向量 a 施加一种线性变换 M，可以使它变迁到向量 b"。变换也可以看成是"运动"，$Ma = b$ 还可以理解为"一个物体从 a 位置经过运动 M，到达了 b 位置"。选取的坐标系不同，物体的运动描述也不同，比如在列车上直线降落的水珠，在列车外看它是在做抛物线运动。设同一个运动在两个不同的坐标系中的描述分别为 A 和 B，则 A 和 B 之间存在关系 $A = P^{-1}BP$，P 是一个非奇异矩阵，称 A 和 B 互为相似矩阵。因为坐标系可以任意选择，这样一个运动就可以有无数种矩阵描述，这些矩阵之间都是彼此相似的。

3.1.2 矩阵的行列式

对于 2 阶方阵，其行列式为主对角线元素之积减去次对角线元素之积。

$$\begin{vmatrix} a_{11} & a_{12} \\ a_{21} & a_{22} \end{vmatrix} = a_{11}a_{22} - a_{21}a_{12}$$

对于高阶方阵，需要用递归法来求其行列式。对于 n 阶方阵 A，当选中其中某个元素 a_{ij} 时，划除第 i 行和第 j 列的所有元素，剩下的元素构成的矩阵的行列式记为 M_{ij}。求 A 的行列式时，任选其中的一行 (一列也可以) 元素，比如选中了第 i 行，则其行列式为

$$\sum_{j}^{n}(-1)^{i+j}a_{ij}M_{ij}$$

以 3 阶方阵为例

$$\begin{vmatrix} a_{11} & a_{12} & a_{13} \\ a_{21} & a_{22} & a_{23} \\ a_{31} & a_{32} & a_{33} \end{vmatrix} = a_{11}\begin{vmatrix} a_{22} & a_{23} \\ a_{32} & a_{33} \end{vmatrix} - a_{12}\begin{vmatrix} a_{21} & a_{23} \\ a_{31} & a_{33} \end{vmatrix} + a_{13}\begin{vmatrix} a_{21} & a_{22} \\ a_{31} & a_{32} \end{vmatrix}$$

矩阵 A 的行列式实际上是组成 A 的各个向量按照平行四边形法则搭成的 n 维立方体的体积 V。图 3-1 对应的数学表达为

$$\begin{vmatrix} a_1 & b_1 & c_1 \\ a_2 & b_2 & c_2 \\ a_3 & b_3 & c_3 \end{vmatrix} = V$$

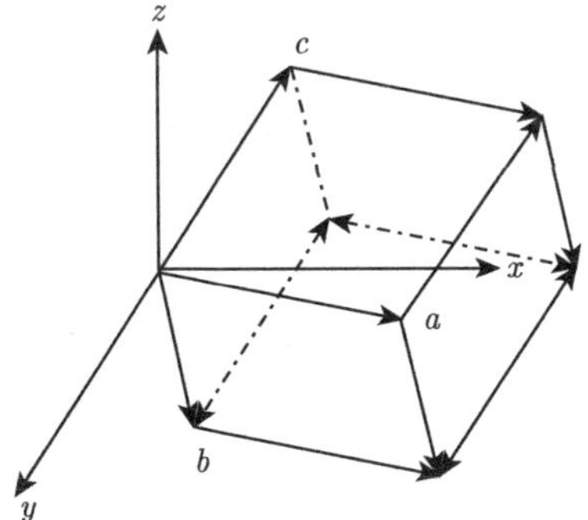

图 3-1　行列式即体积

3.1.3 矩阵的逆

如果 $M^{-1}M = I$，那么称 M^{-1} 为 M 的逆。设非奇异方阵 M 的列向量为 $(M_1, M_2, \cdots, M_n)$，当选 M 作为基时，向量 x 在空间中的坐标为 $(a_1, a_2, \cdots, a_n)^T$，即

$$x = a_1M_1 + a_2M_2 + \cdots + a_nM_n$$

注意坐标值表示的是向量 x 与对应基的靠近程度，比如第一维坐标值 a_1 很大，其他维度上的坐标值很小时，向量 x 与基 M_1 就非常靠近，或者说向量 x 与基 M_1 的夹角很小。在 K 最近邻 (K-Nearest Neighbor，KNN) 分类中，如果把 $(M_1, M_2, \cdots, M_n)$ 看作样本集，把 x 看作未知样本，找 x 的最近邻实际上就是计算出 x 在 $(M_1, M_2, \cdots, M_n)$ 这些基上的坐标，并挑取出坐标值最大的前 k 个基。现在的问题就是如何把向量 x 在基 $(M_1, M_2, \cdots, M_n)$ 上的坐标 $(a_1, a_2, \cdots, a_n)^T$ 求出来。

对向量 x 施加线性变换 M^{-1} 得

$$M^{-1}x = a_1M_1^{-1}M_1 + a_2M_2^{-1}M_2 + \cdots + a_nM_n^{-1}M_n = (a_1, a_2, \cdots, a_n)^T$$

上式说明 x 经过 M^{-1} 变换之后，从以 M 为基的空间变换到了以 I 为基的空间，且在以 I 为基的空间里它的坐标还是 $(a_1, a_2, \cdots, a_n)^T$。所以只需要求出 M 的逆，再乘以 x 就可以得到 x 在基空间 M 中的坐标值，即 x 的最近邻。当然这只是从矩阵逆的角度重新理解 KNN，实践中一般不会通过求矩阵逆的方式来寻找最近邻。

3.1.4 特征值和特征向量

若 $AV = \lambda V$，其中 A 是矩阵，λ 是数值，V 是向量，称 λ 是 A 的一个特征值，V 是对应的特征向量。对 V 施加一个线性变换 A 等价于将 V 拉伸 λ 倍。不同特征值对应的特征向量彼此正交。

n 阶非奇异方阵拥有 n 个线性无关的特征向量。对一个向量 x 施加变换 A，等价于把 x 在 A 的各个特征向量的方向上拉伸对应的特征值倍。所以用特征值和特征向量就可以刻画一个线性变换：特征向量代表了拉伸的方向，特征值是拉伸的幅度。有时为了近似计算，可以只利用前几个最大的特征值及相应的特征向量来刻画线性变换 A，因为如果特征值很小，那么在相应特征向量方向上的拉伸也很小，这些方向上的变换可以忽略。

3.2 矩阵的数值稳定性

对于线性方程 $AX=Y$，如果系数矩阵 A 的微小变化会导致最终求得的 Y 发生很大变化，那么称矩阵 A 为病态矩阵，即矩阵 A 的稳定性较差。在线性回归问题中，可根据大量的样本 (X,Y) 拟合出系数矩阵 A，预测时根据 (A,X) 求出 Y。拟合出的 A 肯定是存在误差的，我们当然不希望 A 的微小误差会导致预测出的 Y 值与真实值之间存在太大的偏差，即希望 A 的数值稳定性是比较好的。

本节将介绍在 gauss jordan 消元法和岭回归中如何提高矩阵的数值稳定性。

3.2.1 矩阵数值稳定性的度量

定义矩阵 A 的 L-p 范数，即

$$\|A\|_p=\sqrt[p]{\sum_i\sum_j a_{ij}^p}$$

范数表示矩阵大小或向量长度，比如常见的向量 L2 范数就是向量的模长。

矩阵 A 的稳定性可以用条件数来衡量，$\mathrm{cond}(A)=\|A\|\cdot\|A^{-1}\|$。范数越小，条件数越小，数值稳定性越好。所以在机器学习中处处都可以看到在损失函数中加入系数矩阵的范数。在以往的认知里，最小化范数一般是为了减小过拟合，而此处我们看到极小化范数可以提高数值稳定性。

3.2.2 基于列主元的高斯–约当消元法

矩阵的 3 种运算被称为“行初等变换”。

1) 交换任意 2 行。

2) 某一行的元素全部乘以一个非 0 数。

3) 某一行的元素加上另一行对应元素的 N 倍，N 不为 0。

如果 B 可以由 A 经过一系列初等变换得到，则 B 是 A 的等价矩阵。

如果 $P[A|I]=[PA|P]=[I|P]$，则 P 就是 A^{-1}。$[A|I]$ 称为增广矩阵。高斯–约当消元法就是通过不断地给增广矩阵施加初等行变换，使之变成 $[I|P]$ 这种形式从而求出 A 的逆。

例 3-1 用高斯–约当消元法求矩阵 $\begin{bmatrix}2&-1&0\\-1&2&-1\\0&-1&2\end{bmatrix}$ 的逆。

算法 3-1 高斯–约当消元法求矩阵的逆

输入：非奇异方阵 $A_{n\times n}$

输出：$[I|A^{-1}]$

1. 初始化建增广矩阵 $M=[A|I]$。
2. 遍历 i 从 1 到 n，循环执行第 3 步和第 4 步。
3. 让增广矩阵的第 i 行上的每个数都除以 A_{ii}，使得增广矩阵第 i 行第 i 列上的元素变为 1。
4. 让增广矩阵的第 $j(j\neq i)$ 行减去第 i 行上对应元素的 A_{ji} 倍，使得第 j 行第 i 列上的元素变为 0。

$$\left[\begin{array}{ccc|ccc} 2 & -1 & 0 & 1 & 0 & 0 \\ -1 & 2 & -1 & 0 & 1 & 0 \\ 0 & -1 & 2 & 0 & 0 & 1 \end{array}\right]$$

$$\xrightarrow[\;]{\begin{array}{c} row1* = \frac{1}{2} \\ row2+ = row1 \end{array}} \left[\begin{array}{ccc|ccc} 1 & -\dfrac{1}{2} & 0 & \dfrac{1}{2} & 0 & 0 \\ 0 & \dfrac{3}{2} & -1 & \dfrac{1}{2} & 1 & 0 \\ 0 & -1 & 2 & 0 & 0 & 1 \end{array}\right]$$

$$\xrightarrow[\;]{\begin{array}{c} row2* = \frac{2}{3} \\ row1+ = \frac{1}{2}row2 \\ row3+ = row2 \end{array}} \left[\begin{array}{ccc|ccc} 1 & 0 & -\dfrac{1}{3} & \dfrac{2}{3} & \dfrac{1}{3} & 0 \\ 0 & 1 & -\dfrac{2}{3} & \dfrac{1}{3} & \dfrac{2}{3} & 0 \\ 0 & 0 & \dfrac{4}{3} & \dfrac{1}{3} & \dfrac{2}{3} & 1 \end{array}\right]$$

$$\xrightarrow[\;]{\begin{array}{c} row3* = \frac{3}{4} \\ row1+ = \frac{1}{3}row3 \\ row2+ = \frac{2}{3}row3 \end{array}} \left[\begin{array}{ccc|ccc} 1 & 0 & 0 & \dfrac{3}{4} & \dfrac{1}{2} & \dfrac{1}{4} \\ 0 & 1 & 0 & \dfrac{1}{2} & 1 & \dfrac{1}{2} \\ 0 & 0 & 1 & \dfrac{1}{4} & \dfrac{1}{2} & \dfrac{3}{4} \end{array}\right]$$

数值计算的迭代过程往往都伴随着舍入误差的累积，所以最终的结果也会有误差，如果这个最终的误差在一个可控的范围内，则称该算法为数值稳定的算法，否则为数值不稳定的算法。比如算法某一步要除以一个很小的数，小到绝对值趋近于 0，商趋于无穷大，此时舍入误差大到不可控。相对于除以一个很小的数，除以一个很大的数是比较安全的，因为真实的商值本来就趋于 0，除法就算有精度损失，结果也还是接近于 0，这个误差并不大。

在高斯–约当消元法的第 3 步中 A_{ii} 作为被除数，如果它很小会导致数值不稳定。基于列主元的高斯–约当消元法做了如下改进：第 i 次迭代时，从第 i 到第 n 行的第 i 列中选出绝对值最大的元素所在的行 j，先交换第 i 行和第 j 行，再进行第 3 步和第 4 步。此时 A_{ii} 是同列中绝对值最大的元素 (不包括前 $i-1$ 行)，被称为列主元。

代码 3-1 高斯–约当消元法求矩阵的逆

```
import numpy as np


EPS = 1.0e-9


'''实现3种初等行变换'''
def swapRow(A, i, j):
    '''交换矩阵A的第i行和第j行'''
    n = A.shape[1]
    for x in xrange(n):
        tmp = A[i, x]
        A[i, x] = A[j, x]
        A[j, x] = tmp


def scaleRow(A, i, coef):
    '''矩阵A的第i行元素乘以一个非0系数coef'''
    assert abs(coef) > EPS
    n = A.shape[0]
    for x in xrange(n):
```

```
        A[i, x] *= coef

def addRowToAnother(A, i, j, coef):
    '''把矩阵A第i行的coef倍加到第j行上去'''
    assert abs(coef) > EPS
    n = A.shape[0]
    for x in xrange(n):
        A[j, x] = coef * A[i, x] + A[j, x]

def gauss_jordan(A, column_pivot=True):
    '''高斯-约当消元法求矩阵的逆。
       参数为True时将采用列主元消去法。该方法经过优化，不需要额外的内存
           空间来存储增广矩阵。但是会改变原始的输入矩阵A，最终A变成了它
           自身的逆。由于没有增广矩阵，计算量至少减少为原来的一半。时间
           复杂度为O(n^3)
    '''
    n = A.shape[0]
    for pivot in xrange(n):
        # 构建n行1列的B矩阵，它的第pivot行上为1，其他全为0
        B = np.array([[0.0] * n]).T
        B[pivot, 0] = 1.0
        if column_pivot:
            # 寻找第pivot列绝对值最大的元素(即列主元)，把该元素所在的行
              与第pivot行进行交换
            if(pivot < n - 1):
                maxrow = pivot
                maxval = abs(A[pivot, pivot])
                for row in xrange(pivot + 1, n):# 只需要从该列的第
                                                   pivot个元素开始往下找
                    val = abs(A[row, pivot])
```

```
            if(val > maxval):
                maxval = val
                maxrow = row
        if(maxrow != pivot):
            swapRow(A, pivot, maxrow)
            swapRow(B, pivot, maxrow)

    # 第pivot行乘以一个系数，使得A[pivot,pivot]变为1
    coef = 1.0 / A[pivot, pivot]
    if abs(coef) > EPS:
        for col in xrange(0,  n):
            A[pivot, col] *= coef
        B[pivot, 0] *= coef

    # 把第pivot行的N倍加到其他行上去，使得第pivot列上除了A[pivot,
      pivot]外其他元素都变成0
    for row in xrange(n):
        if row == pivot:
            continue
        coef = 1.0 * A[row, pivot]
        if abs(coef) > EPS:
            for col in xrange(0, n):
                A[row, col] -= coef * A[pivot, col]
            B[row, 0] -= coef * B[pivot, 0]

    # 把B存储到A的第pivot列上去
    for row in xrange(n):
        A[row, pivot] = B[row, 0]

# 此时的A已变成了原A的逆
```

```
    return A
```

3.2.3 岭回归

$Xw = y \Rightarrow w = X^{-1}y$，当样本数少于特征数 (或者说 X 列满秩) 时 X^{-1} 不存在，但 X^TX 的逆是存在的。稍作变化为 $X^TXw = X^Ty$，得

$$w = (X^TX)^{-1}X^Ty$$

这就是最小二乘法，其中 $(X^TX)^{-1}X^T$ 是 X 的广义逆 (当 X 列满秩时)。当 X^TX 的条件数很大，或者说 X^TX 主对角线上出现很小的元素时，用高斯 约当消元法求 $(X^TX)^{-1}$ 会出现数值不稳定的情况，要么最终结果误差很大，要么很难收敛。岭回归相当于是在 X^TX 的主对角线上都加了值 λ，避免了病态矩阵的出现。

岭回归公式为

$$w = (X^TX + \lambda I)^{-1}X^Ty$$

岭回归通过放弃最小二乘法的无偏性，以损失部分信息、降低精度为代价获得回归系数更符合实际、更可靠的回归方法。

其实从最小平方误差加 L2 范数的角度也能推出岭回归公式。对于线性回归问题 $Xw = y$，取其目标函数为最小化平方误差 +L2 范数，得

$$\min \ \frac{1}{2}\sum_i(y_i - wx_i)^2 + \frac{1}{2}\lambda\|w\|^2$$

目标函数对 w 求导，令导数为 0，得

$$\begin{aligned}
-\sum_i(y_i - wx_i)x_i + \lambda w = -\sum_i y_ix_i + w\sum_i x_ix_i^T + \lambda w = 0 \\
\Rightarrow \ w = \left(\lambda I + \sum_i x_ix_i^T\right)^{-1}\left(\sum_i y_ix_i\right) \\
\Rightarrow \ w = (X^TX + \lambda I)^{-1}X^Ty
\end{aligned}$$

3.3 矩阵分解

提到矩阵分解，大多数的算法工程师都会想到推荐算法，它把 user 和 item 的关系矩阵 A 分解成两个矩阵 B 和 C 的乘积，再让 B 跟 C 相乘得到 A'，在 A' 中

我们会发现新的 <user,item> 之间也存在关联。这种矩阵分解的模式可以不局限于推荐系统，比如把 item 类比成用户的技能标签，通过矩阵分解可以预测出 user 新的技能标签。从纯计算的角度讲，很多的矩阵运算都避不开矩阵分解，而且大都是特征值分解或奇异值分解。

3.3.1 特征值分解与奇异值分解

令 $(A-\lambda I)$ 的行列式为 0，求出非 0 的 λ 就是 A 的特征值，将 λ 代入 $Av=\lambda v$ 可求出对应的特征向量 v。

例 3-2 求矩阵 $\begin{bmatrix} 3 & 1 \\ 5 & -1 \end{bmatrix}$ 的特征值。

$$\begin{vmatrix} 3-\lambda & 1 \\ 5 & -1-\lambda \end{vmatrix} = (3-\lambda)(-1-\lambda)-5=0$$

$$\lambda=4,-2$$

A 与 B 相似，则 $A=P^{-1}BP$，相似矩阵是对同一个变换在不同坐标里的描述，相似矩阵具有相同的特征值 λ。

A 的特征向量 v 经变换 P 后就是 B 的特征向量。

证明：$Av=\lambda v \Rightarrow P^{-1}BPv=\lambda v \Rightarrow BPv=\lambda Pv$，所以 Pv 是 B 的特征向量。

非奇异 n 阶方阵 A 的 n 个特征值为 $\lambda_1,\lambda_2,\cdots,\lambda_n$，相应的特征向量为 $v_1,v_2,\cdots,v_n$，各特征向量除以各自的模长成为标准向量，又因为各特征向量彼此正交，所以这些特征向量可以构成 n 维空间的标准正交基 V。由 $Av_i=\lambda_i v_i$ 可以推出

$$A=V\begin{bmatrix} \lambda_1 & & & \\ & \lambda_2 & & \\ & & \ddots & \\ & & & \lambda_n \end{bmatrix}V^{-1}=V\Sigma V^{-1}$$

如只考虑实数空间 (不考虑复数空间)，由于 V 的列向量是 n 维空间的标准正交基，所以 V 是酉矩阵。酉矩阵满足性质

$$V^{-1}=V^{\mathrm{T}}$$

在 3.1.4 节中提到过，如果把 A 看成是一种线性变换，那么其特征值刻画的是变换的幅度。把特征值从大到小排序，即 $\lambda_1 > \lambda_2 > \cdots > \lambda_n$，可以把排在末尾的那些很小的特征值忽略，用前 r 个特征值和对应的特征向量就可以近似地刻画线性变换 A，即

$$A_{n\times n} \approx V_{n\times r}\Sigma_{r\times r}V_{n\times r}^{\mathrm{T}}$$

当 A 不是方阵时，特征值分解就推广成为了奇异值分解，即

$$A_{m\times n} = U_{m\times m}\Sigma_{m\times n}V_{n\times n}^{\mathrm{T}} \tag{3-1}$$

U 和 V 都是正交酉矩阵。AA^{T} 和 $A^{\mathrm{T}}A$ 都是对称的方阵，它们存在特征值分解，U 的列向量是 AA^{T} 的特征向量，V 的列向量是 $A^{\mathrm{T}}A$ 的特征向量。Σ 的对角线上存放的是 A 的奇异值，实际上就是 AA^{T} (或者说 $A^{\mathrm{T}}A$) 的特征值开方。当 A 是正定的对称矩阵时，其奇异值就是特征值，奇异向量就是特征向量。

同样可以只保留前 r 个奇异值，得

$$A_{m\times n} \approx U_{m\times r}\Sigma_{r\times r}V_{n\times r}^{\mathrm{T}} \tag{3-2}$$

在很多情况下，前 10% 甚至 1% 的奇异值之和就占了全部奇异值之和的 99% 以上。由于 r 远小于 n，所以用式 (3-2) 计算矩阵乘法要比式 (3-1) 快得多。当要对 A 进行压缩存储时只存储 $U_{m\times r}$、$\Sigma_{r\times r}$、$V_{n\times r}$ 这 3 个小矩阵就可以了。

由式 (3-2) 可以推出

$$A_{m\times n}V_{n\times r} \approx U_{m\times r}\Sigma_{r\times r} = \tilde{A}_{m\times r}$$

把 $A_{m\times n}$ 看成是 m 个样本，n 个特征。把 $A_{m\times n}$ 变为 $\tilde{A}_{m\times r}$ 相当于对特征进行了压缩，即去除了冗余特征，这就是 PCA(Principal Component Analysis) 算法。只要求出 V，再让 A 乘以 V 的前 r 列就可以对 A 进行降维了，而 V 正是 A^TA 的特征向量的集合。

3.3.2 高维稀疏矩阵的特征值分解

对于高维矩阵，直接对其进行特征值分解计算的复杂度很高。

Arnoldi 迭代法是 Krylov 子空间算法的一种，它可以把任意方阵 Q 分解成如下形式

$$Q_{n\times n} = V_{n\times r}H_{r\times r}V_{n\times r}^{\mathrm{T}}$$

其中 V 的各列模长都为 1 且互相正交，H 是上三角阵。

$$H_{r\times r}=\begin{bmatrix}h_{1,1} & h_{1,2} & h_{1,3} & \cdots & h_{1,r}\\ h_{2,1} & h_{2,2} & h_{2,3} & \cdots & h_{2,r}\\ 0 & h_{3,2} & h_{3,3} & \cdots & h_{3,r}\\ \vdots & \ddots & \ddots & \ddots & \vdots\\ 0 & \cdots & 0 & h_{r,r-1} & h_{r,r}\end{bmatrix}$$

在算法 3-2 的第 10 行，如果由于 norm2=0 导致外层 for 循环退出，则得到的 H 的边长就是 Q 的秩；如果是由于达到了人为设定的循环上限 α，则 H 的边长就是 α。当 Q 是高维稀疏矩阵时，通常 H 的边长会比 Q 的边长小得多，即

$$H=V^{\mathrm{T}}QV$$

算法 3-2　Arnoldi 迭代法

输入：方阵 Q 及其边长 n，最大迭代次数 α

输出：矩阵 V 和 H，使得 $Q=VHV^{\mathrm{T}}$

1. 初始化 $v_0=[1,0,0,\cdots]^{\mathrm{T}}$
2. **for** k in [1,α];**do**
3. 　　$v_k=Q\cdot v_{k-1}$
4. 　　**for** j in [0,k);**do**
5. 　　　　$H[j][k-1]=v_j^T\cdot v_k$
6. 　　　　$v_k=v_k-H[j][k-1]\cdot v_j$
7. 　　**end for**
8. 　　$norm2=\|v_k\|_2$
9. 　　**if** $norm2=0$
10. 　　　　break
11. 　　**end if**
12. 　　$H[k][k-1]=norm2$
13. 　　$v_k=\dfrac{v_k}{norm2}$
14. **end for**
15. V 舍弃最后一列，H 舍弃最后一行

H 和 Q 相似，所以可以用 H 的特征值来近似 Q 的特征值，用 Vy 来近似 Q 的特征向量，其中 y 是 H 的特征向量。

代码 3-2 Arnoldi 迭代矩阵分解法

```
import numpy as np


class SparseMatrix():
    '''用dict实现高度稀疏的矩阵，dict的key是元素在matrix中的二维坐标，
       dict的value是元素的值
    '''
    def __init__(self):
        self.arr = {}

    def get(self, row, col):
        key = (row, col)
        if key in self.arr:
            return self.arr[key]
        else:
            return 0

    def set(self, row, col, value):
        key = (row, col)
        self.arr[key] = value

    def mul(self, vec):
        '''与一个一维向量相乘，返回一个list
        '''
        length = len(vec)
        rect = [0] * length
        for k, v in self.arr.items():
            i = k[0]
```

```
            j = k[1]
            rect[i] += v * vec[j]
        return rect

    def mulMatrixCol(self, matrix, col):
        '''与矩阵的第col列相乘,返回一个n*1的矩阵
        '''
        length = matrix.shape[0]
        rect = np.zeros((length, 1))
        for k, v in self.arr.items():
            i = k[0]
            j = k[1]
            rect[i, 0] += v * matrix[j, col]
        return rect

    def mulMatrix(self, matrix):
        '''与一个矩阵相乘
        '''
        col_num = matrix.shape[1]
        rect = self.mulMatrixCol(matrix, 0)
        for i in range(1,col_num):
            rect = np.hstack((rect, self.mulMatrixCol(matrix, i)))
        return rect

    def transmul(self, vec):
        '''矩阵转置后与一维向量相乘
        '''
        length = len(vec)
        rect = [0] * length
        for k, v in self.arr.items():
```

```
            i = k[1]
            j = k[0]
            rect[i] += v * vec[i]
        return rect

def arnoldi_iteration(Q, n, alpha):
    '''
    对Q进行分解，QV=VH。
    Q是输入参数，numpy.matrix类型，n行n列。
    V和H都是输出参数，numpy.matrix类型。
    V是n行r+1列，每列模长为1且各列正交。V的转置与逆相等。
    H是r+1行r列的上三角矩阵。
    alpha用于限制循环次数，alpha设置的值要大于Q的秩。
    '''
    if alpha > n or alpha <= 0:
        alpha = n
    V = np.zeros((n, 1))
    V[0, 0] = 1
    h_col_list=[]
    k = 1
    while k <= alpha:
        h_col = []
        v_k = Q.mulMatrixCol(V,k-1)
        for j in range(k):
            product = np.dot(np.matrix(V[:,j]).reshape(n,1).transpose
                (), v_k)[0,0]
            h_col.append(product)
            v_k = v_k - product * (np.matrix(V[:,j]).reshape(n,1))
        norm2 = np.linalg.norm(v_k, ord=2)
        if norm2 == 0:
```

```
            print "norm2=0, will break"
            break
        h_col.append(norm2)
        h_col_list.append(h_col)
        v_k = v_k / norm2
        V = np.hstack((V, np.matrix(v_k)))
        k += 1
    r = len(h_col_list)
    H = np.zeros((r, r))
    for i in range(r):
        h_col = h_col_list[i]
        for j in range(len(h_col)):
                if j < r:
                    H[j, i] = h_col[j]
    V = V[:, :r]
    return (V, H)
```

3.3.3 基于矩阵分解的推荐算法

基于矩阵分解 (Matrix Factorization, MF) 的推荐算法又被称为隐因子模型 (Latent Factor Model, LFM)，可以把隐因子理解为现象背后的原因。比如一个用户喜欢《推荐系统实践》这本书，背后的原因可能是该用户喜欢数据挖掘，或者是喜欢作者项亮等。

LFM 的思路就是先计算用户对各个隐因子的喜好程度 $(p_1, p_2, \cdots, p_F)$，再计算物品在各个隐因子上的概率分布 $(q_1, q_2, \cdots, q_F)$，两个向量做内积即得到用户对物品的喜好程度。代表喜好程度的评分矩阵 $R_{mn} = P_{mF} \cdot Q_{Fn}$，$F$ 是隐因子的个数，由于评分矩阵被分解为两个矩阵的乘积，LFM 又叫矩阵分解法。

$$\hat{r}_{ui} = \sum_{f=1}^{F} P_{uf} Q_{fi}$$

式中，r_{ui} 代表用户 u 对物品 i 的真实喜好程度；$\hat{r}_{ui}$ 代表其预测值。机器学习训练的目标是使得所有的 $r_{ui} \neq 0$ ($r_{ui} = 0$ 只表示用户 u 没有对物品 i 评分，并不代表

用户 u 对物品 i 的喜好程度为 0)，r_{ui} 和 $\hat{r}_{ui}$ 尽可能接近，即

$$\min: \quad loss = \sum_{r_{ui}\neq 0} (r_{ui} - \hat{r}_{ui})^2$$

为防止 P_{uf}, Q_{fi} 过大或过小造成过拟合，加个 L2 正则项，即

$$\min: \quad loss = \sum_{r_{ui}\neq 0} (r_{ui} - \hat{r}_{ui})^2 + \lambda(\sum P_{uf}^2 + \sum Q_{fi}^2)$$

3.4 矩阵编程实践

3.4.1 numpy 数组运算

numpy 是一个专门针对矩阵运算的 Python 工具包，它底层调用 C 语言实现，而且做了大量的并行优化。笔者做了一个实验，对两个长度为 100 万的整型向量做内积运算，不同方案的耗时见表 3-1。

表 3-1 不同方案做向量内积运算的效率对比

方法	C 语言 for 循环	C 语言 SSE	Python 语言 for 循环	numpy.dot
用时	2388μs	1343μs	148280μs	1306μs

SSE(Streaming SIMD Extensions) 是指令级并行，C 语言使用 SSE 速度快了一倍。Python 耗时本来是 C 语言的 62 倍，使用了 numpy 后速度立即赶上了 SSE。所以在 Python 中涉及向量、矩阵的运算尽量都使用 numpy 来实现。

代码 3-3 SSE 求向量内积

```
#include <smmintrin.h>        //SSE
float dot_product(const float* x, const float* y, const long &
    len){
    float prod = 0.0f;
    const int mask = 0xff;
    _m128 X, Y;
    float tmp;
    long i;
    for (i=0;i<len;i+=4){
        //_mm_loadu_ps把float转为_m128
```

```
        X=_mm_loadu_ps(x+i);
        Y=_mm_loadu_ps(y+i);
        //_mm_storeu_ps把_m128转为float。_mm_dp_ps计算向量内积
        _mm_storeu_ps(&tmp,_mm_dp_ps(X,Y,mask));
    }
    return prod;
}
```

numpy 针对数组的各种基本运算都是在各个元素上分别进行的。

```
>>> a=numpy.array([2,4,5])
>>> b=numpy.array([1,1,1])
加法
>>> a+b
array([3, 5, 6])
乘法
>>> a*b
array([2, 4, 5])
倒数
>>> 1./a
array([ 0.5 , 0.25, 0.2 ])
相反数
>>> -a
array([-2, -4, -5])
平方
>>> a**2
array([ 4, 16, 25])
按位异或
>>> a^2
array([0, 6, 7])
指数运算
>>> numpy.exp(a)
array([ 7.3890561 , 54.59815003, 148.4131591 ])
```

“*”是对应元素分别相乘，真正的矩阵相乘需要用 numpy.dot 来实现。

```
>>> a=numpy.array([2,4,5])
>>> b=numpy.array([[1],[1],[1]])
>>> numpy.dot(a,b)
array([11])
```

两个数组维度不一致时，低维数组会自动向高维扩充。

```
>>> x=numpy.array([1,1,1])
>>> w=numpy.array([[1,2,3],[4,5,6]])
>>> w*x
array([[1, 2, 3],
       [4, 5, 6]])
```

numpy 中的“*”表示矩阵相应位置上的元素分别相乘，可上例中 w 是 2 维的，而 x 才是 1 维。x 的维度低，此时 x 会在第 2 个维度上自动扩充 (即复制第一行的元素到第二行)。这等价于：

```
>>> x=numpy.array([[1,1,1],[1,1,1]])
>>> w=numpy.array([[1,2,3],[4,5,6]])
>>> w*x
array([[1, 2, 3],
       [4, 5, 6]])
```

同样，加法运算低维的数据也会自动向高维以复制的方式进行扩充。

```
>>> a=numpy.array([2,3])
>>> 1+a
array([3, 4])
```

numpy 可以智能地选择在哪个维度上进行扩充。

```
>>> a=np.array([[1.,2.],[3.,4.],[5.,6.]])
>>> b=np.array([1.,2.])
>>> a/b
```

```
array([[ 1.,   1.],
       [ 3.,   2.],
       [ 5.,   3.]])
>>> b=np.array([[1.,2.]])
>>> a/b
array([[ 1.,   1.],
       [ 3.,   2.],
       [ 5.,   3.]])
>>> b=np.array([[1.],[2.],[3.]])
>>> a/b
array([[ 1.        ,  2.        ],
       [ 1.5       ,  2.        ],
       [ 1.66666667,  2.        ]])
```

a 是 3*2 的矩阵，numpy.ndarray 的“/”操作是指对应位置上的元素分别进行“除”操作。当 b 是 1*2 的矩阵时，b 为了跟 a 对齐它会自动在行的方向上进行扩充；当 b 是 3*1 的矩阵时，b 为了跟 a 对齐它会自动在列的方向上进行扩充。

```
>>> a=np.array([[1,2,3],[4,5,6]])
>>> b=np.array([1,2])
>>> np.outer(b,a)
array([[ 1,  2,  3,  4,  5,  6],
       [ 2,  4,  6,  8, 10, 12]])
>>> b=np.array([[1],[2]])
>>> np.outer(b,a)
array([[ 1,  2,  3,  4,  5,  6],
       [ 2,  4,  6,  8, 10, 12]])
```

外积运算与两个矩阵的 shape 无关，只与两个矩阵中元素的多少有关。若 B 中有 m 个元素，A 中有 n 个元素，$C = \text{numpy.outer}(B, A)$，则 C 的 shape 为 (m, n)，$C_{ij} = B_i * A_j$。

外积运算在机器学习中并不罕见，考虑图 3-2 中的两层神经网络，第一层有 m 个节点，第二层有 n 个节点，第一层第 i 个节点与第二层第 j 个节点之间的连接

权重为 w_{ij}，第一层各节点的输出用 $a^{(1)}$ 表示，第二层各节点的输出用 $a^{(2)}$ 表示，第二层采用 sigmoid 激活函数，y 是真实值。

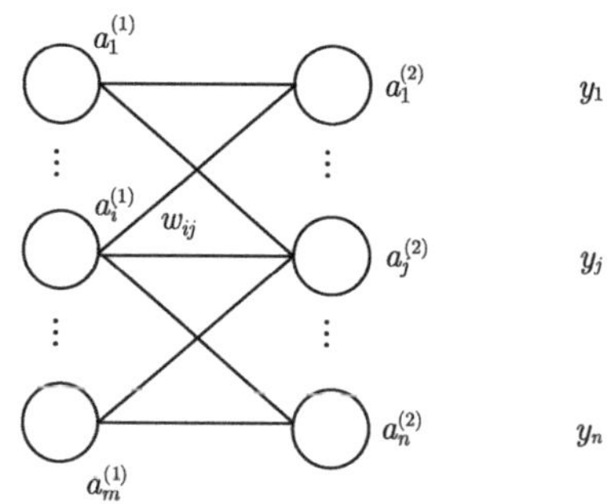

图 3-2　两层神经网络

交叉熵损失函数对 w_{ij} 的偏导为

$$\frac{\partial loss}{\partial w_{ij}} = a_i^{(1)}(a_j^{(2)} - y_j)$$

用一个外积运算就可以求出 $loss$ 对所有 w 的偏导，即

$$\frac{\partial loss}{\partial w} = \text{numpy.outer}(a^{(1)}, a^{(2)} - y)$$

3.4.2　稀疏矩阵的压缩方法

大型稀疏矩阵不能直接采用二维数组来实现，因为那样会非常浪费内存，甚至在很多时候单台电脑上的内存都存不下一个大型矩阵。当然可以利用式 (3-2) 对矩阵进行压缩，一些图像压缩算法也确实是这么做的，但这种压缩毕竟是有损的，本节介绍的稀疏矩阵压缩方法都是无损的。

最简单的做法是用哈希表来存储稀疏矩阵，以非 0 元素的 (row,col) 二元组作为哈希表的 key，以非 0 元素的值作为哈希表的 value。在哈希表中查找、添加、删除一个元素的时间复杂度都是 $O(1)$，非常高效，但是它有个非常致命的缺点就是内存开销太大，在 Java 中哈希表的内存开销通常是 ArrayList 的 10 倍左右，因为哈希表要开辟比较多的 slot 才能尽量避免冲突。所以据经验而言，当矩阵的稀疏度在 95% 以上时才适合用哈希表来存储，否则达不到节约内存的目的。

坐标法 (Coordinate, COO) 用 3 个一维数组来存储稀疏矩阵。数组 1 依次存储非 0 元素的行号，数组 2 依次存储非 0 元素的列号，数组 3 存储所有非 0 元素的值。这种方法查找元素比较高效，先根据行号在数组 1 中进行折半查找，确定该行非 0 元素在数组 2 中的范围，然后再根据这个范围在数组 2 中进行折半查找。但是该方法不适合动态地往矩阵中添加或删除元素，最好在一开始就将矩阵中所有元素的值确定下来。矩阵的 COO 存储方式如图 3-3 所示。

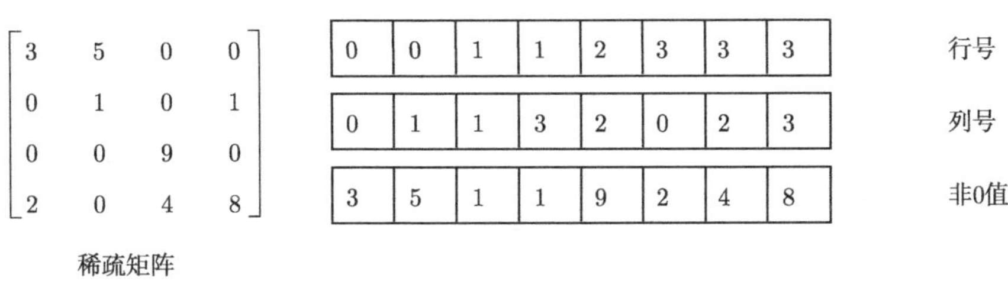

图 3-3 矩阵的 COO 存储方式

基于行压缩 (Compressed Sparse Row, CSR) 的方法跟 COO 类似，唯一的不同在于数组 1 中存储的是每行的首个非 0 元素在数组 3 中的位置。同 COO 法一样，CSR 法可以高效地实现查找，但不适合动态地往矩阵中添加或删除元素。仔细比较会发现 CSR 比 COO 的查找速度更快，而且更省内存。矩阵的 CSR 存储方式如图 3-4 所示。

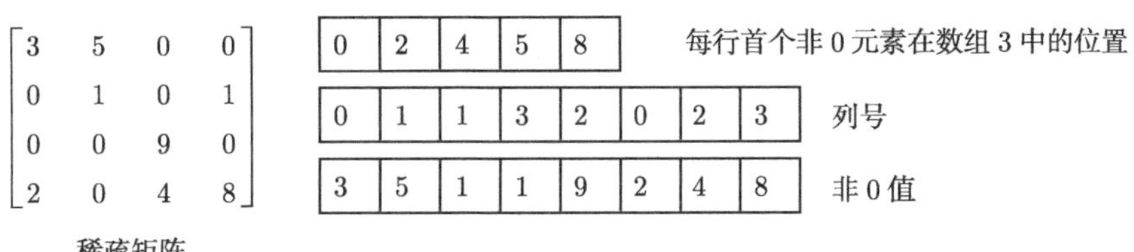

图 3-4 矩阵的 CSR 存储方式

COO 和 CSR 非常省内存但是动态地往矩阵中添加、删除元素时效率很低，哈希表法可以高效地往矩阵中添加、删除元素但是又非常耗内存。双重哈希是一种折中的办法，它用一个 Map<row,Map<rol,value> > 来实现。为防止哈希表内存占用太高，内层的 Map<col,value> 需要采用自定义的序列化方式存储，读取时先反序列化成 Map 再查找指定列上的元素。矩阵的双重哈希存储方式如图 3-5 所示。

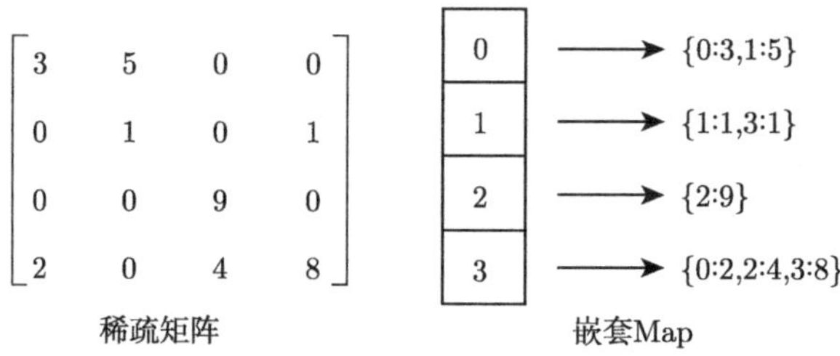

图 3-5　矩阵的双重哈希存储方式

3.4.3　用 MapReduce 实现矩阵乘法

单机计算两个大矩阵相乘时，CPU 和内存的开销都非常大，有可能内存里根本就容不下两个大矩阵，如果转移到 Hadoop 平台上，则每个 Mapper 或 Reducer 中存储的数据量很少，不用担心内存的问题，况且 MapReduce 是并行计算框架，在一定程度上可以提高计算效率。

算法 3-3　MapReduce 矩阵相乘

输入：$A_{m\times n}$，$B_{n\times q}$

输出：$C_{m\times q} = A_{m\times n} \cdot B_{n\times q}$

1. Mapper1: 对于 $A[i][j]$，输出 $< j, (i, \text{'A'}, A[i][j]) >$；对于 $B[e][f]$，输出 $< e, (f, \text{'B'}, B[e][f]) >$。$i \in [1, m]$, $j \in [1, n]$, $e \in [1, n]$, $f \in [1, q]$。
2. Reducer1: 对于 $j = e$ 的三元组会被分到同一个 Reducer 里，带 'A' 标签的三元组主放到 listA 里，带 'B' 标签的三元组主放到 listB 里，两个 list 中的元素两两组合，$(i, \text{'A'}, A[i][j])$ 和 $(f, \text{'B'}, B[e][f])$ 组合在一起时输出 $< (i, f), A[i][j]{\cdot}B[e][f] >$。
3. Mapper2: 直接输出 Reducer1 输出的结果。
4. Reducer2: 对 (i, f) 相同的数据会被分到同一个 Reducer 里，对这些数值求和就得到了 $C[i][f]$ 的值。

在第 1 步中，对于 $A[i][j] = 0$ 和 $B[e][f] = 0$ 的情况不必输出，它们对矩阵的乘积没有任何贡献，而且可以减少网络 I/O 和运算量，当矩阵很稀疏时这种优化效果很可观。图 3-6 是个具体的例子，帮助理解算法 3-3。

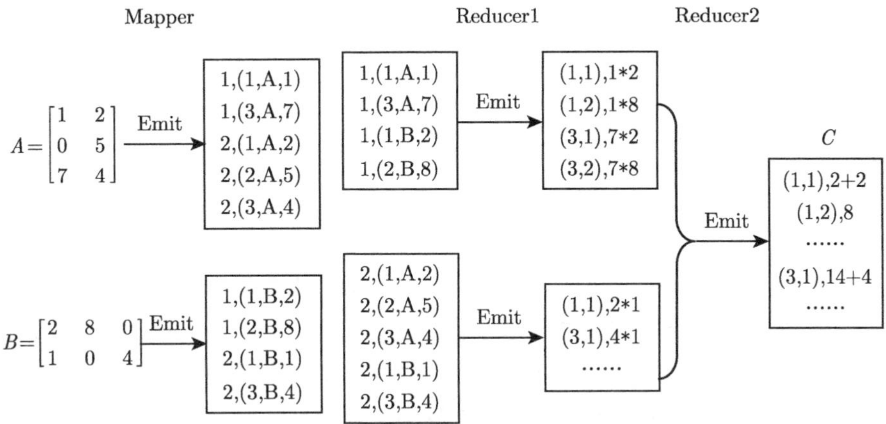

图 3-6　MapReduce 矩阵相乘

第 4 章 优化方法

机器学习问题到最后都是一个优化问题，即最大化或最小化某个函数，比如最大化似然函数、最小化损失函数及最小化结构风险等。对于最大化问题，在函数前面加个负号也就转变成了最小化问题。在求极值的问题中有些是带约束条件的，有些不带，前者称为带约束优化问题，后者称为无约束优化问题。

4.1 无约束优化方法

一个函数存在最小值的充要条件是它是凸函数。

定理 4.1 如果 $f(X)$ 是定义在 N 维向量空间上的实值函数，对于在 $f(X)$ 的定义域 C 上的任意两个点 X_1 和 X_2，以及任意 [0,1] 之间的值 λ 都有

$$f(\lambda X_1+(1-\lambda)X_2)\leqslant \lambda f(X_1)+(1-\lambda)f(X_2)$$

$$\forall X_1,X_2\in C,\ \ 0\leqslant\lambda\leqslant 1$$

那么称 $f(X)$ 是凸函数。

无约束最优化问题就是寻找使 $f(X)$ 取得最小值时的 X。

4.1.1 梯度下降法

如果凸函数 $f(X)$ 在定义域上连续可微，那么其一阶导数为 0 的点就是最小值点。然而凸性质很难保证，比如 $f(x)=x^3$ 这么简单的一个函数它就不是凸函数，所以在 $x=0$ 处即使导数为 0，也不是极小值点。这还只是自变量为一维的情况，对于多维函数更难保证在每一个切面上都具有凸性质，所以直接令导数为 0 通常得不到最小值点。在机器学习中一种广泛应用的优化方法是梯度下降法，虽然从理论上梯度下降法并不能保证得到全局最优解，但梯度下降及其各种改进算法在实践中通常能得到一个不错的可用的效果。

当 ΔX 接近于 0 时，有泰勒展开式

$$f(X+\Delta X)=f(X)+f'(X)\Delta X+\frac{f^{(2)}(X)}{2!}\Delta X^2+O(\Delta X^3)$$

X 沿方向 D 移动步长 η 后变为 $X+\eta D$，由一阶泰勒展开式得 $f(X+\eta D)=f(X)+f'(X)\eta D$，我们希望 X 的本次移动使目标函数 $f(X)$ 下降得尽可能多，即

$$\max\ f(X)-f(X+\eta D)=-f'(X)\eta D$$

式中，η 为确定的正数时即最小化 $f'(X)D$；$f'(X)$ 是梯度的方向；D 是 X 移动的方向。要使两个向量的内积最小，当然要使两个向量的方向相反，即 X 要沿着负梯度的方向前进。

$$X^{(t+1)}=X^{(t)}-\eta g^{(t)}$$

式中，g 表示 $f(X)$ 的梯度，是一个向量。

$$g=\left[\frac{\partial f(X)}{\partial X_1},\frac{\partial f(X)}{\partial X_2},\cdots,\frac{\partial f(X)}{\partial X_n}\right]^T$$

理想情况下 X 从某个初始点开始，按照梯度下降法逐步更新迭代，最终收敛到最小值点，如图 4-1 所示。

图 4-1　理想情况的梯度下降

注意：泰勒展开式成立的前提是 ΔX 接近于 0，即要求 $-\eta g$ 的绝对值非常小，同时步长 η 必须是正数。当 $-\eta g$ 的绝对值比较大时可能发生以下两种情况。

1) 步子迈得太大容易跨过极小值点，在最优解附近来回震荡，收敛很慢，如图 4-2 所示。

2) 步子迈得太大导致函数值不降反升，如图 4-3 所示。

η 是可以控制的，通常设在 $10^{-2}\sim10^{-3}$ 量级，而梯度 g 取决于当前的 X 值，如果 X 初始化得不好可能会导致 g 的绝对值很大，梯度下降法失效。

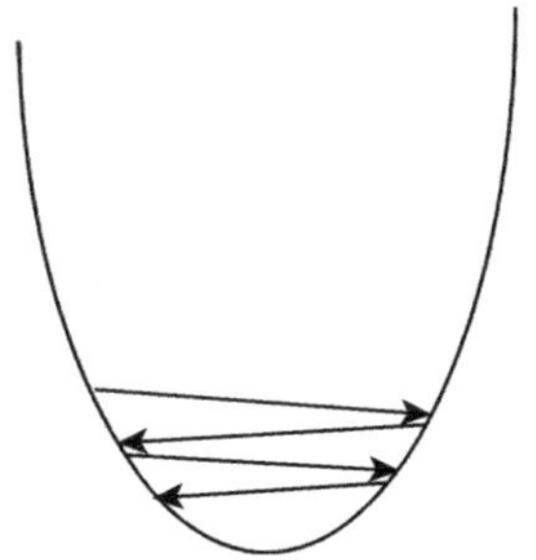

图 4-2　在最优解附近震荡

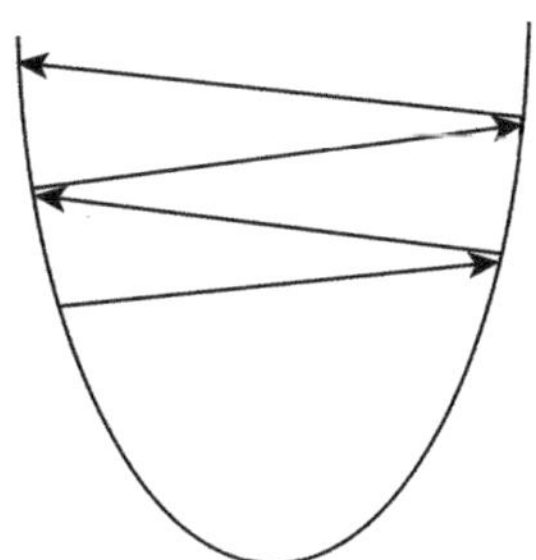

图 4-3　优化方法不收敛

4.1.2　拟牛顿法

梯度下降法只利用了泰勒一阶展开，如果把泰勒二阶展开也用上，则从理论上来讲优化得会更快一些。

$$f(X^{(t)}+\Delta X)=f(X^{(t)})+g(X^{(t)})^T\Delta X+\frac{f^{(2)}(X^{(t)})}{2!}\Delta X^2$$

令 $X^{(t)}+\Delta X=X^{(t+1)}$，得

$$f(X^{(t+1)})=f(X^{(t)})+g(X^{(t)})^T(X^{(t+1)}-X^{(t)})+\frac{f^{(2)}(X^{(t)})}{2!}(X^{(t+1)}-X^{(t)})^2$$

这是一个关于 $X^{(t+1)}$ 的二次函数，函数的极小值点为

$$X^{(t+1)}=X^{(t)}-H(X^{(t)})^{-1}g(X^{(t)})$$

其中 $H(X)$ 是 Hesse 矩阵，可以理解为是二阶梯度 $f^{(2)}(X)$。即 X 的移动方向为 $-g(X^{(t)})/H(X^{(t)})$，函数值要在此方向上下降，就需要它与梯度的方向相反，即

$-g(X^{(t)})^T H(X^{(t)})^{-1} g(X^{(t)}) < 0$，所以要求在每一个迭代点上 Hesse 矩阵必须是正定的。

定理 4.2 设 M 是 n 阶方阵，如果对任意非零向量 z，都有 $z^T M z > 0$，就称 M 为正定矩阵。正定矩阵的逆还是正定矩阵。

直接求解 Hesse 矩阵一来运算量大，二来求得的 Hesse 矩阵可能不满足正定性。在拟牛顿法中每次迭代并不需要直接去计算 Hesse 矩阵，而是构造与 Hesse 矩阵相近的正定矩阵。再来看一阶泰勒展开式

$$f(X^{(t+1)} - \Delta X) = f(X^{(t+1)}) - \Delta X g(X^{(t+1)})$$

令 $X^{(t+1)} - \Delta X = X^{(t)}$，然后对上式两边求导

$$g(X^{(t)}) = g(X^{(t+1)}) - \Delta X H(X^{(t+1)})$$

$$H(X^{(t+1)}) = \frac{g(X^{(t+1)}) - g(X^{(t)})}{X^{(t+1)} - X^{(t)}} \tag{4-1}$$

式 (4-1) 被称为拟牛顿方程，各种拟牛顿法构造的 Hesse 矩阵都要满足式 (4-1)，但我们又不能直接用式 (4-1) 来计算 Hesse 矩阵，因为这样得到的矩阵不能保证正定性。BFGS (这是 4 个人名的首字母: C.G.Broyden、R.Fletcher、D.Goldfarb、D.F.Shanno) 法提出了一种构造 Hesse 矩阵的方法:

$$s_k = X^{(t+1)} - X^{(t)}$$

$$y_k = g(X^{(t+1)}) - g(X^{(t)})$$

$$H_{k+1} = H_k - \frac{H_k s_k s_k^{\mathrm{T}} H_k}{s_k^{\mathrm{T}} H_k s_k} + \frac{y_k y_k^{\mathrm{T}}}{s_k^{\mathrm{T}} y_k} \tag{4-2}$$

为了避免和矩阵转置符号冲突，我们把迭代次数由 t 换成了 k，并且放到了下标里。BFGS 算法不仅具有二次收敛性，而且只要初始矩阵对称正定，则 BFGS 修正公式所产生的矩阵 H 也是对称正定的，且 H 不易变为奇异。

如果特征 x 的维度是 n，则 H 矩阵的内存开销为 $O(n^2)$，当特征维度很高时需要非常大的内存。L-BFGS (Limited memory-BFGS) 对 BFGS 做了近似改造，极大地降低了内存开销，并且提高了计算效率。令 $B = H^{-1}$，则有

$$B_{k+1} = \left(I - \frac{s_k y_k^{\mathrm{T}}}{s_k^{\mathrm{T}} y_k}\right) B_k \left(I - \frac{y_k s_k^{\mathrm{T}}}{s_k^{\mathrm{T}} y_k}\right) + \frac{s_k s_k^{\mathrm{T}}}{s_k^{\mathrm{T}} y_k}$$

记 $\rho_k = 1/s_k^{\mathrm{T}} y_k$，$V_k = (I - \rho_k y_k s_k^{\mathrm{T}})$，则

$$
\begin{aligned}
B_{k+1} = & (V_k^{\mathrm{T}} \cdots V_{k-i}^{\mathrm{T}}) B_{k-i} (V_{k-i} \cdots V_k) \\
& + \sum_{j=0}^{i} \rho_{k-i+j} \left(\prod_{l=0}^{i-j-l} V_{k-l}^{\mathrm{T}} \right) s_{k-i+j} s_{k-i+j}^{\mathrm{T}} \left(\prod_{l=0}^{i-j-l} V_{k-l}^{\mathrm{T}} \right)^{\mathrm{T}}
\end{aligned}
$$

为了节省内存，只利用近 m $(m \ll n)$ 次迭代产生的 s 和 y，得

$$
\begin{aligned}
B_{k+1} = & (V_k^{\mathrm{T}} \cdots V_{k-m}^{\mathrm{T}}) B_k^{(0)} (V_{k-m} \cdots V_k) \\
& + \sum_{j=0}^{m} \rho_{k-m+j} \left(\prod_{l-0}^{m-j-l} V_{k-l}^{\mathrm{T}} \right) s_{k-m+j} s_{k-m+j}^{\mathrm{T}} \left(\prod_{l=0}^{m-j-l} V_{k-l}^{\mathrm{T}} \right)^{\mathrm{T}}
\end{aligned}
$$

$B_k^{(0)}$ 是由某种方式生成的简单正定矩阵，$B_k^{(0)}$ 的一种生成方式为

$$
B_k^{(0)} = \frac{s_k^{\mathrm{T}} y_k}{\|y_k\|_2^2} I
$$

4.2 带约束优化方法

约束包括等式约束和不等式约束，带约束优化问题的一般形式为

$$
\begin{cases}
\min & f(x) \\
\text{s.t.} & h_i(x) = 0 \quad i \in [1, 2, \cdots, m] \\
& g_k(x) \leqslant 0 \quad k \in [1, 2, \cdots, n]
\end{cases}
$$

构造拉格朗日函数为

$$
\mathrm{L}(x, \lambda, \mu) = f(x) + \sum_i \lambda_i h_i(x) + \sum_k \mu_k g_k(x), \quad \mu_k \geqslant 0
$$

其向量表达形式为

$$
\mathrm{L}(x, \lambda, \mu) = f(x) + \lambda h(x) + \mu g(x), \quad \mu \geqslant 0
$$

式中，$\lambda = (\lambda_1, \lambda_2, \cdots, \lambda_m)$；$\mu = (\mu_1, \mu_2, \cdots, \mu_n)$；$h = (h_1, h_2, \cdots, h_m)$；$g = (g_1, g_2, \cdots, g_n)$。$\lambda$ 和 μ 称为拉格朗日乘子。

定义 θ 函数：

$$
\theta(x) = \max_{\lambda; \mu \geqslant 0} \mathrm{L}(x, \lambda, \mu) = f(x) + \max_{\lambda; \mu \geqslant 0} [\lambda h(x) + \mu g(x)]
$$

$$\because\ h(x)=0,\ \mu\geqslant 0,\ g(x)\leqslant 0$$

$$\therefore\ \max_{\lambda;\mu\geqslant 0}[\lambda h(x)+\mu g(x)]=0$$

$$\therefore\ \theta(x)=f(x)$$

$$\therefore\ \min\ f(x)\Leftrightarrow \min\ \theta(x)$$

综上所述，原始的带约束优化问题等价于

$$\begin{cases}\min & \min\limits_{x}\max\limits_{\lambda;\mu\geqslant 0}\mathrm{L}(x,\lambda,\mu)\\ \text{s.t.} & h(x)=0\\ & g(x)\leqslant 0\\ & \mu\geqslant 0\end{cases}$$

定义 d 函数：

$$d(\lambda,\mu)=\min_{x}\mathrm{L}(x,\lambda,\mu)$$

设 x^* 是原始带约束优化问题的最优解，则 $\theta(x)\geqslant \min\ f(x)=f(x^*)$。当然，$x^*$ 也是 $\min\limits_{x}\mathrm{L}(x,\lambda,\mu)$ 的可行解，所以

$$d(\lambda,\mu)=\min_{x}\mathrm{L}(x,\lambda,\mu) \tag{4-3}$$

$$d(\lambda,\mu)\leqslant \mathrm{L}(x^*,\lambda,\mu) \tag{4-4}$$

$$d(\lambda,\mu)=f(x^*)+\lambda h(x^*)+\mu g(x^*) \tag{4-5}$$

$$d(\lambda,\mu)\leqslant f(x^*) \tag{4-6}$$

θ 函数的下限是 $f(x^*)$，同时 d 函数的上限也是 $f(x^*)$，如果把 $\min\limits_{x}\theta(x)=\min\limits_{x}\max\limits_{\lambda;\mu\geqslant 0}\mathrm{L}(x,\lambda,\mu)$ 称为原问题，那么 $\max\limits_{\lambda;\mu\geqslant 0}d(\lambda,\mu)=\max\limits_{\lambda;\mu\geqslant 0}\min\limits_{x}\mathrm{L}(x,\lambda,\mu)$ 就是相应的对偶问题。θ 函数和 d 函数的关系如图 4-4 所示。

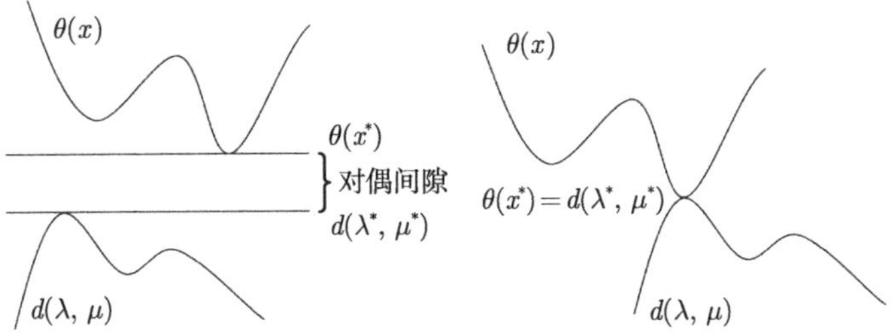

图 4-4 θ 函数和 d 函数的关系

从图 4-4 中可以看出 θ 函数和 d 函数唯一可能相切的点就是 θ 的最小值点，同时也是 d 函数的最大值点，此时对偶间隙为 0，$\min\limits_{x}\theta(x) = \max\limits_{\lambda;\mu\geqslant 0} d(\lambda,\mu) = \theta(x^*) = d(\lambda^*,\mu^*) = f(x^*)$。将 λ^*, μ^* 代入式 (4-3)~式 (4-6) 中，得

$$d(\lambda^*,\mu^*) = \min_{x} \mathrm{L}(x,\lambda^*,\mu^*) \tag{4-7}$$

$$d(\lambda^*,\mu^*) \leqslant \mathrm{L}(x^*,\lambda^*,\mu^*) \tag{4-8}$$

$$d(\lambda^*,\mu^*) = f(x^*) + \lambda^* h(x^*) + \mu^* g(x^*) \tag{4-9}$$

$$d(\lambda^*,\mu^*) \leqslant f(x^*) \tag{4-10}$$

由 $d(\lambda^*,\mu^*) = f(x^*)$ 可推出式 (4-8) 和式 (4-10) 中的等号成立。式 (4-8) 中的等号成立可推出 $\mathrm{L}(x,\lambda^*,\mu^*)$ 在 $x = x^*$ 处取得最小值，即

$$\left.\frac{\partial \mathrm{L}(x,\lambda^*,\mu^*)}{\partial x}\right|_{x=x^*} = 0 \tag{4-11}$$

式 (4-10) 中的等号成立可推出

$$\mu^* g(x^*) = 0 \tag{4-12}$$

也就是说式 (4-11) 和式 (4-12) 是 $\theta(x^*) = d(\lambda^*,\mu^*) = f(x^*)$ 成立的必要条件，这为求 $f(x^*)$ 提供了一种思路：直接求解由式 (4-11) 和式 (4-12) 构成的方程组，如果该方程组有解则说明对偶间隙为 0，此时方程组的解就是原问题和对偶问题的最优解。如果该方程组无解则说明对偶间隙不为 0，求原始问题的最优解需要另寻他法。

实际上很多时候我们都是直接根据必要条件去求原始问题的最优解，最著名的就是梯度下降法。我们知道梯度为 0 只是最优解的一个必要条件并非充分条件，而梯度下降法一上来就假设原问题是个凸优化问题，梯度为 0 的点只有一个并且就是最小值点。同样对于带约束优化问题，我们也总是一上来就假设原问题与对偶问题等价，即式 (4-11) 和式 (4-12) 有解，并通过求这个必要条件的解来得到原始问题的最优解。

例 4-1

$$\min \quad f(X) = x_1^2 + 3x_2$$

$$\text{s.t.} \begin{cases} 10 - x_1 \leqslant 0 \\ 1 - 4x_2 \leqslant 0 \end{cases}$$

构造拉格朗日函数

$$\mathrm{L}(x,\mu)=x_1^2+3x_2+\mu_1(10-x_1)+\mu_2(1-4x_2)$$

其中 $\mu_1\geqslant 0$，$\mu_2\geqslant 0$。由式 (4-11) 得

$$\frac{\partial \mathrm{L}}{\partial x_1}=2x_1-\mu_1=0$$

$$\frac{\partial \mathrm{L}}{\partial x_2}=3-4\mu_2=0$$

得 $\mu_1=2x_1^*,\mu_2=3/4$。

由式 (4-12) 得 $\mu_2(1-4x_2^*)=0$，所以 $x_2^*=1/4$。同样由式 (4-12) 得 $\mu_1(10-x_1^*)=0$，所以 $2x_1^*(10-x_1^*)=0$，再结合原始的约束条件 $10-x_1\leqslant 0$ 得 $x_1^*=10$，$\mu_1=20$。

由必要条件构成的方程组有解，这说明对偶间隙为 0，且方程组的解就是原问题和对偶问题的最优解。

4.3 在线学习方法

在线学习是相对离线学习而言的，在离线学习开始之前所有的训练数据已准备就绪，可以用全量数据来学习模型参数。在线学习是指在工业实践中训练样本是随着时间的推移逐条到来的，每来一条训练样本就要立即更新模型参数，达到实时学习的效果。

4.3.1 随机梯度下降法

采用梯度下降法离线批量训练模型参数 θ 时，梯度 $g(\theta)$ 实际上用的是所有样本的梯度的平均值，即

$$\theta^{(t+1)}=\theta^{(t)}-\eta\frac{1}{n}\sum_{i=1}^{n}g(\theta_i)$$

这种方法虽然精度高，但每一次迭代的计算量与样本数量 n 成正比，所以迭代速度非常慢。随机梯度下降法 (Stochastic Gradient Descent, SGD) 每次只使用一个样本的梯度 $g(\theta_i)$ 来更新参数 θ，即

$$\theta^{(t+1)}=\theta^{(t)}-\eta g(\theta_i) \tag{4-13}$$

这种方法的合理性在于 $g(\theta_i)$ 是 $g(\theta)$ 的无偏估计，因为

$$\mathrm{E}(g(\theta_i)) = \frac{1}{n}\sum_{i=1}^{n} g(\theta_i) = g(\theta)$$

因为每次只需要用一个样本来更新模型参数，所以 SGD 非常适用于在线实时训练。当然 SGD 也可以用于离线训练，而且从实际经验来看它通常比批量梯度下降能更快地达到指定的训练精度。SGD 的缺点在于 $g(\theta_i)$ 的方差很大，导致在训练的过程中目标函数呈现随机波动的现象（从大体趋势上看目标函数还是在下降的），即使训练充分以后目标函数也无法收敛，这也正是“随机”的来由。为此，有以下两种补救的办法。

1) 迭代次数超过一定阈值后，让学习率进行衰减，避免目标函数发生大的波动，进入收敛状态。

2) 每次不是用一个样本而是用一小批样本的梯度均值来更新模型参数，即用 $\hat{g}(\theta) = \frac{1}{m}\sum_{i=1}^{m} g(\theta_i)$ 来替代式 (4-13) 中的 $g(\theta_i)$，其中 $m \ll n$。$\hat{g}(\theta)$ 依然是 $g(\theta)$ 的无偏估计，但方差已经比 $g(\theta_i)$ 小了很多，目标函数的变化总体上来看会平滑许多。

算法 4-1 SGD 并行实现

---

1. 将训练数据集 D 均匀地划分到 k 台机器上，第 i 台机器上获得子集 D_i，$|D_i| = T$。
2. 每台机器上给定学习率 η，并令向量 $\boldsymbol{v} = 0$。
3. 对于 $i \in \{1, 2, \cdots, k\}$ 并行地执行

   ① 将 D_i 中的样本随机打乱顺序。

   ② 初始化向量 $w_i^{(0)} = \boldsymbol{v}$。

   ③ **for all** $t \in \{1, \cdots, T\}$: **do**

   $$w_i^{(t)} = w_i^{(t-1)} - \eta \frac{\partial loss(w_i^{(t-1)})}{\partial w_i^{(t-1)}}$$

   end for
4. 求每台机器上算得的权值向量 $w_i^{(\mathrm{T})}$ 的平均值 $v = \frac{1}{k}\sum_{i=1}^{k} w_i^{(\mathrm{T})}$。
5. 若达到收敛标准则返回 $\boldsymbol{v}$；否则转到第 3 步。

SGD 的并行实现只涉及数据并行，不涉及模型并行。各台机器拿到部分样本集后并行训练，但每台机器上都要训练全部的模型参数，适合于样本很多而参数不多的情况。训练完所有样本后，各台机器之间才需要进行一次通信，并行度较高。

4.3.2 FTRL 算法

FTRL(Follow the Regularized Leader) 是谷歌 2013 年针对大规模 LR 模型提出的一种近似在线学习算法。FTRL 无论是从形式还是从思想上看都比梯度下降法复杂得多，先给出 FTRL 公式再来慢慢分析它的思想。

$$w^{(t+1)} = \arg\min_{w}\left\{g^{(1:t)}w + \lambda_1\|w\|_1 + \frac{1}{2}\lambda_2\|w\|_2^2 + \frac{1}{2}\sum_{s=1}^{t}\sigma^{(s)}\|w - w^{(s)}\|_2^2\right\} \tag{4-14}$$

式中，g、w 是向量；λ_1、λ_2、σ 是标量，且都为正数，$g^{(1:t)} = \sum_{s=1}^{t} g^{(s)}$，$\sigma^{(s)} = 1/\eta^{(s)} - 1/\eta^{(s-1)}$，$\sum\limits_{s=1}^{t}\sigma^{(s)} = 1/\eta^{(t)}$。$\eta$ 是学习率，随着迭代次数的增加学习率逐渐减小。FTRL 中每个维度上的学习率是分别考虑的，如果一个维度上的累计梯度比较大，即该维度上的变化比较大，那么这个维度上的学习率应该适当降低。

$$\eta^{(t)} = \frac{\alpha}{\beta + \sqrt{\sum_{s=1}^{t}\left(g^{(s)}\right)^2}} \tag{4-15}$$

$$\sum_{s=1}^{t}\sigma^{(s)} = \frac{\beta + \sqrt{\sum_{s=1}^{t}\left(g^{(s)}\right)^2}}{\alpha} \tag{4-16}$$

式中，α 是初始学习率；β 通常取 1 效果就已经很好。

从式 (4-14) 来看，FTRL 每一次迭代都是一个求最小值的优化问题。式中的 $\|w\|_1 = \sum_i |w_i|$ 是 L1 正则项，$\|w\|_2^2 = \sum_i w_i^2$ 是 L2 正则项，下面举个二维的例子看一下最小化 L1 和 L2 分别代表什么。

图 4-5 中实线是目标函数的等值线，越往里目标函数值越小，虚线是正则函数，越往里正则函数值越小。对于最小化问题，实线要尽量往里收，虚线也要尽量往里收。如果是 L1 正则，那么实线和虚线在菱形的顶点处相切，此时 w_1 和 w_2 其中有一个为 0；如果是 L2 正则，那么 w_1 和 w_2 的绝对值都被限制得不会太大。所以 L1 的作用是产生稀疏解，对于参数达到万维甚至亿维的机器学习问题这是非常

必要的，把尽可能多的参数变为 0 既可以提高预测速度又可以节约模型所占的内存。L2 正则避免出现过大的参数，如果参数过大容易导致预测结果对该维特征很敏感，所以 L2 正则可以防止过拟合。

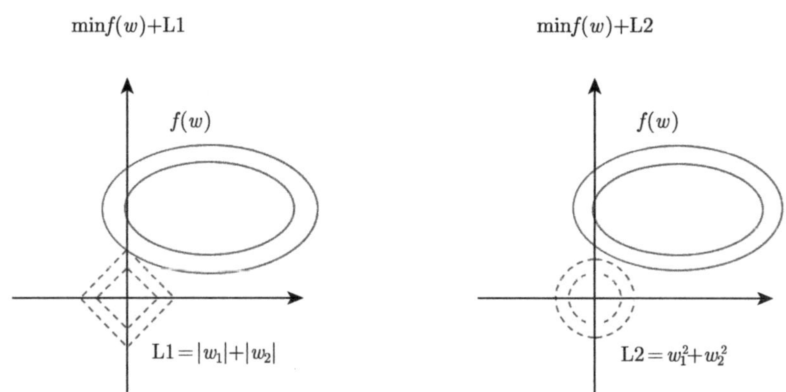

图 4-5　L1 和 L2 正则

式 (4-14) 中的第一项 min $g^{(1:t)}w$ 说明 w 要和历次的梯度之和的方向相反，因为两个向量只有共线且方向相反时其内积才能达到最小，同时 L2 正则又限制了 w 的模长不能太大。在梯度下降法中只要求 w 跟当前的梯度 $g^{(t)}$ 方向相反，所以在 FTRL 中也能看到梯度下降法的影子。

式 (4-14) 中的第四项希望 w 跟历次的 $w^{(s)}$ 偏差不要太大，历次的 $w^{(s)}$ 对 w 的影响程度由系数 $\sigma^{(s)}$ 决定。

将式 (4-14) 的第四项展开并按自变量 w 合并系数得

$$
\begin{aligned}
w^{(t+1)} = \arg\min_{w} \Bigg\{ & \left(g^{(1:t)} - \sum_{s=1}^{t} \sigma^{(s)} w^{(s)}\right) w + \lambda_1 \|w\|_1 + \\
& \frac{1}{2}\left(\lambda_2 + \sum_{s=1}^{t} \sigma^{(s)}\right) \|w\|_2^2 + \frac{1}{2} \sum_{s=1}^{t} \sigma^{(s)} \|w^{(s)}\|_2^2 \Bigg\}
\end{aligned}
\tag{4-17}
$$

这是一个关于 w 的二次函数，最后一项是常数项，对求最优解无影响，可以不考虑。w 在各个维度上都是独立优化的，互不影响，所以不妨把式 (4-17) 中的 g 和 w 暂时看成标量，我们来分情况看一下这个最优化问题的解是什么。

令 $z^{(t)} = g^{(1:t)} - \sum_{s=1}^{t} \sigma^{(s)} w^{(s)}$。

1) 当 $w \geqslant 0$ 时，$w^{(t+1)} = \arg\min\limits_{w}\left\{z^{(t)}w + \lambda_1 w + \frac{1}{2}\left(\lambda_2 + \sum_{s=1}^{t}\sigma^{(s)}\right)w^2\right\}$，又可分为两种情况：

① 当 $z^{(t)} \leqslant -\lambda_1$ 时，$w^{(t+1)} = \dfrac{-z^{(t)} - \lambda_1}{\lambda_2 + \sum\limits_{s=1}^{t}\sigma^{(s)}}$

② 当 $z^{(t)} > -\lambda_1$ 时，$w^{(t+1)} = 0$

2) 当 $w \leqslant 0$ 时，$w^{(t+1)} = \arg\min\limits_{w}\left\{z^{(t)}w - \lambda_1 w + \frac{1}{2}\left(\lambda_2 + \sum_{s=1}^{t}\sigma^{(s)}\right)w^2\right\}$，又可分为两种情况：

① 当 $z^{(t)} \geqslant \lambda_1$ 时，$w^{(t+1)} = \dfrac{z^{(t)} - \lambda_1}{\lambda_2 + \sum\limits_{s=1}^{t}\sigma^{(s)}}$

② 当 $z^{(t)} < \lambda_1$ 时，$w^{(t+1)} = 0$

综上所述，联合式 (4-16) 可得式 (4-17) 的最优解为

$$w^{(t+1)} = \begin{cases} 0 & \text{若 } \left|z^{(t)}\right| < \lambda_1 \\ -\left(\lambda_2 + \frac{\beta + \sqrt{\sum_{s=1}^{t}\left(g^{(s)}\right)^2}}{\alpha}\right)^{-1}\left(z^{(t)} - sgn(z^{(t)})\lambda_1\right) & \text{若 } \left|z^{(t)}\right| \geqslant \lambda_1 \end{cases} \tag{4-18}$$

这说明当 $\left|z^{(t)}\right| < \lambda_1$ 时 FTRL 强行把参数 w 截断成 0，以期产生稀疏解。

乍一看 FTRL 的训练过程好像很复杂，实际上经过简单的公式化简就会发现其实这个算法还是挺高效的。

$$n^{(t)} = \sum_{s=1}^{t}\left(g^{(s)}\right)^2$$

$$\begin{aligned}\sigma^{(t)} &= \frac{1}{\eta^{(t)}} - \frac{1}{\eta^{(t-1)}} = \frac{\beta + \sqrt{n^{(t)}}}{\alpha} - \frac{\beta + \sqrt{n^{(t-1)}}}{\alpha} \\ &= \frac{\sqrt{n^{(t)}} - \sqrt{n^{(t-1)}}}{\alpha}\end{aligned}$$

$$z^{(t)} = z^{(t-1)} + g^{(t)} - \sigma^{(t)}w^{(t)}$$

算法 4-2 FTRL 优化算法

输入： 超参数 $\alpha, \beta, \lambda_1, \lambda_2$

初始化 $z_i = 0, n_i = 0$，i 表示维度，$1 \leqslant i \leqslant d$

for $t = 1$ **to** T **do**

  for $i = 1$ **to** d **do**

$$w_i^{(t)} = \begin{cases} 0 & \text{若 } |z_i| < \lambda_1 \\ -\left(\lambda_2 + \dfrac{\beta + \sqrt{n_i}}{\alpha}\right)^{-1} (z_i - \operatorname{sgn}(z_i)\lambda_1) & \text{若 } |z_i| \geqslant \lambda_1 \end{cases}$$

  计算目标函数对 w_i 的梯度 g_i

  $\sigma_i = \dfrac{1}{\alpha}\left(\sqrt{n_i + g_i^2} - \sqrt{n_i}\right)$

  $z_i \leftarrow z_i + g_i - \sigma_i w_i^{(t)}$

  $n_i \leftarrow n_i + g_i^2$

  end for

end for

代码 4-1 用 FTRL 优化 LR 模型

```
import numpy as np
import sys


NEAR_0 = 1e-10


class LR_CLS(object):
    '''用于二分类的LR
    '''


    @staticmethod
    def fn(w, x):
        '''决策函数为sigmoid函数'''
        return 1.0 / (1.0 + np.exp(-np.dot(x, w))).reshape(x.
            shape[0], 1)
```

```
    @staticmethod
    def loss(y, y_hat):
        '''交叉熵损失函数'''
        return np.sum(
            np.nan_to_num(-y * np.log(y_hat + NEAR_0)-(1-y)* np.
                log(1 - y_hat + NEAR_0)))  # 加上NEAR_0避免出现log(0)

    @staticmethod
    def grad(y, y_hat, x):
        '''交叉熵损失函数对权重w的一阶导数'''
        return np.mean((y_hat - y) * x, axis=0)


class LR_REG(object):
    '''用回归的LR
    '''

    @staticmethod
    def fn(w, x):
        '''决策函数为sigmoid函数'''
        return 1.0 / (1.0 + np.exp(-np.dot(x, w))).reshape(x.
            shape[0], 1)

    @staticmethod
    def loss(y, y_hat):
        '''误差平方和损失函数'''
        return np.sum(np.nan_to_num((y_hat - y) ** 2)) / 2

    @staticmethod
    def grad(y, y_hat, x):
        '''误差平方和损失函数对权重w的一阶导数'''
```

```
        return np.mean((y_hat - y) * (1 - y_hat) * y_hat * x,
            axis=0)


class FTRL(object):

    def _init_(self, dim, l1, l2, alpha, beta, decisionFunc=LR_
        CLS):
        self.dim = dim
        self.decisionFunc = decisionFunc
        self.z = np.zeros(dim)
        self.n = np.zeros(dim)
        self.w = np.zeros(dim)
        self.l1 = l1
        self.l2 = l2
        self.alpha = alpha
        self.beta = beta

    def predict(self, x):
        return self.decisionFunc.fn(self.w, x)

    def update(self, x, y):
        self.w = np.array([0 if np.abs(self.z[i]) <= self.l1 else
             (np.sign(self.z[i]) * self.l1 - self.z[i]) / (self.
            l2 + (self.beta + np.sqrt(self.n[i])) / self.alpha)
            for i in xrange(self.dim)])
        y_hat = self.predict(x)
        g = self.decisionFunc.grad(y, y_hat, x)
        sigma = (np.sqrt(self.n + g * g) - np.sqrt(self.n)) /
            self.alpha
        self.z += g - sigma * self.w
        self.n += g * g
        return self.decisionFunc.loss(y, y_hat)
```

```
def train(self, corpus_generator, verbos=False, epochs=100,
    batch=64):
    test_loss_history = []
    total = 0
    for itr in xrange(epochs):
        if verbos:
            sys.stderr.write("=" * 100 + "\n")
            sys.stderr.write("Epoch={:d}\n".format(itr))
        # 尽量使用mini batch，充分发挥numpy的并行计算能力
        mini_batch_x = []
        mini_batch_y = []
        n = 0
        for x, y in corpus_generator:
            n += 1
            mini_batch_x.append(x)
            mini_batch_y.append([y])
            if len(mini_batch_x) >= batch:
                self.update(np.array(mini_batch_x), np.array(
                    mini_batch_y))
                if verbos:
                    Y_HAT = self.predict(np.array(mini_batch_
                        x))
                    train_loss = self.decisionFunc.loss(np.
                        array(mini_batch_y), Y_HAT) / len(
                        mini_batch_x)
                    sys.stderr.write("{:d}/{:d}train loss: {:
                        f}\n".format(n, total, train_loss))
                mini_batch_x = []
                mini_batch_y = []
        self.update(np.array(mini_batch_x), np.array(mini_
            batch_y))
        if total == 0:
```

```
            total = n
        if verbos:
            Y_HAT = self.predict(np.array(mini_batch_x))
            train_loss = self.decisionFunc.loss(np.array(mini
                _batch_y), Y_HAT) / len(mini_batch_x)
            sys.stderr.write("{:d}/{:d} train loss: {:f}\n".
                format(n, total, train_loss))
```

4.4 深度学习中的优化方法

深度学习得到了广泛的应用和研究，这期间人们发明了许多梯度下降法的变种，这一节介绍几个具有代表性的算法。

4.4.1 动量法

介绍动量法之前先介绍一种基于时间序列的移动平滑方法：指数移动平均法 (Exponential Moving Average, EMA)。不采用任何平滑，t 时刻的值设为 x_t，平滑之后变为 y_t，有

$$y_t = \gamma y_{t-1} + (1-\gamma)x_t \tag{4-19}$$

γ 为平滑指数，γ 越大则历史信息的权重就越大。t 从 1 开始，y_0 通常初始化为 0。EMA 可以达到减小振荡、使曲线平滑的作用。

在梯度下降算法中

$$\theta_{t+1} = \theta_t - v_t$$

$$v_t = \eta g_t$$

我们希望模型参数的变化量 v 在迭代中也尽量保持平稳，不要出现太大的波动，这样有利于尽快学习得到最优解。引入 EMA 的思想得

$$v_t = \gamma v_{t-1} + (1-\gamma)\eta g_t$$

动量法的思想是：如果本次的梯度方向跟上次相同，则把步子迈大；如果本次的梯度方向跟上次相反，则把步子缩小。这样有望减小振荡，加速收敛。

γ 通常在 0.9 附近取值。由于动量法本身具有减小振荡的功能，所以其学习率 η 可以设置得相对大一点。

4.4.2 AdaGrad

AdaGrad 从两个方面对梯度下降法做了改进。

1) 开始训练时离最优解比较远，学习率可以大一点。随着迭代次数的增加，学习率应该逐步衰减，避免在最优解附近来回振荡，甚至跨过最优解。

2) 即使在同一轮迭代中，参数在每一个维度上的学习率也应该不同，那些频繁出现的参数学习率应该设得小一些，而不频繁出现的参数由于得不到充分的训练，学习率应该设得大一些。

设第 i 个参数第 t 次迭代时的取值为 $\theta_{t,i}$，AdaGrad 参数更新公式为

$$\theta_{t+1,i} = \theta_{t,i} - \frac{\eta}{\sqrt{\epsilon + \sum_{s=1}^{t} g_{s,i}^2}} g_{t,i} \tag{4-20}$$

这里的学习率是不是跟式 (4-15) 非常像? $g_{t,i}$ 是第 t 次迭代时梯度在第 i 个维度上的取值。ϵ 通常取 $O(1\mathrm{e}-8)$ 数量级，一来防止了除 0 异常，但更主要的作用是提高数值稳定性，因为如果分母非常小，误差就会大得不可控制。η 可以取常数 0.01。

后面介绍的几种算法都是在各个维度上分别更新参数的，简便起见一律省略下标 i，即下文中的 θ_t 实际上是 $\theta_{t,i}$，下文中的 g_t 实际上是 $g_{t,i}$。

4.4.3 RMSprop

AdaGrad 有个明显的缺陷，由于 $g_{s,i}^2$ 始终是正数，越往后累积和越大，可能会出现学习率太小参数不更新的情况，在机器学习中表现为陷入了局部最优解，跳不出来。RMSprop 对这一点做了改进，它不是对 g^2 进行累加，而是对 g^2 做了 EMA 平滑，即

$$m_t = \gamma m_{t-1} + (1-\gamma) g_t^2$$

$$\theta_{t+1} = \theta_t - \frac{\eta}{\sqrt{\epsilon + m_t}} g_t$$

式中，γ 通常取 0.9；η 取 0.001。

4.4.4 Adadelta

Adadelta 跟 RMSprop 非常像，唯一的不同之处在于它用 $\sqrt{q+\epsilon}$ 取代了超参数 η，也就是说 Adadelta 算法中没有学习率了。

$$\theta_{t+1} = \theta + \Delta\theta_t$$

$$\Delta\theta_t = -\frac{\sqrt{q_t + \epsilon}}{\sqrt{m_t + \epsilon}} g_t$$

$$q_t = \gamma_1 q_{t-1} + (1 - \gamma_1)(\Delta\theta_{t-1})^2$$

$$m_t = \gamma_2 m_{t-1} + (1 - \gamma_2) g_t^2$$

4.4.5 Adam

Adam 综合了动量法和 RMSprop，首先它像动量法那样对梯度做了 EMA 平滑，其次它像 RMSprop 那样对学习率的衰减项做了 EMA 平滑。

$$v_t = \gamma_1 v_{t-1} + (1 - \gamma_1)\eta g_t$$

$$m_t = \gamma_2 m_{t-1} + (1 - \gamma_2) g_t^2$$

$$\theta_{t+1} = \theta_t - \frac{\eta}{\sqrt{\epsilon + m_t}} v_t$$

EMA 存在冷启动的问题，在式 (4-19) 中，由于 y_0 被初始化为 0，且 γ 通常在 0.9 以上，所以前几轮的 y_t 受 y_0 的影响比较大，导致 y_t 很小，y_t 与 x_t 偏离得比较远。可以对 y_t 再做一个修正，即

$$\hat{y}_t = \frac{y_t}{1 - \gamma^t}$$

当 t 比较小时，$1/(1-\gamma^t)$ 比较大，等同于把 y_t 放大；当 t 变大以后，$1/(1-\gamma^t)$ 近似于 1，相当于对 y_t 没做什么修正。这样 EMA 冷启动的问题就解决了。Adam 中也引入了这种修正方法。

$$\hat{v}_t = \frac{v_t}{1 - \gamma_1^t}$$

$$\hat{m}_t = \frac{m_t}{1 - \gamma_2^t}$$

$$\theta_{t+1} = \theta_t - \frac{\eta}{\sqrt{\epsilon + \hat{m}_t}} \hat{v}_t$$

4.5 期望最大化算法

在优化算法中除了梯度下降法，还有另一个重要的分支 —— 期望最大化算法 (Expectation-Maximization algorithm, EM)，它的不同之处在于这是一个基于统计学的方法。

4.5.1 Jensen 不等式

凸函数满足性质

$$f(\lambda X_1 + (1-\lambda)X_2) \leqslant \lambda f(X_1) + (1-\lambda)f(X_2) \quad 0 \leqslant \lambda \leqslant 1$$

推广一下就可以得到

$$f(\mathrm{E}(X)) \leqslant \mathrm{E}(f(X))$$

上式称为 Jensen 不等式，等号成立的充要条件是：X 为常量。对于凹函数有

$$f(\mathrm{E}(X)) \geqslant \mathrm{E}(f(X)) \tag{4-21}$$

4.5.2 期望最大化算法分析

给定互相独立的训练样本 $x_1, x_2, \cdots$，这些样本同时出现的似然函数为

$$L(\theta) = \sum_i \log p(x_i; \theta) \tag{4-22}$$

这里直接将联合概率写成了对数形式。极大似然估计法就是通过求似然函数 $L(\theta)$ 的极大值点从而得到模型参数 θ。例如，有一枚硬币，设为其正面向上的概率为 θ，抛了 10 次出现 6 次正面向上的似然函数为 $L(\theta) = C_{10}^6\theta^6(1-\theta)^4$。令 $L(\theta)$ 最大就可以求出 θ。在更复杂的实验中可能还会存在隐含变量。

例 4-2 有 2 枚硬币 A 和 B，拿它们做了 5 次实验，每次实验都是取其中一枚硬币掷 10 次，表 4-1 给出了每次实验正面向上的次数。求 2 枚硬币正面向上的概率 θ_{A} 和 θ_{B}。

表 4-1 掷硬币实验结果

实验编号	正面向上的次数
1	5
2	9
3	8
4	4
5	7

这里面有个隐含变量 Z：每次实验取的是哪枚硬币。此处 Z 服从伯努利分布 (Z 是离散变量)。一般情况下 Z 可能服从任意的分布，比如服从正态分布 (此时 Z

是连续变量)。因为边际概率等于联合概率对其中一个变量求积分，所以含有隐含变量的似然函数表达式为

$$L(\theta) = \sum_i \log \int_{-\infty}^{\infty} p(x_i, z; \theta) \mathrm{d}z$$

当 Z 是离散变量时为

$$L(\theta) = \sum_i \log \sum_j p(x_i, z_j; \theta) \tag{4-23}$$

极大似然估计需要求似然函数的导数 $\partial L(\theta)/\partial \theta$，对式 (4-22) 求导很容易，因为 $\log'(x) = 1/x$，但是对式 (4-23) 求导就很困难，因为 log 函数里面又套了一层求和函数。EM 算法通过 E 步把隐含变量 Z 固定下来，转化成一个简单的凸优化问题，M 步就可以按照正常的极大似然估计法进行求解了。

对于样本 x_i，设其隐含变量 Z 服从分布 $Q_i(z)$，当 Z 为离散变量时，$\sum_j Q_i(z_j) = 1$，当 Z 为连续变量时，$\int_{-\infty}^{\infty} Q_i(z)\mathrm{d}z = 1$。下文都以 Z 为离散变量为例。

$$L(\theta) = \sum_i \log p(x_i; \theta) = \sum_i \log \sum_j p(x_i, z_j; \theta) \tag{4-24}$$

$$L(\theta) = \sum_i \log \sum_j Q_i(z_j) \frac{p(x_i, z_j; \theta)}{Q_i(z_j)} \tag{4-25}$$

$$L(\theta) \geqslant \sum_i \sum_j Q_i(z_j) \log \frac{p(x_i, z_j; \theta)}{Q_i(z_j)} \tag{4-26}$$

式 (4-25)、式 (4-26) 利用了 Jensen 不等式，把 $p(x_i, z_j; \theta)/Q_i(z_j)$ 对应到式 (4-21) 中的 x，log 对应到式 (4-21) 中的 f，log 是凹函数。由于 $Q_i(z)$ 是一个概率分布，所以 $\sum_j Q_i(z_j) \log[p(x_i, z_j; \theta)/Q_i(z_j)]$ 可对应到 $\mathrm{E}(f(x))$，$\log \sum_j Q_i(z_j)$ $p(x_i, z_j; \theta)/Q_i(z_j)$ 可对应到 $f(\mathrm{E}(x))$。

对式 (4-25) 求最大值是困难的，因为含有和的对数，对式 (4-26) 求最大值就容易了。

式 (4-26) 是似然函数 $L(\theta)$ 的下界，根据 Jensen 不等式，式 (4-26) 中等号成立的条件是 $p(x_i, z_j; \theta)/Q_i(z_j)$ 为常数，即

$$\frac{p(x_i, z_j; \theta)}{Q_i(z_j)} = c$$

c 是常数。因为 $\sum_j Q_i(z_j)=1$，所以 $\sum_j p(x_i,z_j;\theta)=c$。则

$$Q_i(z_j)=\frac{p(x_i,z_j;\theta)}{c}=\frac{p(x_i,z_j;\theta)}{\sum\limits_j p(x_i,z_j;\theta)}=\frac{p(x_i,z_j;\theta)}{p(x_i;\theta)}=p(z_j|x_i;\theta)$$

也就是说当 $Q_i(z_j)=p(z_j|x_i;\theta)$ 时，式 (4-26) 等于似然函数 $L(\theta)$，这就是 E 步。M 步就是把 E 步求得的 $Q_i(z_j)$ 代入式 (4-26)，求式 (4-26) 的极大值。

算法 4-3 EM 算法

输入：样本 $x_1,x_2,\cdots$

输出：参数 θ

设定隐含变量 Z。

随机初始化参数 θ，循环执行 E 步和 M 步，直到参数 θ 收敛。

E 步:对于每一个样本 x_i，利用上一轮迭代得到的 θ 计算，即

$$Q_i(z_j)=p(z_j|x_i;\theta)$$

M 步:根据 E 步得到的 $Q_i(z_j)$ 求 θ，即

$$\theta=\arg\max_\theta\sum_i\sum_j Q_i(z_j)\log\frac{p(x_i,z_j;\theta)}{Q_i(z_j)}$$

E 的意思是求隐含变量的 Expection，M 的意思是求 maximum Likelihood。注意，EM 算法通过 E 步把一个不好优化求解的似然函数转变成了一个好优化求解的似然函数，如果 M 步的似然函数依然不好优化求解，那可能该问题并不适合用 EM 算法，不如直接把隐含变量当成模型参数的一部分，用其他方法 (比如梯度下降法) 优化求解。

不断重复 E 步和 M 步，θ 真的能收敛到最优解 θ^* 吗? 如果我们能证明每轮 EM 算法得到的 θ 使似然函数 $L(\theta)$ 都是递增的，即 $L(\theta^t)\leqslant L(\theta^{t+1})$，那最终得到的 θ 就是似然函数的极大值点。

$$L(\theta^t)=\sum_i\sum_j Q_i(z_j)\log\frac{p(x_i,z_j;\theta^t)}{Q_i(z_j)} \tag{4-27}$$

$$L(\theta^t)\leqslant\sum_i\sum_j Q_i(z_j)\log\frac{p(x_i,z_j;\theta^{t+1})}{Q_i(z_j)} \tag{4-28}$$

$$L(\theta^t) \leqslant L(\theta^{t+1}) \tag{4-29}$$

式 (4-27) 实际上就是 E 步，即 θ^t 给定的情况下式 (4-26) 中的等号是成立的。式 (4-28) 实际上就是 M 步，即通过求式 (4-27) 的极大值点得到了 θ^{t+1}，所以式 (4-28) 用的是 $\leqslant$ 号。从式 (4-28) 到式 (4-29) 用的又是 Jensen 不等式，类比于从式 (4-26) 到式 (4-24)。

下面用 EM 算法来求解例 4-2。进行了 5 次实验，我们把一次实验当成一个样本 x_i，每次实验选择了哪枚硬币看成隐含变量 Z。E 步要求出 Z 服从的分布，这里 Z 服从伯努利分布，实际上就是求分别选择硬币 A 和 B 的概率 $\mu_{\rm A}$ 和 $\mu_{\rm B}$。随机初始化 $\theta_{\rm A}$ 和 $\theta_{\rm B}$，比如令 $\theta_{\rm A}=0.7$，$\theta_{\rm B}=0.4$。根据 $\theta_{\rm A}$ 和 $\theta_{\rm B}$ 求 $\mu_{\rm A}$ 和 $\mu_{\rm B}$。第一次实验，如果掷的是硬币 A，则出现 5 次正面向上的概率为 $C_{10}^5\theta_{\rm A}^5(1-\theta_{\rm A})^5\approx 0.103$；如果掷的是硬币 B，则出现 5 次正面向上的概率为 $C_{10}^5\theta_{\rm B}^5(1-\theta_{\rm B})^5\approx 0.201$。归一化后得到第一次实验使用硬币 A 的概率为 $0.103/(0.103+0.201)\approx 0.339$，使用硬币 B 的概率为 0.661。依此类推得表 4-2。

表 4-2　每次实验选择各个硬币的概率

实验编号	$\mu_{\rm A}$	$\mu_{\rm B}$
1	0.339021684	0.660978316
2	0.987174291	0.012825709
3	0.956504664	0.043495336
4	0.127814746	0.872185254
5	0.86269648	0.13730352

M 步根据下式求 θ，即

$$\theta=\arg\max_{\theta} L(\theta)=\arg\max_{\theta}\sum_{i=1}^{5}\sum_{j\in\{\rm A,B\}}Q_i(z_j)\log\frac{p(x_i,z_j;\theta)}{Q_i(z_j)},\quad \theta=[\theta_{\rm A},\theta_{\rm B}]$$

$$\frac{\partial L(\theta_{\rm A})}{\partial\theta_{\rm A}}=\sum_{i=1}^{5}\frac{Q_i(z_{\rm A})}{p(x_i,z_{\rm A};\theta_{\rm A})}\frac{\partial p(x_i,z_{\rm A};\theta_{\rm A})}{\partial\theta_{\rm A}}$$

$Q_i(\theta)$ 是已知量，查表 4-2 即可得，比如 $Q_1(\theta_{\rm A})=0.339021684$。

$$\begin{aligned}&\frac{Q_1(z_{\rm A})}{p(x_1,z_{\rm A};\theta_{\rm A})}\frac{\partial p(x_1,z_{\rm A};\theta_{\rm A})}{\partial\theta_{\rm A}}\\&=\frac{Q_1(z_{\rm A})}{\theta_{\rm A}^5(1-\theta_{\rm A})^5}\left[5\theta^4(1-\theta_{\rm A})^5-5\theta^5(1-\theta)^4\right]\end{aligned}$$

$$=Q_1(z_\mathrm{A})[5\theta_\mathrm{A}^{-1}-5(1-\theta_\mathrm{A})^{-1}]$$

令似然函数对 θ_A 的导数为 0，有

$$\begin{aligned}\sum_{i=1}^{5}\frac{Q_i(z_\mathrm{A})}{p(x_i,z_\mathrm{A};\theta_\mathrm{A})}\frac{\partial p(x_i,z_\mathrm{A};\theta_\mathrm{A})}{\partial\theta_\mathrm{A}}=&Q_1(z_\mathrm{A})[5\theta_\mathrm{A}^{-1}-5(1-\theta_\mathrm{A})^{-1}]+\\&Q_2(z_\mathrm{A})[9\theta_\mathrm{A}^{-1}-(1-\theta_\mathrm{A})^{-1}]+\\&Q_3(z_\mathrm{A})[8\theta_\mathrm{A}^{-1}-2(1-\theta_\mathrm{A})^{-1}]+\\&Q_4(z_\mathrm{A})[4\theta_\mathrm{A}^{-1}-6(1-\theta_\mathrm{A})^{-1}]+\\&Q_5(z_\mathrm{A})[7\theta_\mathrm{A}^{-1}-3(1-\theta_\mathrm{A})^{-1}]\\=&0\end{aligned}$$

得 $\theta_\mathrm{A}=0.757111049$。同样方法可以求得 θ_B。至此第一轮的 E 步和 M 步已完成。

4.5.3 高斯混合模型

再举一个可以用 EM 作为优化算法的例子：高斯混合模型 (Gaussian Mixed Model, GMM)。现有 K 个高斯分布，以及很多样本 X，每个样本点 x_i 是由其中一个高斯分布生成的，求每个高斯分布的均值 μ_j 和标准差 σ_j。我们把每个样本点属于哪个高斯分布看成隐含变量 Z，Z 是一个多项分布。从第 j 个高斯分布生成样本 x_i 的概率为

$$p(x_i,z_j;\mu_j,\sigma_j)=\frac{1}{\sqrt{2\pi}\sigma_j}\exp\left\{-\frac{(x_i-\mu_j)^2}{2\sigma_j^2}\right\}\tag{4-30}$$

首先初始化所有的 μ_j 和 σ_j。E 步求 Z 的分布，亦即求每一个样本属于各个高斯分布的概率，即

$$Q_i(z_j)=p(z_j|x_i;\mu_j,\sigma_j)=\frac{p(x_i,z_j;\mu_j,\sigma_j)}{p(x_i;\mu_j,\sigma_j)}=\frac{p(x_i,z_j;\mu_j,\sigma_j)}{\sum_{j=1}^{K}p(x_i,z_j;\mu_j,\sigma_j)}$$

把式 (4-30) 代入上式就可以求出 $Q_i(z_j)$。在 M 步中 $Q_i(z_j)$ 就是已知的常量。

M 步要极大化以下函数：

$$L(\mu,\sigma)=\sum_{i}^{N}\sum_{j}^{K}Q_i(z_j)\log\frac{p(x_i,z_j;\mu_j,\sigma_j)}{Q_i(z_j)}$$

$$=\sum_{i}^{N}\sum_{j}^{K}Q_i(z_j)\left[-\log\sqrt{2\pi}\sigma_j-\frac{(x_i-\mu_j)^2}{2\sigma_j^2}-\log Q_i(z_j)\right]$$

对参数求偏导，令导数为 0，求出 μ 和 σ。

$$\because\ \frac{\partial L(\mu,\sigma)}{\partial\mu_j}=\frac{1}{\sigma_j^2}\sum_{i}^{N}Q_i(z_j)(x_i-\mu_j)=0$$

$$\therefore\ \sum_{i}^{N}Q_i(z_j)x_i=\mu_j\sum_{i}^{N}Q_i(z_j)$$

$$\therefore\ \mu_j=\frac{\sum_i^N Q_i(z_j)x_i}{\sum_i^N Q_i(z_j)}$$

$$\because\ \frac{\partial L(\mu,\sigma)}{\partial\sigma_j}=\sum_{i}^{N}Q_i(z_j)\left[-\frac{1}{\sigma_j}+\frac{(x_i-\mu_j)^2}{\sigma_j^3}\right]=0$$

$$\therefore\ \sum_{i}^{N}Q_i(z_j)\left[(x_i-\mu_j)^2-\sigma_j^2\right]=0$$

$$\therefore\ \sigma_j^2=\frac{\sum_i^N Q_i(z_j)(x_i-\mu_j)^2}{\sum_i^N Q_i(z_j)}$$

第 5 章　线性模型

线性模型最大的特点就是简单，简单的好处是模型可解释性强，运算速度快，坏处是学习能力有限。因此当特征比较少、因果关系比较简单时用线性模型就可以获得不错的效果。

5.1　广义线性模型

本章所说的线性模型并不是指 $Y = AX$ 这种简单直接的线性关系，而是指广义线性模型，逻辑回归和 softmax 都属于广义线性模型。

5.1.1　指数族分布

指数族分布是分布函数满足某种指数形式的一类分布的统称，具体来说其分布函数都满足下列形式：

$$p(y;\eta) = b(y) \cdot \exp\{\eta^{\mathrm{T}} T(y) - a(\eta)\} \tag{5-1}$$

式中，$b(y)$ 和 $T(y)$ 是关于 y 的函数；$a(\eta)$ 是关于 η 的函数；η^{T} 表示 η 的转置。当 b、T、a 都确定时，式 (5-1) 就指定了以 η 为参数的函数族，并且这些函数都是指数形式的。

伯努利分布 (Bernoulli)、高斯分布 (Gaussian)、多项式分布 (Multinomial)、泊松分布 (Poisson)、伽马分布 (Gamma)、指数分布 (Exponential)、β 分布、Dirichlet 分布及 Wishart 分布，都属于指数分布族。以 β 分布为例，其概率密度函数为

$$\frac{\Gamma(\alpha+\beta+2)}{\Gamma(\alpha+1)\Gamma(\beta+1)} y^{\alpha}(1-y)^{\beta} \tag{5-2}$$

令 $T(y) = [\ln y, \ln(1-y)], \eta = [\alpha, \beta], a(\eta) = \ln[\Gamma(\alpha+1)\Gamma(\beta+1)/\Gamma(\alpha+\beta+2)], b(y) = 1$，式 (5-2) 转变为

$$b(y) \cdot \exp\left\{-\ln\frac{\Gamma(\alpha+1)\Gamma(\beta+1)}{\Gamma(\alpha+\beta+2)}\right\} \cdot \exp\{\ln[y^{\alpha}(1-y)^{\beta}]\}$$

$$
\begin{aligned}
&= b(y) \cdot \exp\{-a(\eta)\} \cdot \exp\{\alpha \ln y + \beta \ln(1-y)\} \\
&= b(y) \cdot \exp\{\eta^{\mathrm{T}} T(y) - a(\eta)\}
\end{aligned}
$$

5.1.2 广义线性模型的特例

广义线性模型 (Generalized Linear Model, GML) 有以下 3 个假设。

1)

$$\eta = \theta^{\mathrm{T}} x \tag{5-3}$$

2) $p(y|x;\theta)$ 是一个以 η 为参数的指数分布，即概率函数见式 (5-1)。

3) 给定 x，目标是预测 $T(y)$ 的期望，即 $\mathrm{E}[T(y)|x]$。通常情况下

$$T(y) = y \tag{5-4}$$

此时，目标是预测 $\mathrm{E}(y|x)$。

当 y 属于不同的分布 (比如伯努利分布、多项分布、高斯分布) 时，根据广义线性模型可以推出 $\mathrm{E}(y|x;\theta)$ 的函数表达式见表 5-1。下面我们来逐一证明。

表 5-1　广义线性模型的特例

y 的分布	$\mathrm{E}(y\|x;\theta)$
伯努利分布	$\mathrm{sigmoid}(x;\theta)$
多项分布	$\mathrm{softmax}(x;\theta)$
高斯分布	$\theta^{\mathrm{T}} x$

1. 逻辑回归模型属于 GML

当 y 服从伯努利分布时，$y \in \{0,1\}$，$y=1$ 的概率设为 ϕ，则

$$\mathrm{E}(y) = \phi \tag{5-5}$$

$$
\begin{aligned}
p(y;\phi) &= \phi^{y}(1-\phi)^{1-y} &\quad (5\text{-}6)\\
&= \exp\{y \log \phi + (1-y)\log(1-\phi)\} &\quad (5\text{-}7)\\
&= \exp\left\{y \log \frac{\phi}{1-\phi} + \log(1-\phi)\right\} &\quad (5\text{-}8)
\end{aligned}
$$

将式 (5-8) 与式 (5-1) 对比，得 $b(y)=1, \eta = \log[\phi/(1-\phi)], T(y) = y, a(\eta) = -\log(1-\phi)$。所以

$$\phi = \frac{1}{1+\mathrm{e}^{-\eta}} \tag{5-9}$$

联合式 (5-9)、式 (5-5)、式 (5-3) 得

$$\mathrm{E}(y|x;\theta) = \frac{1}{1+\mathrm{e}^{-\theta^{\mathrm{T}}x}}$$

这正是逻辑回归模型。

2. softmax 属于 GML

定义示性函数

$$1(condition) = \begin{cases} 1, & \text{if } condition \text{ is true} \\ 0, & \text{if } condition \text{ is false} \end{cases}$$

当 y 服从多项式分布时，设一共有 k 项，$y \in \{1, 2, \cdots, k\}$，$y$ 属于每一项的概率分别为 $\phi_1, \phi_2, \cdots, \phi_k$，则

$$\mathrm{E}[1(y=i)] = \phi_i \tag{5-10}$$

且有

$$1(y=k) = 1 - \sum_{i}^{k-1} 1(y=i)$$

$$\begin{aligned} p(y;\phi) &= \phi_1^{1(y=1)} \phi_2^{1(y=2)} \cdots \phi_k^{1-\sum_i^{k-1} 1(y=i)} \\ &= \exp\left\{ 1(y=1)\log\phi_1 + 1(y=2)\log\phi_2 + \cdots + \left(1 - \sum_i^{k-1} 1(y=i)\right)\log\phi_k \right\} \\ &= \exp\left\{ 1(y=1)\log\frac{\phi_1}{\phi_k} + 1(y=2)\log\frac{\phi_2}{\phi_k} + \cdots \right. \\ &\quad \left. + 1(y=k-1)\log\frac{\phi_{k-1}}{\phi_k} + \log\phi_k \right\} \end{aligned} \tag{5-11}$$

将式 (5-11) 与式 (5-1) 对比，得

$$b(y) = 1, a(\eta) = -\log\phi_k$$

$$T(y) = \begin{bmatrix} 1(y=1) \\ 1(y=2) \\ \vdots \\ 1(y=k-1) \end{bmatrix} \tag{5-12}$$

$$\eta = \begin{bmatrix} \log \dfrac{\phi_1}{\phi_k} \\ \log \dfrac{\phi_2}{\phi_k} \\ \vdots \\ \log \dfrac{\phi_{k-1}}{\phi_k} \end{bmatrix} \tag{5-13}$$

由式 (5-10)、式 (5-12) 得

$$\mathrm{E}[T(y)] = \begin{bmatrix} \mathrm{E}[1(y=1)] \\ \mathrm{E}[1(y=2)] \\ \vdots \\ \mathrm{E}[1(y=k-1)] \end{bmatrix} = \begin{bmatrix} \phi_1 \\ \phi_2 \\ \vdots \\ \phi_{k-1} \end{bmatrix} \tag{5-14}$$

由式 (5-13) 得

$$\eta_i = \log \frac{\phi_i}{\phi_k}, \quad 1 \leqslant i < k$$

$$\therefore \phi_i = \phi_k \mathrm{e}^{\eta_i}, \quad 1 \leqslant i < k \tag{5-15}$$

式 (5-15) 两边对 i 求和得

$$\sum_i^{k-1} \phi_i = \sum_i^{k-1} \phi_k \mathrm{e}^{\eta_i} = \phi_k \sum_i^{k-1} \mathrm{e}^{\eta_i} = 1 - \phi_k$$

$$\therefore \phi_k = \frac{1}{1 + \sum\limits_i^{k-1} \mathrm{e}^{\eta_i}} \tag{5-16}$$

再结合式 (5-15) 得

$$\phi_i = \phi_k \mathrm{e}^{\eta_i} = \frac{\mathrm{e}^{\eta_i}}{1 + \sum\limits_i^{k-1} \mathrm{e}^{\eta_i}}, \quad 1 \leqslant i < k \tag{5-17}$$

联合式 (5-3)、式 (5-10)、式 (5-16)、式 (5-17) 得

$$E[1(y=i)|x;\theta]=\begin{cases}\dfrac{e^{\eta_i}}{1+\sum\limits_{i}^{k-1}e^{\eta_i}}=\dfrac{e^{\theta_i^{T}x}}{1+\sum\limits_{i}^{k-1}e^{\theta_i^{T}x}}, & 1\leqslant i<k\\ \dfrac{1}{1+\sum\limits_{i}^{k-1}e^{\eta_i}}=\dfrac{1}{1+\sum\limits_{i}^{k-1}e^{\theta_i^{T}x}}, & i=k\end{cases}$$

这就是 softmax 公式。因为 y 服从多项分布，即每次实验 y 只能取 k 种情况中的一种。所以对于多分类问题，如果 k 个类别之间是互斥的才适合用 softmax，相反，如果一个样本可以同时属于多个类别，则不能用 softmax，而应该为每一个类别建立一个 sigmoid 函数。

3. 简单线性模型属于 GML

y 服从高斯分布 $y\sim N(\mu,\sigma^2)$，则

$$E(y)=\mu \tag{5-18}$$

$$p(y;\eta)=\frac{1}{\sqrt{2\pi}\sigma}\exp\left\{-\frac{(y-\mu)^2}{2\sigma^2}\right\} \tag{5-19}$$

$$=\frac{1}{\sqrt{2\pi}\sigma}\exp\left\{\frac{-y^2-\mu^2+2y\mu}{2\sigma^2}\right\} \tag{5-20}$$

$$=\frac{1}{\sqrt{2\pi}\sigma}\exp\left(-\frac{y^2}{2\sigma^2}\right)\exp\left\{\frac{\mu}{\sigma^2}y-\frac{\mu^2}{2\sigma^2}\right\} \tag{5-21}$$

将式 (5-21) 与式 (5-1) 对比，得

$$b(y)=\frac{1}{\sqrt{2\pi}\sigma}\exp\left(-\frac{y^2}{2\sigma^2}\right),\eta=\frac{\mu}{\sigma^2},T(y)=y,a(\eta)=\frac{\mu^2}{2\sigma^2}$$

再结合式 (5-3)、式 (5-18) 得

$$E(y|x;\theta)=\mu=\sigma^2\eta=\sigma^2\theta^{T}x$$

即 $E(y)$ 是关于 x 的线性模型。

5.2 逻辑回归模型

逻辑回归 (Logistic Regrssion, LR) 模型用 sigmoid 函数来预测 y 值。

$$\sigma(z)=\frac{1}{1+e^{-z}} \tag{5-22}$$

上一小节已经证明 sigmoid 函数属于广义线性模型，在第 1 章统计学中也提到 sigmoid 函数与正态分布的概率累积函数很像，这正是其广泛应用的理论基础，除此之处它还有良好的求导性质。

$$\sigma(z)' = \frac{-1}{(1+\mathrm{e}^{-z})^2} \cdot \mathrm{e}^{-z} \cdot (-1) = \frac{1}{1+\mathrm{e}^{-z}} \frac{\mathrm{e}^{-z}}{1+\mathrm{e}^{-z}} = \sigma(z)(1-\sigma(z))$$

只需要知道 $\sigma(z)$ 就能直接求出 $\sigma(z)'$。

当 $y \in [-1,1]$ 时，LR 模型可以采用 tanh 做预测函数。

$$\tanh(z) = \frac{\mathrm{e}^z - \mathrm{e}^{-z}}{\mathrm{e}^z + \mathrm{e}^{-z}}$$

tanh 的函数图像跟 sigmoid 很像，只是 tanh 的值域在 $[-1,1]$。实际上 tanh 函数经过简单的平移缩放就能得到 sigmoid 函数，即

$$\sigma(z) = \frac{1+\tanh(z/2)}{2} \tag{5-23}$$

在使用 numpy 时，如果直接按式 (5-22) 计算 sigmoid 函数容易发生溢出，如果改用式 (5-23) 计算会更稳定些。

tanh 同样具体优良的求导性质，根据分部求导法

$$\tanh'(z) = \frac{\mathrm{e}^z + \mathrm{e}^{-z}}{\mathrm{e}^z + \mathrm{e}^{-z}} - \frac{(\mathrm{e}^z - \mathrm{e}^{-z})(\mathrm{e}^z - \mathrm{e}^{-z})}{(\mathrm{e}^z + \mathrm{e}^{-z})^2} = 1 - (\tanh(z))^2$$

在实际问题中 z 通常是把样本 X 各维度上的取值加权求和，即

$$z = W^T X = \sum_{i=1}^{n} w_i x_i$$

5.3 分解机制模型

LR 模型比较简单，表达能力有限。模型不足，特征来补，分解机制 (Factorization Machines, FM) 模型就是一种构造高级特征的方法。

5.3.1 特征组合

假如我们有关于用户的两种特征：居住城市和性别，城市总共有 3 种，性别有 2 种，用 one-hot 展开后每个用户的特征维度是 5。下文的讨论有一个共同的前提：所有特征都是 one-hot 编码的离散特征。one-hot 特征见表 5-2。

表 5-2　one-hot 特征

	x_1 北京	x_2 上海	x_3 深圳	x_4 男	x_5 女
用户 1	1	0	0	1	0
用户 2	0	1	0	0	1

用最简单的线性函数来拟合 y 值，即

$$\hat{y} = w_0 + \sum_{i=1}^{n} w_i x_i$$

实际中“北京的男性用户”“上海的女性用户”这种组合特征可能是有用的，即 x_i，x_j 同时为 1 ($x_i x_j = 1$) 可能是一个很有用的特征，这种组合特征是 x_i 和 x_j 的线性组合所无法表示的。这样一来，乘积 $x_i x_j$ 就成了一个新的特征。为了不错过任何一个这种可能有用的组合特征，我们穷举所有的 (i,j) 组合，把 $x_i x_j, 1 \leqslant i \leqslant n, i < j \leqslant n$ 都加到特征里面去，即使其中某些 $x_i x_j$ 不是有用的特征也没关系，经过大量样本的训练，模型会把那些无用的特征的系数训练为 0。

$$\hat{y} = w_0 + \sum_{i=1}^{n} w_i x_i + \sum_{i}^{n} \sum_{j=i+1}^{n} w_{ij} x_i x_j$$

这只是组合了两个特征，同样道理我们组合任意三个特征、四个特征，随着阶数的提高，样本会显得非常稀疏，而且额外引入的参数呈指数增长。

对于连续特征不能用 one-hot 形式表示怎么办？一种方法是通过分箱法把连续特征离散化，或者更暴力地将连续特征的每一个取值都看成是一个离散点。

特征离散化之后若要表示成 one-hot 形式，还得知道总共有多少种取值，才能对各个取值编号，在线实时训练模型时我们不可能事先取得所有的样本，也就无法穷举离散特征的所有取值。一种解决办法是将特征哈希到一个固定的值域，比如全国的城市数大概在 2^{10} 量级，可以把城市名哈希成 $[1,2^{14}]$ 上的一个整数，城市就用 2^{14} 维的 one-hot 向量来表示，不同城市被哈希为同一个数字的概率几乎为 0，且哈希之后的值直接对应 one-hot 向量中 1 元素的下标。这种哈希方法似乎会带来一个问题：X 的维度极高且非常稀疏，实际上在采用 SGD 训练模型时只需要针对那些非 0 的维度更新相应的参数就可以了，模型训练的时间复杂度只跟 X 的非 0 维度数有关。同样，模型存储时只存储有过更新的参数即可，内存开销与 X 的总维度没有关系。

5.3.2 分解机制

由于二次项系数 w_{ij} 的关系，我们额外引入了 $n^2/2$ 个参数需要训练。有没有什么办法可以减少参数? 再来观察二次项系数矩阵 $W_{n\times n}$，它是对称的方阵，$w_{ij}=w_{ji}$，同时它是稀疏的，因为绝大部分的组合特征都是无用的，所以其系数应该为 0。可以对 $W_{n\times n}$ 进行矩阵分解，$W_{n\times n}=V_{n\times k}V_{n\times k}^{\mathrm{T}}$，即 $w_{i,j}=<v_i,v_j>$。其中 $k\ll n$，本来需要训练的 $n\times n$ 个参数，现在只需要训练 $n\times k$ 个。所以分解机制实际上指的就是矩阵分解。

$$\hat{y}=w_0+\sum_{i=1}^{n}w_ix_i+\sum_{i}^{n}\sum_{j=i+1}^{n}<v_i,v_j>x_ix_j \tag{5-24}$$

$$<v_i,v_j>=\sum_{f=1}^{k}v_{if}v_{jf}$$

根据 x 计算 $\hat{y}$ 的时间复杂度是 $O(kn^2)$。

$\sum_{i=1}^{n}\sum_{j=1}^{n}<v_i,v_j>x_ix_j$ 就是图 5-1 中所有元素的和，图 5-1 是一个完整的对称矩阵，$\sum_{i=1}^{n}\sum_{j=i+1}^{n}<v_i,v_j>x_ix_j$ 是这个对称矩阵的上三角部分 (不包含对角线)，所以 $\sum_{i=1}^{n}\sum_{j=i+1}^{n}<v_i,v_j>x_ix_j$ 等于 $\sum_{i=1}^{n}\sum_{j=1}^{n}<v_i,v_j>x_ix_j$ 减去对角线再除以 2。

$$\begin{aligned}
&\sum_{i=1}^{n}\sum_{j=i+1}^{n}<v_i,v_j>x_ix_j\\
=&\frac{1}{2}\sum_{i=1}^{n}\sum_{j=1}^{n}<v_i,v_j>x_ix_j-\frac{1}{2}\sum_{i=1}^{n}<v_i,v_i>x_ix_i\\
=&\frac{1}{2}\left(\sum_{i=1}^{n}\sum_{j=1}^{n}\sum_{f=1}^{k}v_{if}v_{jf}x_ix_j-\sum_{i=1}^{n}\sum_{f=1}^{k}v_{if}v_{if}x_ix_i\right)\\
=&\frac{1}{2}\left(\sum_{f=1}^{k}\sum_{i=1}^{n}v_{if}x_i\sum_{j=1}^{n}v_{jf}x_j-\sum_{i=1}^{n}\sum_{f=1}^{k}v_{if}v_{if}x_ix_i\right)
\end{aligned}$$

$<v_1,v_1>x_1x_1$	$<v_1,v_2>x_1x_2$	$\cdots$	$<v_1,v_n>x_1x_n$
$<v_2,v_1>x_2x_1$	$<v_2,v_2>x_2x_2$		
$\vdots$		$\ddots$	
$<v_n,v_1>x_nx_1$			$<v_n,v_n>x_nx_n$

图 5-1　完整的对称矩阵

因为 $\sum_{i=1}^{n} v_{if}x_i$ 跟 j 没有关系，$\sum_{j=1}^{n} v_{jf}x_j$ 跟 i 没有关系，所以

$$\sum_{i=1}^{n} v_{if}x_i \sum_{j=1}^{n} v_{jf}x_j = \left(\sum_{i=1}^{n} v_{if}x_i\right)\left(\sum_{j=1}^{n} v_{jf}x_j\right)$$

$$\begin{aligned}
&\sum_{i=1}^{n}\sum_{j=i+1}^{n} < v_i, v_j > x_i x_j \\
&= \frac{1}{2}\left(\sum_{f=1}^{k}\left(\sum_{i=1}^{n} v_{if}x_i\right)\left(\sum_{j=1}^{n} v_{jf}x_j\right) - \sum_{i=1}^{n}\sum_{f=1}^{k} v_{if}v_{if}x_i x_i\right) \\
&= \frac{1}{2}\sum_{f=1}^{k}\left(\left(\sum_{i=1}^{n} v_{if}x_i\right)\left(\sum_{j=1}^{n} v_{jf}x_j\right) - \sum_{i=1}^{n} v_{if}^2 x_i^2\right) \\
&= \frac{1}{2}\sum_{f=1}^{k}\left(\left(\sum_{i=1}^{n} v_{if}x_i\right)^2 - \sum_{i=1}^{n} v_{if}^2 x_i^2\right)
\end{aligned}$$

如此一来根据 x 求 $\hat{y}$ 的时间复杂度就降为 $O(kn)$。

用梯度下降法进行训练时需要求 $\hat{y}$ 对各个参数的偏导数，即

$$\frac{\partial \hat{y}}{\partial w_0} = 1$$

$$\frac{\partial \hat{y}}{\partial w_i} = x_i$$

$$\frac{\partial \hat{y}}{\partial v_{if}} = x_i \sum_{j=1}^{n} v_{jf}x_j - v_{if}x_i^2$$

在根据 x 计算 $\hat{y}$ 的时候 $\sum_{j=1}^{n} v_{jf}x_j$ 已经算好了，所以求 $\partial \hat{y}/\partial v_{if}$ 的时间复杂度为 $O(1)$，对所有参数求偏导总的时间复杂度为 $O(kn)$。如此看来 FM 是一个效率非常高的算法。

5.3.3 分解机制模型构造新特征的思路

在式 (5-24) 中，FM 的一次项部分利用的是原始特征，二次项部分相当于构造了新的特征，这个二次项等价于

$$\frac{1}{2}\sum_{f=1}^{k}\left(\left(\sum_{i=1}^{n} v_{if}x_i\right)^2\right) - \frac{1}{2}\sum_{f=1}^{k}\left(\sum_{i=1}^{n} v_{if}^2 x_i^2\right) \tag{5-25}$$

x_i 非 0 即 1，图 5-2 演示了式 (5-25) 第一部分的计算过程，这相当于向量 v_1 和 v_4 按位相加得到新的向量 E，然后 E 再跟自己做内积运算，即 $<E,E>$。

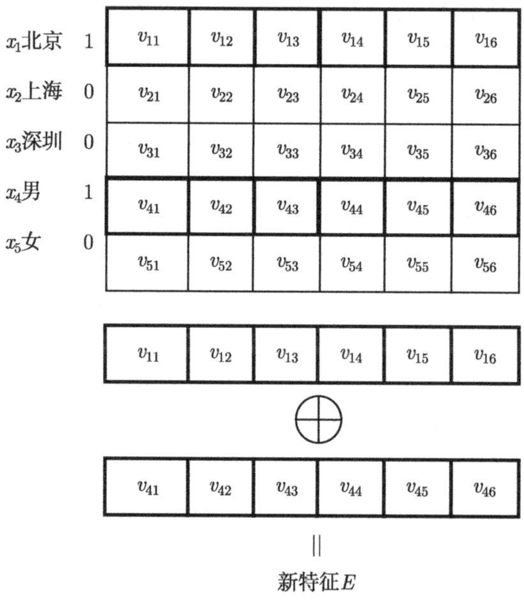

图 5-2　按位相加构造新的特征向量

观察式 (5-25) 的第二部分，如果令 $P_{if}=v_{if}^2$，那么第二部分相当于 $\sum_{f=1}^{k}\left(\sum_{i=1,x_i\neq 0}^{n}P_{if}\right)/2$。

受此启发，在做特征工程时我们可以采用以下两种方法对原始特征进行改造，构建新的特征。

1) 多个特征向量按位相加，构成新的特征向量。

2) 原始特征取平方，构成新的特征。

5.4　基于域感知的分解机制模型

基于域感知的分解机制 (Field-aware Factorization Machines, FFM) 模型把每种特征定义为一个域 (Field)，由于所有特征都是 one-hot 表示，所以一个域中只有一维是 1，其余维度上都是 0。

FFM 认为 FM 中的 v_i 不仅跟 x_i 有关系，还跟与 x_i 相乘的 x_j 所属的域有关系，即 v_i 成了一个二维向量 $v_{F\times K}$，F 是域的总个数。FFM 只保留了式 (5-24) 中

的二次项，即

$$\hat{y}=\sum_{i=1}^{n}\sum_{j=i+1}^{n}v_{i,fj}\cdot v_{j,fi}x_ix_j \tag{5-26}$$

以表 5-3 中的数据为例，计算用户 1 的 $\hat{y}$。

$$\hat{y}=v_{1,f2}\cdot v_{2,f1}x_1x_2+v_{1,f3}\cdot v_{3,f1}x_1x_3+v_{1,f4}\cdot v_{4,f1}x_1x_4+\cdots$$

表 5-3 带域的 one-hot 特征

	Filed$_1$			Filed$_2$	
	x_1 北京	x_2 上海	x_3 深圳	x_4 男	x_5 女
用户 1	1	0	0	1	0
用户 2	0	1	0	0	1

由于 x_1,x_2,x_3 属于同一个域，所以 $f1=f2=f3=F1$，同理 $f4=f5=F2$，得到

$$\hat{y}=v_{1,F1}\cdot v_{2,F1}x_1x_2+v_{1,F1}\cdot v_{3,F1}x_1x_3+v_{1,F2}\cdot v_{4,F1}x_1x_4+\cdots$$

我们来算一下 $\hat{y}$ 对 $v_{4,F1}$ 的偏导。

$$\frac{\partial\hat{y}}{\partial v_{4,F1}}=v_{1,F2}x_1x_4+v_{2,F2}x_2x_4+v_{3,F2}x_3x_4$$

等式两边都是长度为 k 的向量。

注意 x_1,x_2,x_3 是同一个属性的 one-hot 表示，即 x_1,x_2,x_3 中只有一个为 1，其他都为 0。对于用户 1 有 $x_2=x_3=0,x_1=1$，所以

$$\frac{\partial\hat{y}}{\partial v_{4,F1}}=\frac{\partial\hat{y}}{\partial v_{4,f1}}=\frac{\partial\hat{y}}{\partial v_{4,f2}}=\frac{\partial\hat{y}}{\partial v_{4,f3}}=v_{1,F2}x_1x_4$$

推广到一般情况，对于一个样本 x，若 $x_i\neq 0$ 且属于域 F_i，$x_j\neq 0$ 且属于域 F_j，则

$$\frac{\partial\hat{y}}{\partial v_{i,F_j}}=v_{j,F_i}x_jx_i \tag{5-27}$$

在 SGD 中使用式 (5-27) 更新参数时只需要针对 $x_i\neq 0,x_j\neq 0$ 的情况，因为其他情况导数都为 0，参数不需要更新。

在实际预测点击率的项目中我们是不会直接使用式 (5-26) 的，通常会再套一层 sigmoid 函数。式 (5-26) 中的 $\hat{y}$ 用 z 来取代，即

$$z=\phi(v,x)=\sum_{i=1}^{n}\sum_{j=i+1}^{n}v_{i,fj}\cdot v_{j,fi}x_ix_j$$

由式 (5-27) 得

$$\frac{\partial z}{\partial v_{i,F_j}}=v_{j,F_i}x_jx_i \tag{5-28}$$

用 a 表示点击率的预测值

$$a=\sigma(z)=\frac{1}{1+\mathrm{e}^{-z}}=\frac{1}{1+\mathrm{e}^{-\phi(v,x)}}$$

对于二分类问题，令 $y=0$ 表示负样本，$y=1$ 表示正样本，由式 (2-3) 得单个样本的交叉熵损失函数为

$$C=-y\log a-(1-y)\log(1-a)$$

$$\begin{aligned}\frac{\partial C}{\partial z}=\frac{\partial C}{\partial a}\frac{\partial a}{\partial z}&=\left(-\frac{y}{a}+\frac{1-y}{1-a}\right)a(1-a)=a-y \qquad (5\text{-}29)\\&=\begin{cases}-\dfrac{1}{1+\mathrm{e}^{z}}, & \text{若 } y \text{ 是正样本}\\ \dfrac{1}{1+\mathrm{e}^{-z}}, & \text{若 } y \text{ 是负样本}\end{cases}\end{aligned}$$

损失函数里加入 $L2$ 正则项 $\lambda\|v_{i,F_j}\|_2^2/2$，对参数求导时可以把式 (5-28) 和式 (5-29) 代进来，得

$$\begin{aligned}g_{i,F_j}=\frac{\partial(C+L2)}{\partial v_{i,F_j}}&=\frac{\partial C}{\partial z}\frac{\partial z}{\partial v_{i,F_j}}+\lambda v_{i,F_j}\\&=\begin{cases}-\dfrac{v_{j,F_i}x_jx_i}{1+\mathrm{e}^{\phi(v,x)}}+\lambda v_{i,F_j}, & \text{若 } y \text{ 是正样本}\\ \dfrac{v_{j,F_i}x_jx_i}{1+\mathrm{e}^{-\phi(v,x)}}+\lambda v_{i,F_j}, & \text{若 } y \text{ 是负样本}\end{cases}\end{aligned}$$

可以使用 AdaGrad、Adam、FTRL 等方法进行优化求解，具体公式参考前面的章节。

如果读者想亲自实现 FFM 却又没什么头绪，可以参考代码 5-1。

代码 5-1 FFM+LR 点击率预估

```
import numpy as np
np.random.seed(0)
import math

def sigmoid(x):
    '''直接使用1.0 / (1.0 + np.exp(-x))容易发警告
       “RuntimeWarning: overflowencountered in exp”,
       转换成如下等价形式后算法会更稳定
    '''
    return 0.5 * (1 + np.tanh(0.5 * x))

class FFM_Node(object):
    '''通常x是高维稀疏向量，所以用链表来表示一个x，链表上的每个节点是个3元
        组(j,f,v)
    '''
    __slots__ = ['j', 'f', 'v']  # 按元组（而不是字典）的方式来存储类的
        成员属性

    def __init__(self, j, f, v):
        '''
        :param j: Feature index (0 to n-1)
        :param f: Field index (0 to m-1)
        :param v: value
        '''
        self.j = j
        self.f = f
        self.v = v

class FFM(object):
    def __init__(self, m, n, k, eta, lambd):
        '''
        :param m: Number of fields
```

```
        :param n: Number of features
        :param k: Number of latent factors
        :param eta: learning rate
        :param lambd: regularization coefficient
        '''
        self.m = m
        self.n = n
        self.k = k
        # 超参数
        self.eta = eta
        self.lambd = lambd
        # 初始化三维权重矩阵w~U(0,1/sqrt(k))
        self.w = np.random.rand(n, m, k) / math.sqrt(k)
        # 初始化累积梯度平方和，AdaGrad时要用到，防止除0异常
        self.G = np.ones(shape=(n, m, k), dtype=np.float64)

    def phi(self, node_list):
        '''特征组合式的线性加权求和
        :param node_list: 用链表存储x中的非0值
        '''
        z = 0.0
        for a in xrange(len(node_list)):
            node1 = node_list[a]
            j1 = node1.j
            f1 = node1.f
            v1 = node1.v
            for b in xrange(a + 1, len(node_list)):
                node2 = node_list[b]
                j2 = node2.j
                f2 = node2.f
                v2 = node2.v
                w1 = self.w[j1, f2]
                w2 = self.w[j2, f1]
```

```
            z += np.dot(w1, w2) * v1 * v2
        return z

    def predict(self, node_list):
        '''输入x，预测y的值
        :param node_list: 用链表存储x中的非0值
        '''
        z = self.phi(node_list)
        y = sigmoid(z)
        return y

    def sgd(self, node_list, y):
        '''根据一个样本来采用AdaGrad更新模型参数
        :param node_list: 用链表存储x中的非0值
        :param y: 正样本为1，负样本为-1
        '''
        kappa = -y / (1 + math.exp(y * self.phi(node_list)))
        for a in xrange(len(node_list)):
            node1 = node_list[a]
            j1 = node1.j
            f1 = node1.f
            v1 = node1.v
            for b in xrange(a + 1, len(node_list)):
                node2 = node_list[b]
                j2 = node2.j
                f2 = node2.f
                v2 = node2.v
                c = kappa * v1 * v2
                # self.w[j1,f2]和self.w[j2,f1]是向量，导致g_j1_f2和g_j2_f1也
                    是向量
                g_j1_f2 = self.lambd * self.w[j1, f2] + c * self.
                    w[j2, f1]
                g_j2_f1 = self.lambd * self.w[j2, f1] + c * self.
```

```
                w[j1, f2]
            # 计算各个维度上的梯度累积平方和
            self.G[j1, f2] += g_j1_f2 ** 2  # 所有G肯定是大于0的
                正数，因为初始化时G都为1
            self.G[j2, f1] += g_j2_f1 ** 2
            # AdaGrad
            self.w[j1, f2] -= self.eta / np.sqrt(self.G[j1
                , f2]) * g_j1_f2  # sqrt(G)作为分母，所以G必须是大
                于0的正数
            self.w[j2, f1] -= self.eta / np.sqrt(
                self.G[
                    j2, f1]) * g_j2_f1  # math.sqrt()只能接收一个
                    数字作为参数，而numpy.sqrt()可以接收一个array作为
                    参数，表示对array中的每个元素分别开方

    def train(self, sample_generator, max_echo, max_r2):
        '''根据一堆样本训练模型
        :param sample_generator: 样本生成器，每次yield (node_list,
                y)，node_list中存储的是x的非0值。通常x要事先做好归一化，即模
            长为1，这样精度会略微高一点
        :param max_echo: 最大迭代次数
        :param max_r2: 拟合系数r2达到阈值时即可终止学习
        '''
        for itr in xrange(max_echo):
            print "echo", itr
            y_sum = 0.0
            y_square_sum = 0.0
            err_square_sum = 0.0  # 误差平方和
            population = 0  # 样本总数
            for node_list, y in sample_generator:
                y = 0.0 if y == -1 else y # 真实的y取值为{-1,1}，而预
                    测的y位于(0,1)，计算拟合效果时需要进行统一
                self.sgd(node_list, y)
```

```
            y_hat = self.predict(node_list)
            y_sum += y
            y_square_sum += y ** 2
            err_square_sum += (y - y_hat) ** 2
            population += 1
        var_y = y_square_sum - y_sum * y_sum / population
            # y的方差
        r2 = 1 - err_square_sum / var_y
        print "r2=",r2
        if r2 > max_r2:  # r2值越大说明拟合得越好
            print 'r2 have reach', r2
            break

def save_model(self, outfile):
    '''序列化模型'''
    np.save(outfile, self.w)

def load_model(self, infile):
    '''加载模型'''
    self.w = np.load(infile)
```

5.5 算法实验对比

现有一个二分类问题，已准备好 400 万条样本，其中 4/5 用作训练集，1/5 用作验证集。一共 71 维特征，其中有 49 维是连续特征，假设所有连续特征的取值都是服从正态分布的，$x \sim N(\mu, \sigma^2)$，先通过减均值除以标准差的形式转变为标准正态分布：

$$\tilde{x} = \frac{x-\mu}{\sigma} \sim N(0,1)$$

标准正态样本落在 [-3,3] 之外的概率极低，可以强行截断，得

$$\tilde{x} = \begin{cases} -3 & \text{若 } \tilde{x} < -3 \\ 3 & \text{若 } \tilde{x} > 3 \end{cases}$$

然后把区间 $[-3,3]$ 等宽度地划分成 100 份，$\tilde{x}$ 落在哪个区间就把它离散化成相应的区间编号。样本中存在大量的缺失值，有一些方法可以对缺失值进行替换，如默认 0 值、取平均值、插值法，但当缺失值占比很高时这些方法就不太合理，所以我们为缺失值安排了一个单独的离散编号。

特征全部离散化之后，原先的 71 个特征变成了 71 个域，每个域内部只有一个非 0 特征。在使用 xlearn 算法库时需要把训练数据准备成 libffm 格式：

label   filed:feature_index:value   filed:feature_index:value   ···

只需要记录非 0 值 (value)，由于已全部 one-hot 编码，所以非 0 值就是 1。即使是不同域之间，一条样本内所有 feature_index 不能有重复。

实验结果见表 5-4。由于采用了 adgrad，学习率是自适应的，对初始学习率并不敏感。增加 k 有利于提高 AUC，但 k 也不需要太大，笔者在实验中尝试过更大的 k，但 AUC 的提升很微小。从 AUC 效果来看，FFM > FM > LR。

表 5-4　线性模型实验结果对比

	优化方法	初始学习率	k	训练耗时/分	预测耗时/秒	AUC
LR	adagrad	1.5	—	14	2.1	0.698
FM	adagrad	0.1	16	18	2.1	0.728
FFM	adagrad	0.1	8	25	3.5	0.744

第 6 章　概率图模型

概率图模型 (Probabilistic Graphical Model, PGM) 是一个庞大的话题，总体上分为两类，概率有向图模型 (又叫贝叶斯网络) 和概率无向图模型 (又叫马尔可夫随机场)。有向图模型节点之间存在单向的依赖关系，所以图 6-1 所示的联合概率就是若干条件概率的连乘。

$$p(x1, x2, x3, x4, x5) = p(x1)p(x2|x1)p(x3|x2)p(x4|x2)p(x5|x3, x4)$$

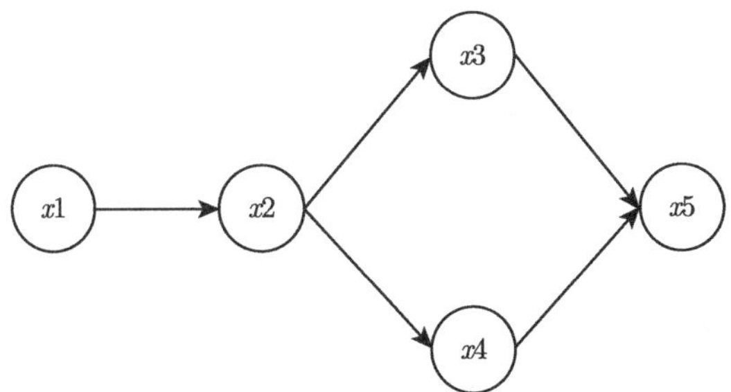

图 6-1　概率有向图模型

无向图模型节点之间存在相互的依赖关系，整个图的联合概率计算起来比较复杂，我们直接给出 Hammersley-Clifford 定理 (由概率无向图的马尔可夫性可以推出来)，概率无向图模型的联合概率分布可以表示为如下形式：

$$p(Y) = \frac{1}{Z}\prod_{C}\Psi_C(Y_C)$$

$$Z = \sum_{Y}\prod_{C}\Psi_C(Y_C)$$

C 是无向图的最大团，这里需要解释一下无向图中的团与最大团的定义，无向图 G 中任何两个节点均有边连接的节点子集称为团。若 C 是无向图 G 的一个团，并且不能再加进任何一个 G 的节点使其成为一个更大的团，则称 C 为最大团，比如图 6-2 中 $\{x1, x2\}$、$\{x1, x2, x3\}$、$\{x2, x3, x4\}$ 都是一个团，$\{x1, x2, x3\}$ 和

$\{x2, x3, x4\}$ 是最大团。Y_C 是 C 的节点对应的随机变量，$\Psi_C(Y_C)$ 是 Y_C 上定义的严格正函数 (通常为指数函数)，称为势函数，无向图的联合概率是各个最大团上势函数的乘积。Z 是规范化因子，确保 $p(Y)$ 是一个概率分布。比如图 6-2 所示的联合概率可以设计为

$$p(Y) = \frac{1}{Z}\mathrm{e}^{f(x1,x2,x3)}\mathrm{e}^{f(x2,x3,x4)}$$

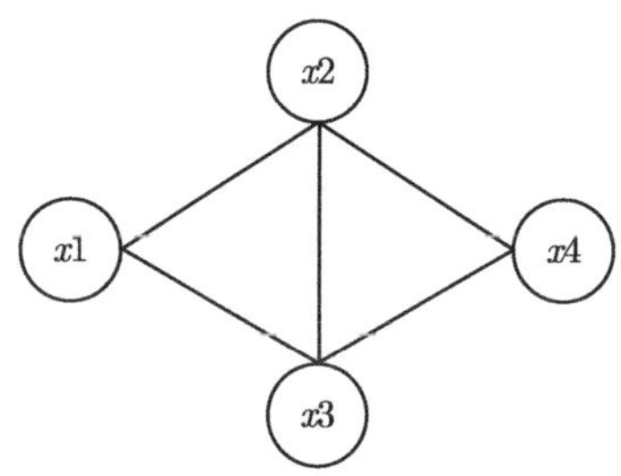

图 6-2　概率无向图模型

本章要介绍的隐马尔可夫模型 (Hidden Markov Model, HMM) 属于有向图模型，条件随机场 (Conditional Random Fields, CRF) 属于无向图模型。在自然语言处理中，这两种算法可以给句子中的每个词打标签，分词、词性标注、实体识别都可以看成是一个给词打标签的任务。

6.1　隐马尔可夫模型

6.1.1　模型介绍

HMM 中有两个最基本的概念，一个叫状态值 (State)，一个叫观测值 (Observation)。HMM 认为状态值会影响观测值，观测值之间无依赖关系，每一个状态值只受前一个状态的影响 (即马尔可夫性)，图 6-3 直观地解释了这些概念。比如小明连续 5 天每天的活动是 {读书，打球，打球，读书，购物}，这 5 天的天气分别是 {阴，晴，阴，雨，雨}，活动就是观测值，天气就是状态值，天气会影响活动，今天的天气会影响明天的天气。HMM 的模型假设是比较简单的，真实情况可能要复杂得多，比如今天的天气不仅与昨天的天气有关，还跟前天甚至更早的天气有关，这也正是 HMM 的局限性所在。

HMM 变量定义如下。

1) 状态集合 $S = \{S_1, S_2, \cdots, S_M\}$。

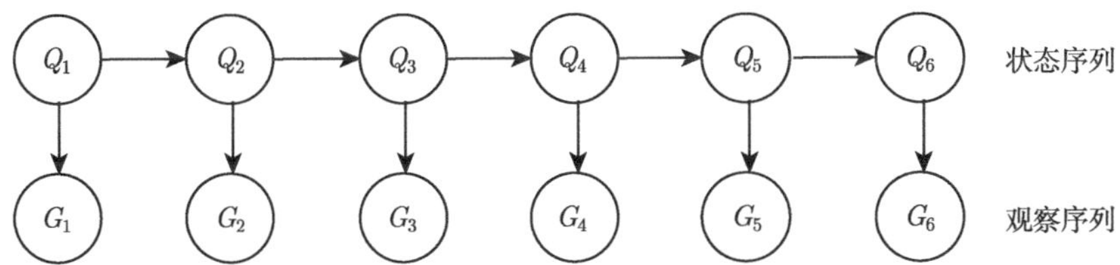

图 6-3 隐马尔可夫模型

2) 观察值集合 $O=\{O_1,O_2,\cdots,O_N\}$。

3) 观察序列 $SG=(G_1,G_2,\cdots,G_T)$，状态序列 $SQ=(Q_1,Q_2,\cdots,Q_T)$。

4) 初始时刻状态的概率分布 $\pi=(\pi_1,\pi_2,\cdots,\pi_M)$。

5) 状态转移概率 $A_{ij}=p(S_j|S_i)$，从状态 i 转移到状态 j 的概率。

6) 发射概率 $B_i(O_n)=p(O_n|S_i)$，在状态 i 下得到观察值 O_n 的概率。

7) 向前变量 $\alpha_t(i)=p(G1,G2,\cdots,G_t,Q_t=S_i|\lambda)$，它表示在满足 t 时刻之前 (包括 t 时刻) 的观测序列的情况下，通过所有可能的状态序列在 t 时刻到达状态 S_i 的概率和，λ 是 HMM 模型参数。

8) 向后变量 $\beta_t(j)=p(G_{t+1},G_{t+2},\cdots,G_T|Q_t=S_j,\lambda)$，它表示在满足 t 时刻之后 (不包括 t 时刻) 的观测序列的情况下，t 时刻从状态 S_j 出发，可以途经的所有状态序列的概率和。

举一个简单的例子，假设只有 S_1、S_2 两种状态，则满足 $Q_3=S_2$ 的状态序列有 4 种：$S_1\rightarrow S_1\rightarrow S_2$，$S_1\rightarrow S_2\rightarrow S_2$，$S_2\rightarrow S_1\rightarrow S_2$，$S_2\rightarrow S_2\rightarrow S_2$。

$$\begin{aligned}\alpha_3(2)=&p(G_1,G_2,G_3,Q_3=S_2|\lambda)\\=&p(G_1,G_2,G_3,Q_1=S_1,Q_2=S_1,Q_3=S_2|\lambda)+\\&p(G_1,G_2,G_3,Q_1=S_1,Q_2=S_2,Q_3=S_2|\lambda)+\\&p(G_1,G_2,G_3,Q_1=S_2,Q_2=S_1,Q_3=S_2|\lambda)+\\&p(G_1,G_2,G_3,Q_1=S_2,Q_2=S_2,Q_3=S_2|\lambda)\end{aligned}$$

图 6-4 中 $\alpha_2(1)$ 和 $\alpha_2(2)$ 用实线框住了，虚线部分不属于 $\alpha_2(1)$ 和 $\alpha_2(2)$。从图中可以看到 $\alpha_3(2)=\alpha_2(1)A_{12}B_2(G_3)+\alpha_2(2)A_{22}B_2(G_3)$，更一般地，向前变量存在如下递推关系：

$$\alpha_{t+1}(j)=\left[\sum_{i=1}^{M}\alpha_t(i)A_{ij}\right]B_j(G_{t+1}) \tag{6-1}$$

初始时刻的向前变量为

$$\alpha_1(i) = \pi_i B_i(G_1) \tag{6-2}$$

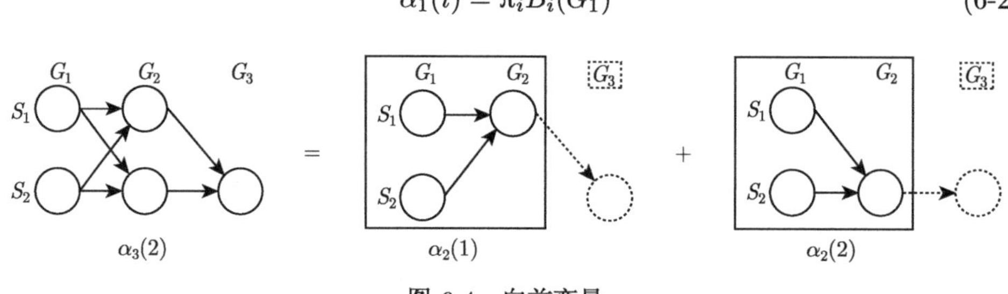

图 6-4　向前变量

同样的逻辑我们来理解一下向后变量。

$$\begin{aligned}\beta_4(1) = & p(G_5, G_6|Q_4 = S_1, \lambda) \\ = & p(G_5, G_6, Q_5 = S_1, Q_6 = S_1|Q_4 = S_1, \lambda) + \\ & p(G_5, G_6, Q_5 = S_1, Q_6 = S_2|Q_4 = S_1, \lambda) + \\ & p(G_5, G_6, Q_5 = S_2, Q_6 = S_1|Q_4 = S_1, \lambda) + \\ & p(G_5, G_6, Q_5 = S_2, Q_6 = S_2|Q_4 = S_1, \lambda)\end{aligned}$$

图 6-5 中 $\beta_5(1)$ 和 $\beta_5(2)$ 被实虚线框住了，虚线框住的 G_5 不属于 $\beta_5(1)$ 和 $\beta_5(2)$ 部分。从图中可以看到 $\beta_4(1) = A_{11}B_1(G_5)\beta_5(1) + A_{12}B_2(G_5)\beta_5(2)$，更一般地，向后变量存在如下递推关系：

$$\beta_t(i) = \sum_{j=1}^{M} [A_{ij}B_j(G_{t+1})\beta_{t+1}(j)]$$

末尾时刻的向后变量 $\beta_T(i) = 1$。

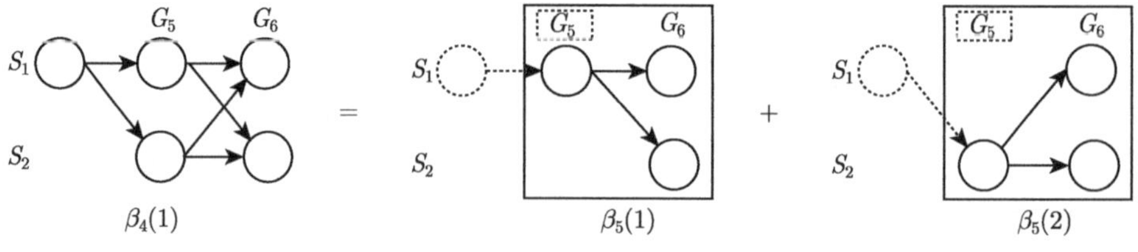

图 6-5　向后变量

满足整条观测序列，所有状态序列的概率和为 $p(SG|\lambda) = \sum_{i=1}^{M} \alpha_T(i)$。

6.1.2 模型训练

HMM 的模型训练实际上就是参数学习的过程，现在我们手头只有大量的观测序列 $\{SG_1, SG_2, \cdots\}$，求模型参数 π、A、B。根据训练语料可以统计得到观测值集合 O，如果知道每一条观测序列对应的状态序列，则根据极大似然估计直接统计训练语料的频次就可以算出 π、A 和 B。而现在我们对状态序列一无所知，如果把状态当成隐含变量，并假设状态一共有 M 种，就可以用 EM 算法来求解。

1. E 步

假设模型参数已知，求隐含变量的期望，即求任意时刻取各种状态值的概率。对于一个特定的观测序列 SG，用 $\xi_t(i,j)$ 表示 t 时刻处于状态 i，且 $t+1$ 时刻处于状态 j 的概率。

$$\xi_t(i,j) = \frac{\alpha_t(i)A_{ij}B_j(G_{t+1})\beta_{t+1}(j)}{p(SG|\lambda)}$$

用一个形象的例子来解释下这个式子。假设 $M=2$，$T=6$，如图 6-6 所示，当限定了 $Q_3 = S_2, Q_4 = S_1$ 后，所有可能的状态转移路径的概率和为 $\xi_3(2,1) = \alpha_3(2)A_{21}B_1(G_4)\beta_4(1)$。$p(SG|\lambda)$ 是所有状态转移路径的概率和，用它来做归范化因子。

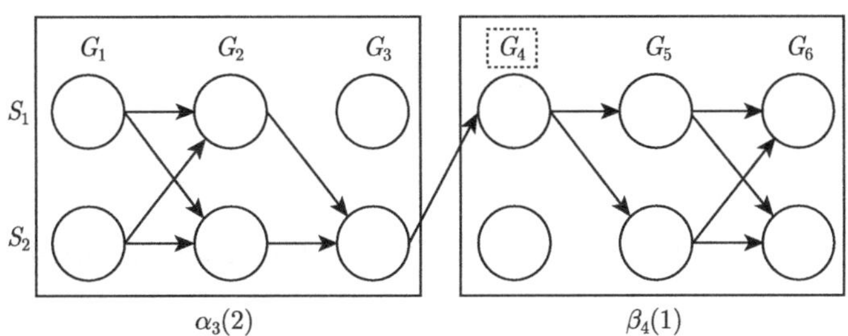

图 6-6 $Q_3 = S_2, Q_4 = S_1$ 的概率

t 时刻处于状态 i 的概率为 $\gamma_t(i) = \sum\limits_{j=1}^{\mathrm{M}} \xi_t(i,j)$。

2. M 步

根据隐含变量的期望再来求模型参数。初始时刻取各种状态的概率

$$\pi_i = \gamma_1(i)$$

遍历任意时刻从状态 i 转变到状态 j 的概率之和，再除以任意时刻从状态 i 转移出去的概率之和，就是状态 i 跳转到状态 j 的概率。

$$A_{ij}=\frac{\sum_{t=1}^{T-1}\xi_t(i,j)}{\sum_{t=1}^{T-1}\sum_{j=1}^{\mathrm{M}}\xi_t(i,j)} \tag{6-3}$$

统计所有观测值等于 O_n 的时刻，把状态等于 S_i 的概率加起来，再除以所有时刻状态等于 S_i 的概率和，就是在状态 i 下观测到 O_n 的概率。

$$B_i(O_n)=\frac{\sum_{t=1\ s.t.\ G_t=O_n}^{T}\gamma_t(i)}{\sum_{t=1}^{T}\gamma_t(i)}$$

注意上述的 E 步和 M 步只是针对单个观测序列的，在现实中，每一轮的 EM 迭代都要在每个观测序列上计算上述公式，然后按观测序列求算术平均值。

重复 E 步和 M 步，直到参数 π、A、B 趋于稳定。由于这个 EM 算法的关键是构造了向前和向后变量，所以它又被称为向前–向后算法，或 Baum-Welch 算法。

6.1.3 模型预测

在 HMM 的状态集合 S、观测值集合 O，以及模型参数 π、A、B 都是已知的情况下，给定一个观测序列 SG，求概率最大的状态序列 SQ。模型预测又被称为 HMM 的解码问题。

设一共有 M 种状态，观测序列长度为 T，则一共有 M^T 种可能的状态序列，计算一种状态序列需要 $2T$ 次乘法，穷举所有状态序列的概率时间复杂度为 $O(T*M^T)$。

如果利用向前变量，使用动态规划可以将时间复杂度降低到 $O(T*M^2)$。具体做法是构造一个 T 行 M 列的二维矩阵 $\boldsymbol{P}_{T\times M}$，$\boldsymbol{P}_{t,m}$ 上存储的值就是向前变量 $\alpha_t(m)$，矩阵的第一行用式 (6-2) 初始化，再利用式 (6-1) 计算第 2 行 $\sim$ 第 T 行，计算每一个向前变量 $\alpha_{t+1}(j)$ 时还要记录从 t 时刻的哪个状态转移到当前状态概率最大，$PS[t+1][j]=\arg\max\limits_i \alpha_t(i)A_{ij}$。$T$ 时刻的最优状态是 $Q_T^*=\arg\max\limits_i \alpha_T(i), i\in[1,M]$，然后从 PS 的第 T 行第 Q_T^* 列往前回溯，找到每一个时刻的最优状态。这种动态规划的方法有一个专门的名称，叫作 Viterbi 解码算法，如图 6-7 所示。

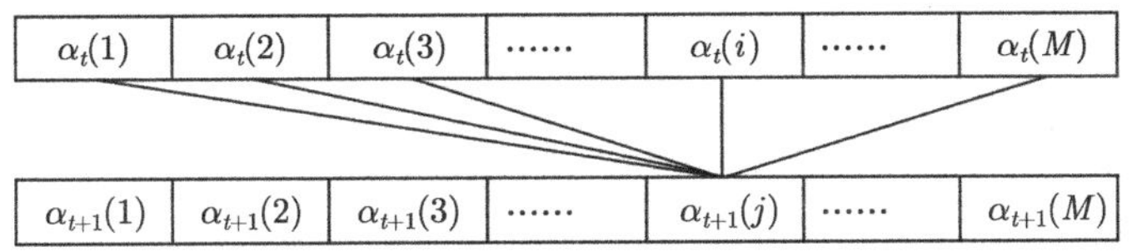

图 6-7　Viterbi 解码算法

6.2　条件随机场模型

6.2.1　条件随机场模型及特征函数

下面介绍一种最简单的条件随机场：线性链条件随机场 (Linear-chain CRF)，它被广泛应用于机器学习的标注问题中。

用 $p(y|x)$ 表示由输入变量得到标记序列的概率，y 是标注序列，等同于 HMM 中的状态序列，x 是观测序列也是输入变量。每个位置上的观测值 x_i 可以从多个维度来刻画，而不像 HMM 中那样只能从一个维度来刻画。以词性标注为例，HMM 中每个位置上的观测值 x_i 就是当前词本身，而在 CRF 中 x_i 可以表达多个维度：(当前词本身、当前词的长度、当前词是否为数字、当前词是否为英文等)。另外注意，每一个位置上的标注值 y_i 可以跟所有的 x_j 都有关系，只是在实际中为了节约计算量，通常令 y_i 只跟 x_i 附近的少数几个 x 有关。

前文已经讲过图 6-8 这种无向概率图模型发生的概率为

$$p(y|x) = \frac{1}{Z(x)}\prod_C \Psi(y_C)$$

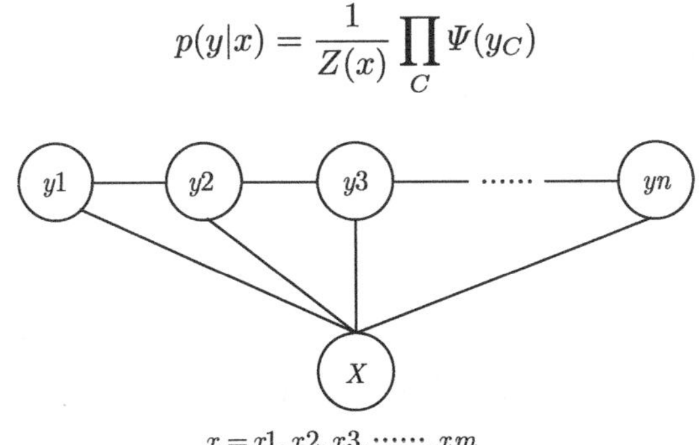

图 6-8　线性链条件随机场

对于线性链 CRF，最大团包括 $\{y_1,y_2,x\},\{y_2,y_3,x\},\cdots,\{y_{n-1},y_n,x\}$。把势函数 Ψ 设计成指数函数的形式，即

$$\Psi(y_C)=\exp\{f(y_C)\}$$

$$p(y|x)=\frac{1}{Z(x)}\exp\left\{\sum_C f(y_C)\right\}=\frac{1}{Z(x)}\exp\left\{\sum_{i=1}^{n} f(y_i,y_{i+1},x)\right\} \tag{6-4}$$

这里的 f 是 k 个特征函数 f_j 的加权和。

$$f(y_i,y_{i+1},x)=\sum_{j=1}^{k} w_j f_j(y_i,y_{i+1},x),\ 0\leqslant w_j\leqslant 1$$

当自变量取特定的值时，特征函数输出 1，否则输出 0，即特征函数是 **1** 函数。

如果特征函数 f_j 同时用到了 y_i 和 y_{i+1}，则称之为转移特征函数。在最后一个位置 $(i=n)$ 上不存在转移特征函数。

$$f_j(y_i,y_{i+1},x)=t_j(y_i,y_{i+1},x)$$

如果特征函数 f_j 只用到了当前位置的标签 y_i，则称之为状态特征函数。

$$f_j(y_i,y_{i+1},x)=s_j(y_i,x)$$

这样一来式 (6-4) 可以写成

$$p(y|x)=\frac{1}{Z(x)}\exp\left\{\sum_{i=1}^{n-1}\sum_{j=1}^{k}\lambda_j t_j(y_i,y_{i+1},x)+\sum_{i=1}^{n}\sum_{j=1}^{k}\mu_j s_j(y_i,x)\right\} \tag{6-5}$$

特征函数 $f(y_i,y_{i+1},x)$ 中还有一项是 x，x 就很复杂了，因为它包含了 $x_1\sim x_n$，实际中只会用到位置 i 附近的 x，比如 $x_{i-m}\sim x_{i+m}$，这可以产生非常多的特征函数模板，比如 $f(y_i,y_{i+1},x_i)$、$f(y_i,y_{i+1},x_{i-1})$、$f(y_i,y_{i+1},x_{i+1})$、$f(y_i,y_{i+1},x_{i-1},x_i)$、$f(y_i,y_{i+1},x_{i-2},x_i)$、$f(y_i,y_{i+1},x_{i-1},x_i,x_{i+1})$ 等。即使是单个位置上的 x_i 也是一个向量而非标量，在一个特征函数 f 中可能只用到了这个向量中的某些维度，这又有很多种组合，每种组合都对应一种特征函数模板。在一个特征函数模板下，x_i 和 y_i 的每种取值组合对应一个特征函数。所以在一个实际的问题中特征函数是非常多的，跟 y 的类目数、x 的维度、x 每个维度上取值的个数、预测 y_i 时使用的上

下文窗口大小都有关系。特征函数模板是事先定义好的，x_i 和 y_i 的取值可以遍历训练语料得到，那些出现次数比较少的通常不会被纳入特征函数的集合里，w_j 是 CRF 的模型参数。

例 6-1 在词性标注问题中有表 6-1 所示的两条训练样本。在表 6-1 中每个位置上的 x_i 是个二维向量 $x_i=(x_{i,1},x_{i,2})$。对于模板 $f(y_i,x_{i,1},x_{i,2},x_{i-1,1})$ 可以产生下列特征函数：

$$f_1(y_i,x_{i,1},x_{i,2},x_{i-1,1})=\mathbf{1}(y_i=N,x_{i,1}=\text{我},x_{i,2}=1,x_{i-1,1}=\text{爱})$$

$$f_2(y_i,x_{i,1},x_{i,2},x_{i-1,1})=\mathbf{1}(y_i=V,x_{i,1}=\text{我},x_{i,2}=1,x_{i-1,1}=\text{爱})$$

$$f_3(y_i,x_{i,1},x_{i,2},x_{i-1,1})=\mathbf{1}(y_i=N,x_{i,1}=\text{爱},x_{i,2}=1,x_{i-1,1}=\text{爱})$$

$$f_4(y_i,x_{i,1},x_{i,2},x_{i-1,1})=\mathbf{1}(y_i=V,x_{i,1}=\text{爱},x_{i,2}=1,x_{i-1,1}=\text{爱})$$

$$f_3(y_i,x_{i,1},x_{i,2},x_{i-1,1})=\mathbf{1}(y_i=N,x_{i,1}=\text{北京},x_{i,2}=1,x_{i-1,1}=\text{爱})$$

$$f_4(y_i,x_{i,1},x_{i,2},x_{i-1,1})=\mathbf{1}(y_i=V,x_{i,1}=\text{北京},x_{i,2}=1,x_{i-1,1}=\text{爱})$$

$$\vdots$$

$$f_{96}(y_i,x_{i,1},x_{i,2},x_{i-1,1})=\mathbf{1}(y_i=V,x_{i,1}=\text{天安门},x_{i,2}=3,x_{i-1,1}=\text{天安门})$$

$$\vdots$$

表 6-1 CRF 训练集

	$X1$词本身	$X2$词长度	Y词性
样本 1	我	1	N
	爱	1	V
	北京	2	N
	天安门	3	N
样本 2	我	1	N
	在	1	V
	北京	2	N
	天安门	3	N

假设在整个训练集上 Y 一共有 2 种取值，$X1$ 有 4 种取值，$X2$ 有 3 种取值，那么模板 $f(y_i,x_{i,1},x_{i,2},x_{i-1,1})$ 理论上可以产生 $2\times4\times3\times4=96$ 种特征函数，很多特征函数在训练语料中没有出现过或者出现的次数很少，可以不把它们纳入 CRF

模型。假设在例 6-1 中我们最终采用了如下 5 个特征函数 $f_1, \cdots, f_5$，相应的权重分别是 $w_1, \cdots, w_5$。

$$x1 = (x_{i-1,2} = 1, x_{i,2} = 2)$$

$$x2 = (x_{i,2} = 2)$$

$$x3 = (x_{i-1,1} = \text{北京})$$

$$f_1(y_i, y_{i+1}, x) = \mathbf{1}(y_i = V, y_{i+1} = N, x = x1)$$

$$f_2(y_i, y_{i+1}, x) = \mathbf{1}(y_i = N, x = x1)$$

$$f_3(y_i, y_{i+1}, x) = \mathbf{1}(y_i = V, y_{i+1} = N, x = x2)$$

$$f_4(y_i, y_{i+1}, x) = \mathbf{1}(y_i = N, x = x2)$$

$$f_5(y_i, y_{i+1}, x) = \mathbf{1}(y_i = N, x = x3)$$

对式 (6-4) 做一下形式变换得

$$\begin{aligned} p(y|x) &= \frac{1}{Z(x)} \exp\left\{\sum_{i=1}^{n} f(y_i, y_{i+1}, x)\right\} \\ &= \frac{1}{Z(x)} \exp\left\{\sum_{i=1}^{n}\sum_{j=1}^{k} w_j f_j(y_i, y_{i+1}, x)\right\} \\ &= \frac{1}{Z(x)} \exp\left\{\sum_{j=1}^{k} w_j \sum_{i=1}^{n} f_j(y_i, y_{i+1}, x)\right\} \end{aligned}$$

特征函数在各个位置上求和，即统计相应的条件在各个位置上一共出现了多少次：

$$f_j(y, x) = \sum_{i=1}^{n} f_j(y_i, y_{i+1}, x) \tag{6-6}$$

$$p(y|x) = \frac{1}{Z(x)} \exp\left\{\sum_{j=1}^{k} w_j f_j(y, x)\right\}$$

对于表 6-2 所示的测试样本，标记序列 y 一共有 $2^4 = 16$ 种可能，令 $y1 = (N, V, N, N)$，在给定观察序列 x 的情况下来计算标记序列 $y1$ 发生的概率。在给定 $(x, y1)$ 的情况下，f_2、f_4、f_5 各出现 1 次，f_1、f_3 出现 0 次，套用式 (6-6) 即

$f_2(y,x)=f_4(y,x)=f_5(y,x)=1$，$f_1(y,x)=f_3(y,x)=0$，所以 $p(y1|x)$ 的非规范化概率为 $w_2+w_4+w_5$。同样方法求出其他 15 种 y 序列的非规范化概率，对所有的 y 序列概率求和得到规范化因子 $Z(x)$，进而得到 $p(y1|x)$ 的规范化概率。

表 6-2　CRF 测试语料

$X1$词本身	$X2$词长度	Y词性	$y1$
我	1	?	N
去	1	?	V
北京	2	?	N
动物园	3	?	N

用 W 表示权值向量：

$$W=(w_1,w_2,\cdots,w_k)^T$$

用 $F(y,x)$ 表示全局特征函数向量：

$$F(y,x)=[f_1(y,x),f_2(y,x),\cdots,f_k(y,x)]^T$$

则条件随机场可以写成向量 W 与 $F(y,x)$ 的内积形式，即

$$p(y|x)=\frac{\exp\{W\cdot F(y,x)\}}{\sum_y \exp\{W\cdot F(y,x)\}} \tag{6-7}$$

6.2.2　向前变量和向后变量

用 $M_i(y_i,y_{i+1}|x)$ 表示在第 i 个位置由状态 y_i 转移到状态 y_{i+1} 的非规范化概率。

$$M_i(y_i,y_{i+1}|x)=\exp\left\{\sum_{j=1}^{k} w_j f_j(y_i,y_{i+1},x)\right\}$$

比如对于表 6-2 中的这条样本来说，我们要计算在第 3 个位置上状态从 N 转移到 N 的概率 $M_3(N,N|x)$，实际上就是统计一下在第 3 个位置上哪些特征函数的条件是满足的。首先 f_1 和 f_3 不满足，因为它们要求状态是从 V 转移到 N。f_5 也不满足，因为 f_5 要求前一个位置上的词是“北京”，而实际上第 2 个位置上的词是“去”。f_2 和 f_4 是满足的，所以 $f_1=f_3=f_5=0$，$f_2=f_4=1$，$M_3(N,N|x)=\exp\{w_2+w_4\}$。

y_i 有 m 种取值，y_{i+1} 有 m 种取值，所以 $M_i(x)$ 是个 $m\times m$ 的矩阵。以 $m=3$ 为例：

$$M_i(x)=\begin{bmatrix}M_i(y_1,y_1|x) & M_i(y_1,y_2|x) & M_i(y_1,y_3|x)\\ M_i(y_2,y_1|x) & M_i(y_2,y_2|x) & M_i(y_2,y_3|x)\\ M_i(y_3,y_1|x) & M_i(y_3,y_2|x) & M_i(y_3,y_3|x)\end{bmatrix}$$

$M_0(x)$ 和 $M_n(x)$ 的定义比较特殊：

$$M_0(x)=[M_0(y_0,y_1|x)\quad M_0(y_0,y_2|x)\quad M_0(y_0,y_3|x)]=[1\quad 1\quad 1]$$

$$M_n(x)=\begin{bmatrix}M_n(y_1,y_n|x)\\ M_n(y_2,y_n|x)\\ M_n(y_3,y_n|x)\end{bmatrix}=\begin{bmatrix}1\\1\\1\end{bmatrix}$$

在 HMM 中只存在一个全局的状态转移矩阵，而在 CRF 中每个位置上都有一个状态转移矩阵。

给定观测序列 x，标记序列 y 的非规范化概率为 $n+1$ 个概率的乘积：

$$p(y|x)\propto\prod_{i=0}^{n}M_i(y_i,y_{i+1}|x)$$

所有 y 序列的非规范化概率之和为 $n+1$ 个矩阵的乘积：

$$Z(x)=\prod_{i=0}^{n}M_i(x)$$

从而得到 $p(y|x)$ 的规范化概率

$$p(y|x)=\frac{\prod_{i=0}^{n}M_i(y_i,y_{i+1}|x)}{\prod_{i=0}^{n}M_i(x)}$$

像 HMM 中那样定义向前变量和向后变量。向前变量 $\alpha_i(y_j|x)$ 表示途经各种状态转移序列，在第 i 步到达状态 y_j 的概率。

$$\alpha_0(y_j|x)=1$$

$$\alpha_{i+1}(y_j|x)=\sum_{k=1}^{m}\alpha_i(y_k|x)M_i(y_k,y_j|x)$$

转换成向量形式

$$\alpha_i(x) = \begin{bmatrix} \alpha_i(y_1|x) \\ \alpha_i(y_2|x) \\ \cdots \\ \alpha_i(y_m|x) \end{bmatrix}$$

$$\alpha_{i+1}^{\mathrm{T}}(x) = \alpha_i^{\mathrm{T}}(x)M_i(x)$$

向后变量 $\beta_i(y_j|x)$ 表示第 i 步从状态 y_j 出发，途经各种状态转移序列的概率。

$$\beta_i(y_j|x) = \sum_{k=1}^{m} M_i(y_j, y_k|x)\beta_{i+1}(y_k|x)$$

$$\beta_{n+1}(y_j|x) = 1$$

转换成向量形式

$$\beta_i(x) = \begin{bmatrix} \beta_i(y_1|x) \\ \beta_i(y_2|x) \\ \cdots \\ \beta_i(y_m|x) \end{bmatrix}$$

$$\beta_i(x) = M_i(x)\beta_{i+1}(x)$$

给定观测序列 x，所有状态序列的概率和为最后一个位置 $(i = n)$ 上向前变量的和，也等于第 1 个位置上向后变量的和。

$$Z(x) = \sum_{k=1}^{m} \alpha_n(y_k|x) = \sum_{k=1}^{m} \beta_1(y_k|x)$$

向量形式：

$$Z(x) = \alpha_n^{\mathrm{T}}(x) \cdot \mathbf{1} = \mathbf{1}^{\mathrm{T}} \cdot \beta_1(x)$$

式中，$\mathbf{1}$ 是 m 维全 1 的列向量。有了向前变量和向后变量就可以方便地计算在位置 i 上标记为各种状态的概率以及状态转移概率。

$$p(Y_i = y_i|x) = \frac{\alpha_i^{\mathrm{T}}(y_i|x)\beta_i(y_i|x)}{Z(x)}$$

$$p(Y_i = y_i, Y_{i+1} = y_{i+1}|x) = \frac{\alpha_i^{\mathrm{T}}(y_i|x)M_i(y_i, y_{i+1}|x)\beta_{i+1}(y_{i+1}|x)}{Z(x)} \tag{6-8}$$

6.2.3 模型训练

模型训练就是给定大量的标注语料以及所有的特征函数，求每个特征函数的权重 w_j。

多项分布的对数似然函数为

$$\begin{aligned}\log\prod_i p(x_i)^{\text{count}(x_i)} &= \sum_i \text{count}(x_i)\log p(x_i)\\ &= N\sum_i \tilde{p}(x_i)\log p(x_i) = N\log\prod_i p(x_i)^{\tilde{p}(x_i)}\end{aligned}$$

式中，$N = \sum\limits_i \text{count}(x_i)$；$\tilde{p}(x_i) = \text{count}(x_i)/N$ 表示 x_i 发生的经验概率。$\max\ \log\prod_i p(x_i)^{\text{count}(x_i)}$ 与 $\max\ \log\prod_i p(x_i)^{\tilde{p}(x_i)}$ 是等价的。

在 CRF 中令 $\tilde{p}(x,y)$ 为 x 和 y 的经验联合概率分布，通过极大化训练数据的对数似然函数来求解模型参数。

$$\max_w L(w) = \log\prod_{x,y} p_w(y|x)^{\tilde{p}(x,y)} = \sum_{x,y}\tilde{p}(x,y)\log p_w(y|x)$$

$$\because p_w(y|x) = \frac{\exp\left\{\sum_{j=1}^k w_j f_j(y,x)\right\}}{\sum_y \exp\left\{\sum_{j=1}^k w_j f_j(y,x)\right\}}$$

$$\therefore L(w) = \sum_{x,y}\left\{\tilde{p}(x,y)\sum_{j=1}^k w_j f_j(y,x) - \tilde{p}(x,y)\log\sum_y \exp\left\{\sum_{j=1}^k w_j f_j(y,x)\right\}\right\}$$

因为 $\sum\limits_y \exp\left\{\sum\limits_{j=1}^k w_j f_j(y,x)\right\}$ 已经对 y 求和，所以它与 y 无关。

$$\begin{aligned}\therefore L(w) &= \sum_{x,y}\tilde{p}(x,y)\sum_{j=1}^k w_j f_j(y,x) - \sum_x\left(\sum_y \tilde{p}(x,y)\right)\log\sum_y\exp\left\{\sum_{j=1}^k w_j f_j(y,x)\right\}\\ &= \sum_{x,y}\tilde{p}(x,y)\sum_{j=1}^k w_j f_j(y,x) - \sum_x \tilde{p}(x)\log\sum_y\exp\left\{\sum_{j=1}^k w_j f_j(y,x)\right\}\end{aligned}$$

求似然函数的极大值有很多方法，比如梯度下降法、L-BFGS、FTLR、改进的迭代尺度法 (Improved Iterative Scaling, IIS) 等，这些算法都需要求似然函数对模

型参数 w 的导数。

$$\begin{aligned}\frac{\partial L(w)}{\partial w_j} &= \sum_{x,y}\tilde{p}(x,y)f_j(y,x) - \sum_{x}\tilde{p}(x)\frac{1}{Z(x)}\sum_{y}\exp\left\{\sum_{j=1}^{k}w_j f_j(y,x)\right\}f_j(y,x)\\ &= \sum_{x,y}\tilde{p}(x,y)f_j(y,x) - \sum_{x}\tilde{p}(x)\sum_{y}\frac{1}{Z(x)}\exp\left\{\sum_{j=1}^{k}w_j f_j(y,x)\right\}f_j(y,x)\\ &= \sum_{x,y}\tilde{p}(x,y)f_j(y,x) - \sum_{x}\tilde{p}(x)\sum_{y}p(y|x)f_j(y,x)\end{aligned}$$

$\tilde{p}(x)$ 是 x 的经验分布，$\tilde{p}(x,y)$ 是 x 和 y 的联合经验分布，这些统计训练语料就可以得到。$\sum\limits_{y}p(y|x)f_j(y,x)$ 是特征函数 f_j 关于条件分布 $p(y|x)$ 的期望，可以引入式 (6-8) 利用向前向后变量加速计算。

$$\begin{aligned}\sum_{y}p(y|x)f_j(y,x) &= \sum_{i=0}^{n}\sum_{y_i\, y_{i+1}}p(Y_i=y_i,Y_{i+1}=y_{i+1}|x)f_j(y_i,y_{i+1},x)\\ &= \sum_{i=0}^{n}\sum_{y_i\, y_{i+1}}f_j(y_i,y_{i+1},x)\frac{\alpha_i^{\mathrm{T}}(y_i|x)M_i(y_i,y_{i+1}|x)\beta_{i+1}(y_{i+1}|x)}{Z(x)}\end{aligned}$$

6.2.4 模型预测

在 CRF 特征函数及其权重 w 都已知的情况下，给定一个观测序列 x，求概率最大的状态序列 (或者叫标注序列)。如果穷举所有可能的状态序列，逐一计算它们的概率非常耗时，跟 HMM 一样，此处可以利用 Viterbi 这种动态规划的方法来加速计算。

维护两个 $T\times m$ 的矩阵 δ 和 Ψ，T 是输入序列 x 的长度，m 是状态的取值个数。$\delta_i(l)$ 表示在位置 i 上标记为状态 l 的非规范化概率的最大值。在位置 $i-1$ 上有 m 种可能的状态，它们转移到状态 l 时对应不同的概率，$\delta_i(l)$ 取的是这些概率里面最大的那一个。这里的非规范化概率指的是式 (6-4) 中的指数部分，因为 $Z(x)$ 和 exp 不影响最大值的比较。存在如下递推关系：

$$\delta_{i+1}(l) = \max_{1\leqslant n\leqslant m}\left\{\delta_i(n)+\sum_{j=1}^{k}f_j(y_i=n,y_{i+1}=l,x)\right\}$$

为了回溯最优解，需要把 $\delta_{i+1}(l)$ 取得最大值时位置 i 上的状态记录到 $\Psi_{i+1}(l)$

中，即

$$\Psi_{i+1}(l) = \mathop{\arg\max}_{1\leqslant n\leqslant m} \left\{\delta_i(n) + \sum_{j=1}^{k} f_j(y_i = n, y_{i+1} = l, x)\right\}$$

6.2.5 条件随机场模型与隐马尔可夫模型的对比

CRF 与 HMM 的计算思路非常相似，在模型训练时都构造了向前向后变量，在模型预测时都使用了 Viterbi 算法。CRF 比 HMM 的表达能力更强，HMM 假设当前状态只跟上一个状态有关，而在 CRF 中可以灵活设计特征函数，y_i 可以跟输入序列 x 的任意部分有关，HMM 可以被粗略看成只有一种特征函数 $f(Y_i = y_i, Y_{i+1} = y_{i+1}, X = \text{null})$ 的 CRF 模型。

CRF 自始至终求的都是条件概率 $p(y|x)$，而 HMM 求的是联合概率 $p(x,y)$，比如在计算 HMM 的向前向后变量时都会乘上发射概率，这说明没有把观测变量放在条件中。直接求 $p(y|x)$ 的模型称为判别模型，先求 $p(x,y)$，预测时使用 $p(y|x) = p(x,y)/p(x)$ 估计 y 的模型称为生成模型。生成模型的好处是可以根据联合概率来生成样本，但是在模型训练的时候为了得到比较精准的 $p(x,y)$ 需要更多的训练样本。

第 7 章 文本向量化

文本是离散特征，在有些模型 (比如神经网络) 中需要把它表示成数值特征，用一个简单的数字来表示一段文本显然是不现实的，一般我们会把文本表示成语义空间里的一个向量，用向量之间的距离刻画文本之间的相似度。

7.1 词向量

当我们用几个关键词来描述一个事物时需要把每个词向量化，word2vec、fastText、GloVe 都是基于词之间的共现关系来计算词向量的方法。

7.1.1 word2vec

word2vec 主要分为连续词袋模型和跳字模型，简单地讲，连续词袋模型是用上下文去预测中心词，而跳字模型是用中心词去预测它周围的词。层序 softmax 和负采样是两种模型训练方法，它们既可以用于连续词袋模型，也可以用于跳字模型。

1. 连续词袋模型

连续词袋模型 (Continuous Bag of Words, CBoW) 认为一个词的出现受其上下文的影响，一个句子的出现可以用如下联合概率来表示：

$$\max \prod_{t=1}^{T} p(w_t|w_{t-m},\cdots,w_{t-1},w_{t+1},\cdots,w_{t+m}) \tag{7-1}$$

式中，T 是句子中词的总数，如果句子太长可以把它适当截短以减少计算量；m 是上下文的窗口大小。

式 (7-1) 是似然函数，将其转换为等价的 log 形式，再取相反数得到损失函数为

$$\min\ loss = -\sum_{t=1}^{T} \log p(w_t|w_{t-m},\cdots,w_{t-1},w_{t+1},\cdots,w_{t+m}) \tag{7-2}$$

用 w_c 表示中心词，w_o 表示背景词 (即上下文中的其他词)，那么 $p(w_t|w_{t-m},\cdots,w_{t-1},w_{t+1},\cdots,w_{t+m})$ 转换为 $p(w_c|w_{o1},w_{o2},\cdots,w_{o2m})$。用 u 表示中心词向量，v 表示背景词向量，可以用如下 softmax 公式来构造概率 $p(w_c|w_{o1},w_{o2},\cdots,w_{o2m})$。

$$p(w_c|w_{o1},w_{o2},\cdots,w_{o2m})=\frac{\exp\left(u_c\cdot(v_{o1}+v_{o2}+\cdots+v_{o2m})/2m\right)}{\sum_{i\in\mathcal{V}}\exp\left(u_i\cdot(v_{o1}+v_{o2}+\cdots+v_{o2m})/2m\right)} \tag{7-3}$$

式中，$\mathcal{V}$ 代表语料中词的全集，即使对于小型的汉语料集，词语的集合数目也会轻松上万。一个词存在两个向量形式：作为中心词时的 u_c 和作为背景词时的 v_o，这两个词向量都是需要训练学习的，模型训练好之后一般使用 v_o。使用梯度下降法求词量，$\partial loss/\partial u_c$ 和 $\partial loss/\partial v_o$ 的时间复杂度都是 $O(|\mathcal{V}|)$，因为式 (7-3) 的分母中要对所有的 $\mathcal{V}$ 求和。

2. 跳字模型

与连续词袋模型相反，跳字模型 (Skip-gram) 认为中心词影响它上下文中的其他词，一个句子出现的似然概率为

$$\max\prod_{t=1}^{T}\prod_{-m\leqslant j\leqslant m,j\neq 0}p(w_{t+j}|w_t) \tag{7-4}$$

转换为 log 形式，取相反数得到损失函数为

$$\min\ loss=-\frac{1}{T}\sum_{t=1}^{T}\sum_{-m\leqslant j\leqslant m,j\neq 0}\log p(w_{t+j}|w_t) \tag{7-5}$$

用 w_c 表示中心词，w_o 表示背景词，则 $p(w_{t+j}|w_t)$ 转换为 $p(w_o|w_c)$。用 u 表示中心词向量，v 表示背景词向量，可以用如下 softmax 公式来构造概率 $p(w_o|w_c)$。

$$p(w_o|w_c)=\frac{\exp(u_c\cdot v_o)}{\sum_{i\in\mathcal{V}}\exp(u_c\cdot v_i)} \tag{7-6}$$

在跳字模型中一个词同样存在两个向量，模型训练好之后一般使用中心词向量 u。用梯度下降法求词向量时 $\partial loss/\partial u_c$ 和 $\partial loss/\partial v_o$ 的时间复杂度都是 $O(|\mathcal{V}|)$。

3. 层序 softmax 法

连续词袋模型的式 (7-3) 和跳字模型的式 (7-6) 都是用 softmax 来构造条件概率，这导致求导的时间复杂度为 $O(|\mathcal{V}|)$，因此需要找一近似的方法来替代 softmax。

层序 softmax 用一棵二叉树来构造式 (7-3) 和式 (7-6) 所需要的条件概率，词典 $\mathcal{V}$ 中的每个词都在叶节点上，每个内部节点都是一个 sigmoid 分类器，分类器参数 v 的维度与词向量维度相同。以图 7-1 来说明层序 softmax 的工作机制。

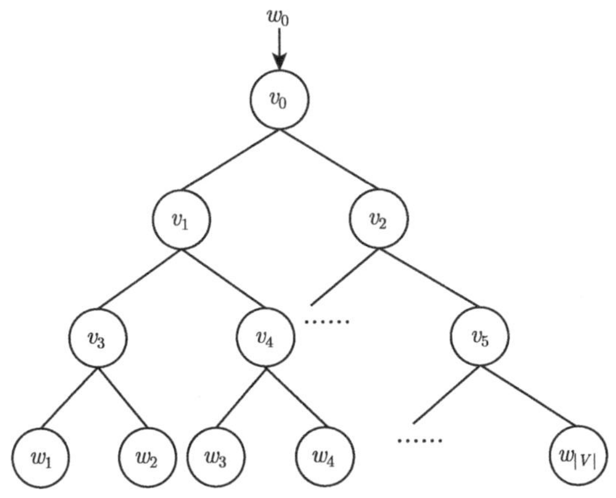

图 7-1　层序 softmax

对于连续词袋模型，w_0 是背景词向量的平均，叶节点上的 w 是中心词；对于跳字模型，w_0 是中心词，叶节点上的 w 是背景词。对于任意一个内部节点，进入左孩子的概率为 $\sigma(v_i w_0)$，进入右孩子的概率为 $1-\sigma(v_i w_0)$，所以

$$p(w_3|w_0) = \sigma(v_0 w_0)(1-\sigma(v_1 w_0))\sigma(v_4 w_0)$$

$$p(w_4|w_0) = \sigma(v_0 w_0)(1-\sigma(v_1 w_0))(1-\sigma(v_4 w_0))$$

这里的 w_i 指的都是词向量。

层序 softmax 的巧妙之处在于 $\sum\limits_{i\in\mathcal{V}} p(w_i|w_0) = 1$，即用这样的一棵二叉树构造出来的条件概率依然是一个概率分布。而且求导的时间复杂度也从 $O(|\mathcal{V}|)$ 降到了 $O(\log_2|\mathcal{V}|)$。树结构需要在模型训练之前就确定好，比如可以构造一棵满二叉树，然后把词典 $\mathcal{V}$ 中的词依次放在叶节点上，word2vec 的作者把这棵树构造成 Huffman 树，高频词离根节点近，这样可以节省计算量。

4. 负采样法

负采样 (Negative Sampling) 是另一种取代 softmax 构造条件概率的近似法。以跳字模型为例，中心词和背景词是出现在同一个时间窗口内的词，该时间窗口之

外的词称为噪声词 $\mathcal{N}$。给定中心词 w_c 生成背景词 w_o 可以近似为以下互相独立事件的联合概率：

中心词 w_c 和背景词 w_o 同时出现在该时间窗口内。

中心词 w_c 和第 1 个噪声词没有出现在该时间窗口内。

……

中心词 w_c 和第 K 个噪声词没有出现在该时间窗口内。

在实际操作中这 K 个噪声词从词典全集中随机抽取即可，没必要故意把时间窗口内的词排除掉，每个词被选中的概率为

$$\mathbb{P}(w_i) = \frac{f(w_i)^{0.75}}{\sum_{j\in\mathcal{V}} f(w_j)^{0.75}} \tag{7-7}$$

式中，$f(w_i)$ 表示词 w 在语料中出现的次数，之所以要加上 0.75 次方是为了提高低频词被选中的概率。

中心词 w_c 和背景词 w_o 同时出现在该时间窗口的概率用 sigmoid 函数来刻画，为 $\sigma(w_c, w_o)$，同样地，中心词 w_c 和第 k 个噪声词没有出现在该时间窗口的概率为 $1-\sigma(w_c, w_k)$，那么给定中心词 w_c 生成背景词 w_o 在概率近似为

$$p(w_o|w_c) = \sigma(w_c, w_o) \prod_{k=1, w_k\sim\mathbb{P}(w)}^{K} (1-\sigma(w_c, w_k)) \tag{7-8}$$

求导的复杂度由 $O(|\mathcal{V}|)$ 降到了 $O(K)$，K 通常很小，一般取 $5\sim20$，对于特别大的语料集，K 可以取 $2\sim5$。

以上是按照跳字模型来讲的，对于连续词袋模型，式 (7-8) 中的 w_c 是窗口中所有背景词的向量平均值，w_o 是中心词，w_k 依然是从词典全集中随机抽取的词。

5. 下采样

出现频率非常低 (比如少于 5 次) 的词在数据预处理阶段就要删掉，这些词可以分为以下两种。

1) 根本就不是一个词，只是分词器把它识别成了一个词。

2) 生僻词，这些词由于出现的频次少，得不到充分的训练，所以最终得到的词向量也不准确，而且它们还会干扰其他词向量的准确度。

一般语料中低频词都占相当一部分比例，把它们去掉后可以加快训练速度。

对于频率非常高 (比如前 5%) 的词要进行采样，选中了就留下来，没有选中就删掉，比如“我们”这个词在语料中出现了 10000 次，经过采样后其中 6000 个保留了下来，其他 4000 个被删掉。词 w_i 被删掉的概率为

$$p(w_i) = 1 - \sqrt{\frac{t}{f(w_i)}}$$

式中，t 是高频词阈值，即只有当词频高于 t 时才对其进行采样删除。这种采样删除法被称为下采样 (Subsampling)。

对高频词下采样可以缩小语料集，提高训练速度，但会不会降低准确率呢? 实际恰好相反，下采样可以显著提高准确率。因为高频词会和很多词出现在同一个时间窗口内，所以它在向量空间里的“吸引力”就会比较大，其他词都向它靠拢，跟它的相似度比较高，而本来相似的词距离反而被拉大。下采样可以消弱高频词的“吸引力”，让其他词回归本来该在的位置，让语义相似的词距离缩小。

7.1.2 fastText

简单地说 fastText 就是基于子词的 skip-gram 模型，所谓子词就是子串，比如“where” 这个单词包含如下子词：

$$\text{w, h, e, r, wh, he, er, re, whe, her, ere, wher, here, where}$$

word2vec 只学习词的向量，而忽略了子词中包含的信息，比如前缀 wh 经常表示某个疑问，fastText 把所有子词的向量都学习出来，这对于推断整词的含义是有帮助的。用 $\mathcal{G}_w$ 表示词 w 的所有子词构成的集合，$g \in \mathcal{G}_w$，z_g 表示子词 g 的向量。通常 fastText 只会使用长度在 3~6 的子词，另外单词本身总会被包含在子词当中。每个单词都会加前缀 “<” 和后缀 “>”，这样 “where” 就变成 “<where>”，它的长度为 3 的子词有：

$$< \text{wh, whe, her, ere, re} >$$

加上前后缀有以下两个好处。

1) wh 作为前缀时是 “<wh”，作为中间词时是 “wh”，它们应该具有不同的语义，所以在模型中对应的向量也是不同的。后缀 re 同理。

2) her 作为一个完整单词时是 “<her>”，作为子词时是 “her”，它们也应该具有不同的词向量。

介绍完子词再来说跳字模型，式 (7-6) 用 softmax 来表示词 w_o 出现在词 w_c 的背景中的概率，这个公式可以进一步泛化为

$$p(w_o|w_c) = \frac{\mathrm{e}^{s(w_o,w_c)}}{\sum\limits_{i\in\mathcal{V}} \mathrm{e}^{s(w_i,w_c)}}$$

s 是一个函数，在式 (7-6) 中

$$s(w_o, w_c) = u_c \cdot v_o \tag{7-9}$$

fastText 为了把子词向量纳入到模型中，它把函数 s 设计为

$$s(w_o, w_c) = \sum_{g\in\mathcal{G}_{w_c}} z_g \cdot v_o \tag{7-10}$$

对比式 (7-9) 和式 (7-10)，我们发现 fastText 实际上就是用子词的向量和 $\sum\limits_{g\in\mathcal{G}_{w_c}} z_g$ 来表示整个词的向量 u_c，因此 fastText 可以计算未登录词的词向量，只要它的子词在训练语料中出现过。

7.1.3 GloVe

GloVe 的全称是 Global Vector，之所以叫 Global 是因为这个模型需要在全部语料集上统计两个词的共现次数。在给定窗口内同时出现的词称它们为共现，设 x_i 是词 i 在语料中出现的次数，x_{ik} 是词 i 和词 k 的共现次数，则词 k 出现在词 i 的背景中的概率为

$$P_{ik} = P(k|i) = \frac{x_{ik}}{x_i} \tag{7-11}$$

我们把 P_{ik}、$P(k|i)$ 称为共现概率。word2vec 是以似然函数作为目标函数的，而似然函数是一系列共现概率的乘积，GloVe 模型则认为共现概率的比值比共现概率本身更能精确地表达语义。GloVe 的作者在他们的语料集上得到了表 7-1 所示的统计结果。

表 7-1　GloVe 语料统计

共现概率及比值	k=solid	k=gas	k=water	k=fashion
$P(k\|\text{ice})$	1.9×10^{-4}	6.6×10^{-5}	3.0×10^{-3}	1.7×10^{-5}
$P(k\|\text{steam})$	2.2×10^{-5}	7.8×10^{-4}	2.2×10^{-3}	1.8×10^{-5}
$P(k\|\text{ice})/P(k\|\text{steam})$	8.9	8.5×10^{-2}	1.36	0.96

如果只看共现概率，在第一行 $P(\text{water}|\text{ice})$ 最大，但事实上 ice 属于 solid，第二行 $P(\text{water}|\text{steam})$ 最大，但事实上 steam 属于 gas，所以此处共现概率是失灵的，之所以会出现这种情况是因为 water 在语料中出现的频率很高，它和很多词都经常共现。与此同时共现概率的比值能准确地表达语义，在第三行中 $P(\text{solid}|\text{ice})/P(\text{solid}|\text{steam})$ 很大说明 ice 与 solid 很接近，同时 steam 与 solid 很远，$P(\text{gas}|\text{ice})/P(\text{gas}|\text{steam})$ 很小说明 ice 与 gas 很远，同时 steam 与 gas 很近，water、fashion 与 ice、steam 都不相关，所以对应的比值都接近于 1。因此我们要构造一个函数 F 去拟合共现概率的比值。

$$F(w_i, w_j, w_k) = \frac{P_{ik}}{P_{jk}} \tag{7-12}$$

函数 $F(w_i, w_j, w_k)$ 中要能够体现 w_i 与 w_k 的距离，和 w_j 与 w_k 的距离之间的差异，在向量空间里距离可以用向量内积来表示，差异可以用向量的差来表示，于是 F 可以是这种形式：

$$F(w_i, w_j, w_k) = F((w_i - w_j) \cdot w_k) \tag{7-13}$$

GloVe 只关心两词的共现概率，并不想区分哪个是中心词，哪个是背景词，所以颠倒 i、j 和 k 的角色应该不影响函数 F 的值，于是

$$F((w_i - w_j) \cdot w_k) = \frac{F(w_i \cdot w_k)}{F(w_j \cdot w_k)} \tag{7-14}$$

结合式 (7-12)、式 (7-14) 有

$$F(w_i \cdot w_k) = P_{ik} = \frac{x_{ik}}{x_i} \tag{7-15}$$

当 F 为指数函数时可以满足式 (7-14)，所以

$$w_i \cdot w_k = \log(P_{ik}) = \log(x_{ik}) - \log(x_i) \tag{7-16}$$

式 (7-16) 中 k 和 i 的角色依然不是对等的，继续调整为

$$w_i \cdot w_k = \log(x_{ik}) - b_i - b_k \tag{7-17}$$

为了避免 $\log(x_{ik}) = 0$，做个微调即 $\log(x_{ik}) \to \log(x_{ik} + 1)$。模型训练时就用 $w_i \cdot w_k + b_i + b_k$ 去拟合共现次数的对数 $\log(x_{ik} + 1)$，拟合误差作为损失函数。

$$loss = \sum_{i,k \in \mathcal{V}} f(x_{ik}) \left(w_i \cdot w_k + b_i + b_k - \log(x_{ik} + 1)\right)^2$$

其中 $f(x_{ik})$ 是非负数，表示误差的权重，显然词 i 和 k 的共现次数 x_{ik} 越大其权重就应该越大，f 函数可以设计成这样：

$$f(x)=\begin{cases}(x/x_{\max})^{\alpha}, & \text{若 } x<x_{\max}\\ 1, & \text{若 } x\geqslant x_{\max}\end{cases}$$

通常 α 取 0.75 效果比较好，这跟式 (7-7) 中的 0.75 是一种巧合。

7.1.4 算法实验对比

下面以在招聘网站中训练词向量以获得近义词词典为例进行算法实验对比。word2vec、fastText、GloVe 三种算法的参数设置见表 7-2，只有几百万条文本，词向量维度设为 100 就足够了，对于超级语料集可以将词向量维度设为 300。下采样比例通常设为 10^{-4}、10^{-5}。由于实验中的语料是汉语，所以在使用 fastText 时子词长度设为 1~6。GloVe 的迭代次数需要设得大一些才能趋于稳定。

表 7-2 词向量算法的参数设置

算法	词向量维度	窗口大小	负采样个数	下采样比例	迭代次数	$x_{\max}$
word2vec	100	5	10	1×10^{-5}	100	—
fastText	100	5	10	1×10^{-5}	100	—
GloVe	100	5	—	—	1000	100

fastText 还要训练子词向量，所以训练时间比 word2vec 长了许多，GloVe 模型简单，所以训练速度非常快。词向量模型训练时长见表 7-3。

表 7-3 词向量模型训练时长

算法	训练时长/min
word2vec	12
fastText	37
GloVe	4

因为 fastText 是 word2vec 的超集，所以效果比 word2vec 好一些，word2vec 的 badcase 在表 7-4 中已用下画线标出，fastText 没一例 badcase。GloVe 表现最糟糕。

fastText 的主要优势在于可以计算未登录词的向量，从表 7-5 来看，未登录词的近义词算得不够准确但还算合理，至少都属于同一个行业领域内的词。“精算师”是个严重的 badcase，这是由 fastText 的固有缺陷导致的，因为单个汉字在不同语境中的含义差别可能比较大，把各个子词的向量加起来作为整词的向量准确率自然要大打折扣。

表 7-4　训练结果抽查

词	Top5 近义词	算法
机器学习	数据挖掘，模式识别，推荐算法，信息检索，图像处理	word2vec
	模式识别，数据挖掘，推荐算法，图像处理，算法工程师	fastText
	数字信号处理，数据挖掘，rtb 广告，模式识别	GloVe
测试	测试开发，测试工程师，开发工程师，前端，测试经理	word2vec
	测试开发，数据测试，测试架构，系统测试，web 测试	fastText
	测试开发，开发工程师，得到，终端产品，tornado	GloVe
会计	审计，账务，税务，出纳，律师	word2vec
	总账会计，财务预决算，税务，总账会计，招会计	fastText
	hr • m，统计数据，应付，总账，诚聘	GloVe
人事	薪酬福利，hrbp，绩效，招聘，招聘专员	word2vec
	薪酬福利，hrbp，招聘，员工关系，hr	fastText
	stc，发日结，帮转，招聘经验，397	GloVe

表 7-5　fastText 计算未登录词的近义词

未登录词	Top5 近义词
精算师	精洁师，精干，精炼，总师，精彩
产品体验师	体验师，旅游体验师，创意思维，ota 电商，擅长产品体系职位
codis	code，redis，mybatis，compensation，dao 层作者
flume	lua，zigbee，yf，platform，dubbo

7.2　文档向量

文档向量化有两大流派，一种是基于 word2vec 算法，在计算词向量的同时完成文档向量的计算，另一种是基于主题模型，把文档假想成在多个主题上的分布。

7.2.1　Paragraph Vector

Paragraph Vector 跟 word2vec 的原理很像，其实它们的作者是同一个人 Tomas Mikolov，fastText 也有 Tomas Mikolov 的贡献。这里的 Paragraph 泛指句子、段落和文章。在 word2vec 的 CBoW 模型中既然可以用 context 中的其他词来预测缺失的那个词，那么该 context 所在的 paragraph 对预测缺失词应该也是有帮助的，把 Paragraph Vector 加入到 CBoW 模型中就是图 7-2，这个模型被称为 PV-DM(Distributed Memory Model of Paragraph Vectors)。

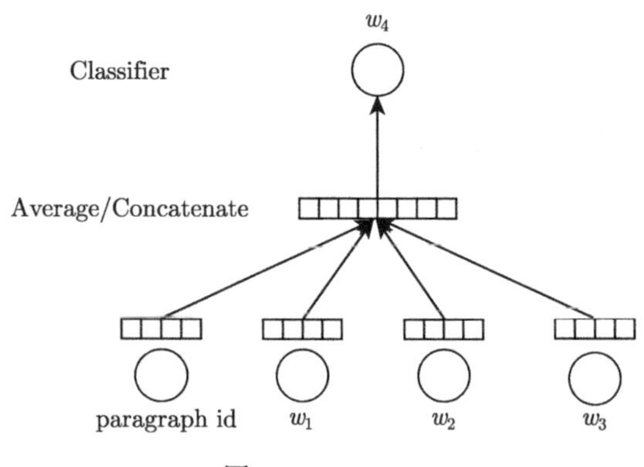

图 7-2　PV-DM

在模型训练阶段，以滑动窗口的方式从一段 paragraph 中截取固定长度的 context，每个 context 构成一条训练样本。Paragraph Vector 在它所生成的 context 中是共享的，Word Vector 在整个语料集上是共享的。网络第二层使用 Average 操作计算会比较简单，使用 Concatenate 操作模型参数会比较多，Average 操作丢弃了一个 context 内词的顺序信息，而 Concatenate 会保留词序信息，并且使用 Concatenate 的话，Paragraph Vector 和 Word Vector 的长度可以不一样。第三层的 Classifier 本来是 softmax，但这样计算量太大，所以可采用近似法，比如层序 softmax 或负采样。值得一提的是 Tomas Mikolov 在实验中保留了所有的标点符号，即把标点符号也当成普通的 word 来训练，这样得到的 Paragraph Vector 可能会更精确。当 paragraph 的长度小于 context 的固定长度时，Tomas Mikolov 在 paragraph 的头部填充 “NULL” 字符，之所以在头部填充而非尾部，是因为最后一个 word 是被预测的对象。这是个无监督的学习方法，最终将得到所有 paragraph 和 word 的向量，以及 Classifier 参数。

新来一个 paragraph 我们可以预测出它的 vector。因为所有的 Word Vector 和 Classifier 参数都已经学好了，在图 7-2 所示的模型中只有 Paragraph Vector 是未知参数，可以随机初始化 Paragraph Vector，使用梯度下降法来更新它，直到稳定，通常这个训练过程会很快完成。

仿照 word2vec 的 Skip-gram 模型可以得到另一种 Paragraph Vector 算法：PV-DBOW(Distributed Bag of Words version of Paragraph Vector)，如图 7-3 所示。Skip-gram 是用一个 word 去预测同 context 中的其他 word，而在 PV-DBOW 模型中是用 Paragraph Vector 去预测该 paragraph 中的任意一个 word。单独的 PV-DBOW 模型没有 PV-DM 效果好，通常 PV-DM 就能够很好地完成各种自然语言处理任务，如果把 PV-DM 和 PV-DBOW 得到的 paragraph 向量拼接起来效果会更佳。

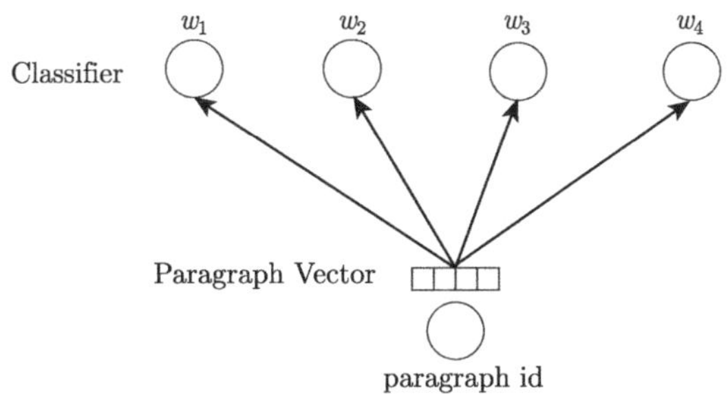

图 7-3　PV-DBOW

如果 paragraph 比较短，其实有更简单的向量化方法：直接对各个词的向量求平均值得到 paragraph 的向量，这种方法均等地考虑了每一个词。还有一种方法是在词向量的每一个维度上取 max，这相当于只考虑最重要的信息，忽略次要信息。第三种方法是对前两种方法的中和，即把 Average 向量和 max 向量拼接起来作为 paragraph 的向量。在工程实践中直接求平均通常能获得出奇的效果。

其实还有一些神经网络可以将文档向量化，比如卷积神经网络 (Convolution Neural Network, CNN) 和循环神经网络 (Recurrent Neural Network, RNN)，后面将一一介绍。

7.2.2　LDA

LDA(Latent Dirichlet Allocation) 是一种传统的计算文档向量的方法，它认为一篇文档中包含了多个主题，文档在这些主题上的概率分布就是文档的向量表示。吉布斯采样 (Gibbs Sampling) 是一种基于马尔科夫蒙特卡洛 (Markov Chain Monte Carlo, MCMC) 的算法，通过吉布斯采样可以近似计算出 LDA 中的概率参数。

1. 吉布斯采样

线性马尔可夫链是一种最简单的有向图结构，它就是一个单向的链条，也就是说每一个节点只受它前面一个节点的影响。现有一个线性马尔可夫链的例子，一个社会系统中按经济条件分为 3 种等级的人，低层、中层和上层，将 3 种人群的分布看成是社会状态，每一代人的社会状态只取决于上一代人的社会状态，已知 3 种等级之间相互转换的概率矩阵 P 见表 7-6。

表 7-6　3 种等级之间相互转换的概率矩阵 P

状态		子代		
		低层	中层	上层
父代	低层	0.65	0.28	0.07
	中层	0.15	0.67	0.18
	上层	0.12	0.36	0.52

假设第一代人 3 种等级的占比为 $\pi_0 = [0.21, 0.68, 0.11]$，则第二代人的概率分布为 $\pi_1 = \pi_0 P$，第 $n+1$ 代人的分布为 $\pi_{n+1} = \pi_n P = \pi_0 P^n$。通过迭代计算我们发现从某一代开始，概率分布 π 稳定了，即 $\pi_n = \pi_{n+1} = \pi_{n+2} = \cdots$，而且这种平稳性跟初始分布 π_0 没有关系，只跟状态转移矩阵 P 有关系，也就是说从某一代开始 $P^n = P^{n+1} = P^{n+2} = \cdots$。

从第 n 代开始，我们从每一代中抽取一个样本，即 $X_n \sim \pi_n(x), X_{n+1} \sim \pi_{n+1}(x), X_{n+2} \sim \pi_{n+2}(x), \cdots$，那么 $X_n, X_{n+1}, X_{n+2}, \cdots$ 实际上来自于相同的分布 π_n (注意它们并不独立)。这正是所有 MCMC 方法的理论基础。

那么，什么样的状态转移矩阵才能使马尔可夫链达到平衡状态呢？细致平稳条件给出了答案。

定理 7.1 *(细致平稳条件 Detiled Balance Condition)*　如果非周期马尔可夫链的转移矩阵 P 和分布 $\pi(x)$ 满足

$$\pi(i)P_{ij} = \pi(j)P_{ji}$$

则 $\pi(x)$ 是马尔可夫链的平稳分布。

证明：$\pi_{n+1}(j) = \sum\limits_i \pi_n(i)P_{ij} = \sum\limits_i \pi_n(j)P_{ji} = \pi_n(j)\sum\limits_i P_{ji} = \pi_n(j)$

$$\therefore\ \pi_{n+1} = \pi_n$$

怎么才能构造成满足细致平稳条件的转移概率呢？吉布斯采样是一种简单可行的方法。考查二维情形的概率分布 $p(x,y)$，有

$$
\begin{aligned}
p(x_1,y_1)p(y_2|x_1) &= p(x_1)p(y_1|x_1)p(y_2|x_1)\\
p(x_1,y_2)p(y_1|x_1) &= p(x_1)p(y_2|x_1)p(y_1|x_1)\\
\therefore\ p(x_1,y_1)p(y_2|x_1) &= p(x_1,y_2)p(y_1|x_1)
\end{aligned}
$$

如果把 $(x_1,y_1),(x_1,y_2)$ 看作二维坐标上的点 A 和 B，如图 7-4 所示，则有 $p(A)p(y_2|x_1)=p(B)p(y_1|x_1)$。在 $x=x_1$ 这条平行于 y 轴的直线上，如果用条件分布 $p(y|x_1)$ 作为两点之间的转移概率，则任意两点之间的转移都满足细致平稳条件。同样的结论可以类推到 $y=y_1$ 这条平行于 x 轴的直线上。于是二维数据的吉布斯采样算法就浮出了水面。

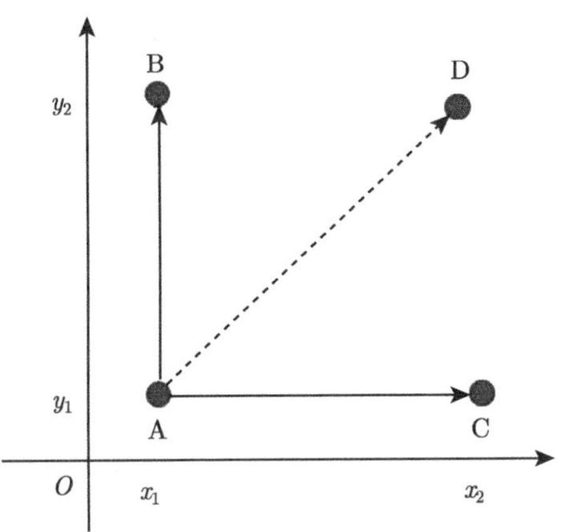

图 7-4 二维平面上马尔可夫链转移矩阵的构造

算法 7-1 二维吉布斯采样算法

---

1. 随机初始化 $X_0=x_0,Y_0=y_0$
2. 对 $t=0,1,2,\cdots$ 循环采样

   ① $y_{t+1}\sim p(y|x_t)$

   ② $x_{t+1}\sim p(x|y_{t+1})$

把二维推广到更高维度，得任意维度的吉布斯采样算法。

算法 7-2 n 维吉布斯采样算法

1. 随机初始化 $X_i, i \in [1, 2, \cdots, n]$
2. 对 $t = 0, 1, 2, \cdots$ 循环采样
   ① $x_1^{(t+1)} \sim p(x_1|x_2^{(t)}, x_3^{(t)}, \cdots, x_n^{(t)})$
   ② $x_2^{(t+1)} \sim p(x_2|x_1^{(t+1)}, x_3^{(t)}, \cdots, x_n^{(t)})$
   ③ $\cdots$
   ④ $x_j^{(t+1)} \sim p(x_j|x_1^{(t+1)}, \cdots, x_{j-1}^{(t+1)}, x_{j+1}^{(t)}, \cdots, x_n^{(t)})$
   ⑤ $\cdots$
   ⑥ $x_n^{(t+1)} \sim p(x_n|x_1^{(t+1)}, x_2^{(t+1)}, \cdots, x_{n-1}^{(t+1)})$

轮换着坐标轴采样并不是强制的，在 t 时刻可以任意地选择一个坐标轴然后按条件概率进行转移，马尔可夫链也同样收敛。

吉布斯采样构造了一种状态转移的方法，使得概率分布最终会趋于稳定。但是需要演化多少代才会趋于稳定并没有理论的说法，经验上取几百或几千代。另外稳定后相邻两代之间的样本不是独立的，为消除这种相关性一般会每隔几十或几百代才取一个样本。

2. LDA 模型及求解

LDA(Latent Dirichlet Allocation) 是一种基于主题的自然语言模型，它认为文档 d 中的每个词 w 都属于某个主题 z。我们把每篇文章都看成是一个 A 类骰子，骰子的每一面代表一个主题。每个主题都对应一个 B 类骰子，骰子的每一面都代表一个词。上帝要写一篇文章 d 时他先拿起该文章对应的 A 类骰子，一抛，着地的那一面所代表的主题 z 被上帝选中。然后他又拿起 z 对应的 B 类骰子一抛，着地的那一面所代表的词 w 被上帝写在了纸上。重复上述抛 A 类骰子、抛 B 类骰子的过程，就生成了一篇文章。每个 A 类骰子对应一个多项分布 $p(z|d)$，每个 B 类骰子对应一个多项分布 $p(w|z)$，那么在文档 d_i 中看到词 w_j 的概率可以表示为 $p(d_i, w_j) = p(z_k|d_i)p(w_j|z_k)$。跟 HMM 一样，LDA 也是概率有向图模型，同时也是生成模型。LDA 概率图模型如图 7-5 所示。

通常人们利用 LDA 想得到的是 $p(z|d)$，这样就可以把文档表示成主题向量，然后计算文档相似度、做文本分类或聚类了。生成模型的基本思路是先求联合概率 $p(d, z, w)$，每篇文档每个词背后对应的主题知道后，再统计一下文档中各个主题分

别出现多少次就得到 $p(z|d)$ 了。现在问题的关键是：如何求语料中每个词背后的主题。事实上，如果能求得每篇文档中每个词背后主题的分布 $p(z|d_i, w_j)$，从这个分布中抽取一个 z 作为词背后的主题就可以了。

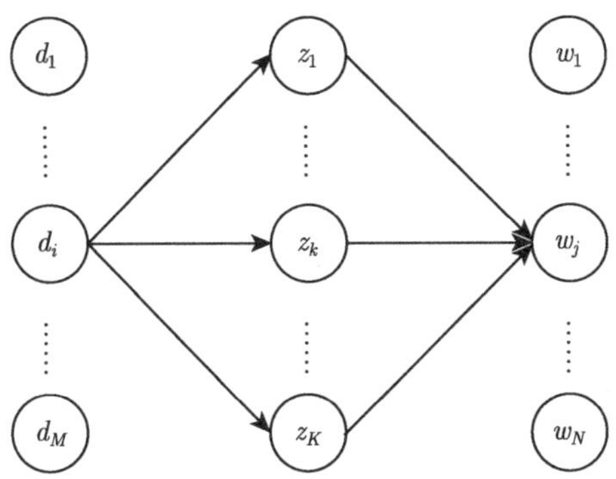

图 7-5　LDA 概率图模型

顺着主题模型生成文档的过程，$p(z_k|d_i)$ 和 $p(w_j|z_k)$ 都叫作条件概率 (或者叫似然概率)，在 $p(z_k|d_i)$ 中 d_i 是因 z_k 是果，在 $p(w_j|z_k)$ 中 z_k 是因 w_j 是果，"由因得果" 就叫条件概率。反过来 "执果寻因" 就叫后验概率，即观察到了系统的输入和输出，去探寻系统内部的运作机理，$p(z_k|d_i, w_j)$ 就是后验概率。前文我们讲过贝叶斯估计和共轭先验，这里马上要用到。极大似然估计 (Maximum Likelihood Estimate, MLE) 极大化的是似然概率，而贝叶斯估计极大化的是后验概率，并且后验概率正比于似然概率和先验概率的乘积。

$$\text{posterior} \propto \text{likelihood} * \text{prior} \tag{7-18}$$

$p(z_k|d_i)$ 和 $p(w_j|z_k)$ 这两个似然概率是多项分布，多项分布的概率函数为

$$p(n_1, n_2, \cdots n_r) = \frac{N!}{n_1!n_2!\cdots n_r!} p_1^{n_1} p_2^{n_2} \cdots p_r^{n_r} = \binom{N}{\vec{n}} \prod_{k=1}^{K} p_k^{n_k}$$

p_i 是事件 i 发生的概率，n_i 是事件 i 发生的次数，N 是所有事件发生的总次数。我们挑选一个先验函数，使之跟似然函数有相同的形式，于是选中了 Dirichlet 函数。

$$\text{Dir}(\vec{p}|\vec{\alpha}) = \frac{\Gamma(\sum_{k=1}^{K} \alpha_k)}{\prod_{k=1}^{K} \Gamma(\alpha_k)} \prod_{k=1}^{K} p_k^{\alpha_k - 1}$$

对于整数 n, $\Gamma(n)=(n-1)!$。显然当似然函数是多项分布，先验函数是 Dirichlet 分布时，后验函数也是一个 Dirichlet 函数，并且它们的参数之间存在这样的关系：

$$\mathrm{Dir}(\vec{p}|\vec{\alpha}) * \mathrm{MultiCount}(\vec{n}) = \mathrm{Dir}(\vec{p}|\vec{\alpha}+\vec{n}) \tag{7-19}$$

当随机变量 X 的概率密度函数为 $\mathrm{Dir}(X;\vec{\alpha})$ 时，它的期望 $\mathrm{E}(X=x_k)=\alpha_k/\sum_{k=1}^{K}\alpha_k$。所以后验分布 $\mathrm{Dir}(\vec{p}|\vec{\alpha}+\vec{n})$ 的期望为

$$\mathrm{E}(\vec{p}) = \left(\frac{n_1+\alpha_1}{\sum_{i=1}^{V}(n_i+\alpha_i)}, \frac{n_2+\alpha_2}{\sum_{i-1}^{V}(n_i+\alpha_i)}, \cdots, \frac{n_V+\alpha_V}{\sum_{i=1}^{V}(n_i+\alpha_i)}\right)$$

n_i 是事件 i 在实验中发生的次数，先验分布参数 α_i 可以理解为事件 i 的先验计数，通常取各个 α_i 的值都相同。

设 $p(z_k|d_i)$ 的先验分布是参数为 $\vec{\alpha}$ 的 Dirichlet 分布，$p(w_j|z_k)$ 的先验分布是参数为 $\vec{\beta}$ 的 Dirichlet 分布。根据贝叶斯参数估计的思想，有

$$p(w_j|z_k) = \frac{count_k^{(j)}+\beta_j}{\sum_{j=1}^{N} count_k^{(j)}+\beta_j} \tag{7-20}$$

$$p(z_k|d_i) = \frac{count_i^{(k)}+\alpha_k}{\sum_{k=1}^{K} count_i^{(k)}+\alpha_k} \tag{7-21}$$

其中 $count_k^{(j)}$ 表示主题 k 下出现第 j 个词的次数，$count_i^{(k)}$ 表示文档 i 中出现第 k 个主题的次数。在 LDA 中，每个词属于某个确定的主题，所以 $count_k^{(n)}$ 和 $count_i^{(k)}$ 直接统计计数即可得。

把词背后的主题 z 当成隐含变量，很自然地可以想到用 EM 算法来求解。这里介绍另一种求解 LDA 模型的方法：Gibbs Sampling。其基本思路是假定除当前词外，语料中其他所有词背后的主题都是已知的，从已知的分布中抽取一个主题分配给当前词。然后迭代到下一个词，重复执行上述过程。用 $\vec{z}_{\neg(i,j)}$ 表示除第 i 篇文档中的第 j 个词之外其他所有词对应的主题。

$$p(z_k|\vec{z}_{\neg(i,j)},\vec{w}) \propto \frac{count_{i,\neg(i,j)}^{(k)}+\alpha_k}{\sum_{k=1}^{K} count_{i,\neg(i,j)}^{(k)}+\alpha_k} * \frac{count_{k,\neg(i,j)}^{(j)}+\beta_j}{\sum_{j=1}^{N} count_{k,\neg(i,j)}^{(j)}+\beta_j} \tag{7-22}$$

从概率分布式 (7-22) 中抽取一个样本 z_k，$z_k \sim p(z_k|\vec{z}_{\neg(i,j)},\vec{w})$，赋给 (d_i,w_j)。

算法 7-3 用 Gibbs Sampling 求 LDA 模型参数

1. 对语料库中每篇文档中的每个词随机赋一个主题。
2. while iteration < max_iteration:

    for w in corpus:

        从分布 (7-22) 中抽样一个 z_k，更新 w 所属的主题

    if 每个词所属的主题都收敛:

        break

3. 统计语料库中 topic-word 的共现频率，得到 $p(w_j|z_k)$。统计语料库中 doctopic 的共现频率，得到 $p(z_k|d_i)$。

第 8 章 树模型

树模型是中等数据规模、中等问题复杂度领域的“霸主”。首先，相对于线性模型，树结构本身具有更灵活的表达能力。其次，集成模式与树模型的结合可以发挥更大的威力。

8.1 决策树

所有机器学习算法都是帮助人们做决策的，所以“决策树”这个名字的重点在“树”。绝大多数的决策问题都可以抽象为分类问题和回归问题，比如北京明天是什么天气、坐在你旁边的乘客是什么职业、匿名社区的一名成员是男还是女，这些都是分类问题。明天大盘会涨多少、下一个小时肯德基将卖出多少个鸡腿堡、今年十一故宫会迎来多少游客，这些都是回归问题，或者叫拟合问题。相应地，决策树也包括分类树和回归树。

图 8-1 是一棵简单的决策树，它的目标是根据人的头发长度、身高和体重判断

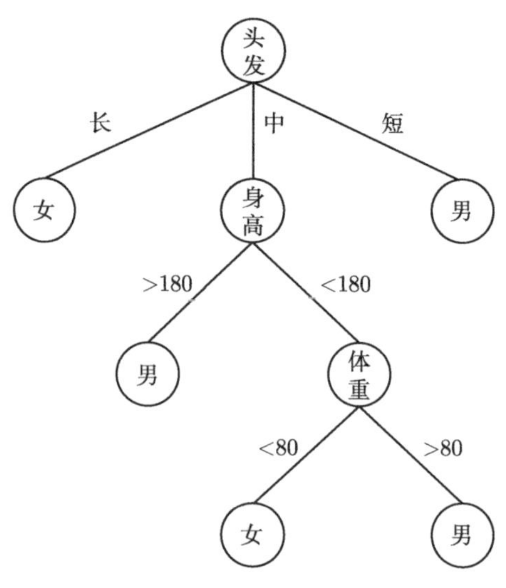

图 8-1 决策树

其性别，当然这基于事先已经有了一定量的训练数据。一棵好的决策树应该尽可能简单，“简单”指树的高度比较低，节点分叉比较少。为什么一定要简单呢？试想如果有 N 个样本，其中不存在特征完全一样而标签值不一样的情况，那么我们可以构造出一棵有 N 个叶节点的决策树，每个叶节点对应一个样本，那么它在训练集上的准确度为 100%。这样的决策树好比在 KNN 算法中把 K 设成 1，此时会出现严重的过拟合。所以我们通常会牺牲一些训练集上的准确率，构造一棵比较简单的决策树，以期在未知样本上取得较高的准确率。另外，树越简单，预测耗时就越短。

8.1.1 分类树

单从提高准确率的角度出发，分类树的目标是使落入同一个叶节点内的样本类别标签都一样，当然，避免过拟合这一目标很难实现，但我们仍然希望每个叶节点上类别标签越“纯”越好。比如叶节点 A 上有 10 个红样本、1 个黑样本、1 个蓝样本，叶节点 B 上有 4 个红样本、4 个黑样本、4 个蓝样本，显然叶节点 A 比叶节点 B“纯度”要高。纯度有很多度量方法，最常见的就是信息熵 (Entropy), 式 (8-1) 是信息熵的计算公式，p_i 表示系统中状态 i 出现的概率，log 默认以 2 为底数，熵越小纯度越高，熵等于 0 代表纯度是 100%。

$$H = -\sum_i p_i \log p_i \tag{8-1}$$

分别算一下节点 A 和节点 B 的信息熵，$H(A) < H(B)$，所以节点 A 的纯度更高一些。

$$H(A) = -\frac{10}{12}\log\frac{10}{12} - \frac{1}{12}\log\frac{1}{12} - \frac{1}{12}\log\frac{1}{12} = 0.81669$$

$$H(B) = -\frac{4}{12}\log\frac{4}{12} - \frac{4}{12}\log\frac{4}{12} - \frac{4}{12}\log\frac{4}{12} = 1.58496$$

决策树的终极目标是使系统的熵达到最小，同时决策树又是贪心算法，所以它的每一次节点分裂都希望熵减小得尽可能多，分裂前的熵与分裂后的熵之差就是信息增益 (Information Gain, IG)。以图 8-2 为例，如果以头发长度作为节点分裂依据，其信息增益的计算方法如下：

$$H(\text{性别}) = -\frac{100}{200}\log\frac{100}{200} - \frac{100}{200}\log\frac{100}{200} = 1$$

$$H(\text{性别} \mid \text{头发长度} = \text{长}) = -\frac{5}{55}\log\frac{5}{55} - \frac{50}{55}\log\frac{50}{55} = 0.439497$$

$$H(\text{性别} \mid \text{头发长度}=\text{中}) = -\frac{50}{90}\log\frac{50}{90} - \frac{40}{90}\log\frac{40}{90} = 0.9910761$$

$$H(\text{性别} \mid \text{头发长度}=\text{短}) = -\frac{45}{55}\log\frac{45}{55} - \frac{10}{55}\log\frac{10}{55} = 0.6840384$$

$$\begin{aligned} H(\text{性别} \mid \text{头发长度}) = & \frac{55}{200}H(\text{性别} \mid \text{头发长度}=\text{长}) + \\ & \frac{90}{200}H(\text{性别} \mid \text{头发长度}=\text{中}) + \\ & \frac{55}{200}H(\text{性别} \mid \text{头发长度}=\text{短}) \\ = & 0.75495648 \end{aligned}$$

$$IG(\text{头发长度}) = H(\text{性别}) - H(\text{性别} \mid \text{头发长度}) = 0.24504352$$

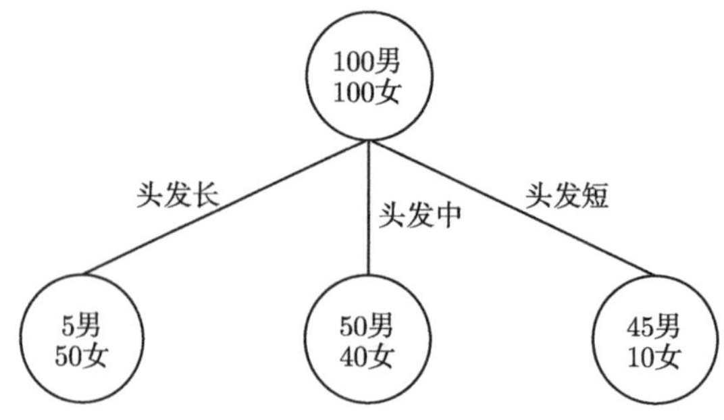

图 8-2　按头发长度分裂

如果有另外一个离散特征，例如皮肤，其取值有黑、白两种，按肤色分裂如图 8-3 所示。

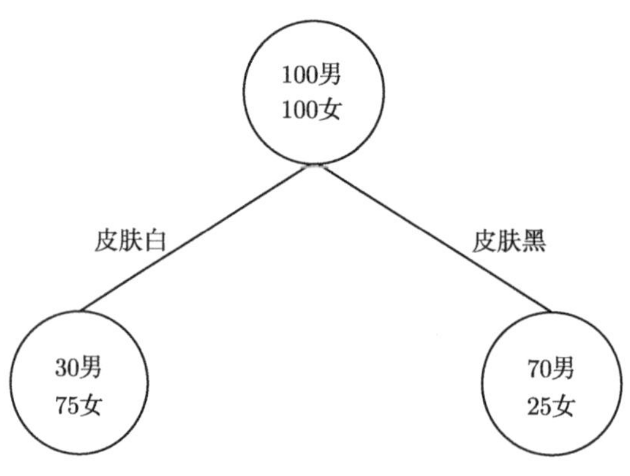

图 8-3　按肤色分裂

$$IG(\text{肤色}) = 1 - \frac{105}{200} * 0.86312 - \frac{95}{200} * 0.83147 = 0.15191 < IG(\text{头发长度})$$

所以按头发长度分裂是更好的选择。

根据信息增益来选择分裂特征也存在一些问题。通常来讲，如果一个离散变量的取值比较多，那么它的每个子节点中的样本就会比较纯，该特征对应的信息增益就比较大；相反，如果一个离散变量的取值比较少，那么它的子节点纯度就不容易达到很高的水平。贪心法则只看眼前，它选择那个信息增益最大的特征进行分裂，这样会倾向于选择取值比较多的离散特征。但是从总体来看，节点的分支比较多容易使决策树的复杂度变高，这是我们不希望看到的结果。

按照特征 V 分裂后，原先的样本集变成 N 个子集，第 i 个子集占原来的比例为 p_i，可以算出样本集关于特征 V 各种取值的熵：

$$H(V) = -\sum_{i=1}^{N} p_i \log p_i$$

定义信息增益率 (Information Gain Ratio) 为

$$IG\_Ratio(V) = \frac{IG(V)}{H(V)}$$

取值比较多的特征其 $H(V)$ 通常比较大，所以信息增益率实际上是在信息增益的基础上对分支比较多的情况进行了一定的“惩罚”，以期降低树的复杂度。

$$H(\text{头发长度}) = -\frac{55}{200}\log\frac{55}{200} - \frac{90}{200}\log\frac{90}{200} - \frac{55}{200}\log\frac{55}{200} = 1.542774454$$

$$H(\text{肤色}) = -\frac{105}{200}\log\frac{105}{200} - \frac{95}{200}\log\frac{95}{200} = 0.998195879$$

$$IG\_Ratio(\text{头发长度}) = \frac{IG(\text{头发长度})}{H(\text{头发长度})} = 0.158833016$$

$$IG\_Ratio(\text{肤色}) = \frac{IG(\text{肤色})}{H(\text{肤色})} = 0.152184559$$

头发长度的信息增益比肤色高出很多，但如果按信息增益率比较，头发长度的优势就没那么明显，它只是勉强高于肤色。

对于身高、体重这种连续特征，最暴力的方法是穷举所有的分割点，小于分割点的样本划入左孩子节点，大于分割点的样本划入右孩子节点，然后再计算信息增益。假设训练样本在某个连续特征上有 m 种不同的取值，那么该特征就有 $m-1$

种分裂方法，相应地需要计算 $m-1$ 个信息增益，这种计算量是非常大的。有些分裂点是没有必要尝试的，见表 8-1，所有样本按身高升序排好，171、172、173 这三种身高的都是女性，我们把这种用户归到 f 组，节点分裂有以下 3 种情况。

方案 1：把 f 组的用户全部划分到左子节点。

方案 2：把 f 组的用户全部划分到右子节点。

方案 3：把 f 组的用户拆分开，划到不同的子节点。

① 取 171.5 为分割点。

② 取 172.5 为分割点。

表 8-1　连续特征分割点的选取

女	男	女	男	女
169	170	171　172　173	174	175

按照方案 1 或方案 2 分裂，分裂后的熵都是 0.80136；按照方案 3-1 或 3-2 分裂，分裂后的熵都是 0.85714。方案 3 的信息增益小于方案 1、2，即 f 组的样本划分到同一个子节点会取得更高的信息增益。直观上这也比较好理解，身高 171、172、173 本来属于同一个类别，把它们放在一起应该比把它们拆分开的纯度要高。这里有一个结论：样本按某个维度升序排好后，只有在分类标签发生跳变的地方才需要进行分割尝试，在其他地方分割不会产生更大的信息增益值。

8.1.2　回归树

回归树跟分类树的唯一区别就在于因变量从离散值变成了连续值，目标函数或损失函数的表达形式变了。当因变量是离散值时可以用熵来度量“纯度”，当因变量是连续值时可以用 Gini 系数来衡量纯度。Gini 系数界于 0 和 1 之间，它跟纯度负相关，Gini 系数为 0 是最纯的状态。Gini 系数刚提出来时是为了度量社会收入分配的均衡程度，设社会中一共有 N 个人，按收入从低到高排好序，从第 1 个人到第 i 个人的收入之和占社会总财富的比例为 y_i，这 i 个人占社会总人口的比例为 x_i，显然 $y_n=1$，$x_n=1$。$y=f(x)$ 函数图像对应图 8-4 中的那条弧线，弧线以下的面积为 B。如果每个人的收入都是一样的，那么 $y=f(x)$ 函数图像就是图 8-4 中斜 45 度的那条对角线，对角线与弧线之间的面积为 A，面积 A 越小社会收入分配就越均衡。Gini 系数定义为

$$\text{Gini}=\frac{A}{A+B}$$

$$\because A + B = \frac{1}{2}$$

$$\therefore \text{Gini} = 2A = 1 - 2B$$

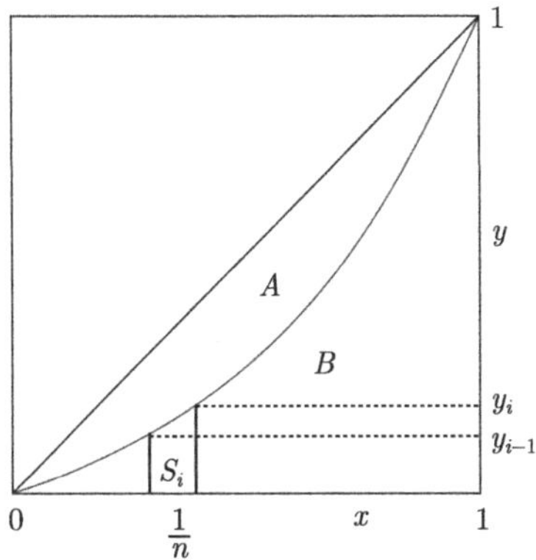

图 8-4 Gini 系数

下面用离散化的方法近似求面积 B。把 x 轴均匀划分成 n 等份，每份长度为 $1/n$，第 i 份对应的梯形面积为

$$S_i = \frac{y_{i-1} + y_i}{2n}$$

式中 $y_0 = 0; y_n = 1$。

$$B = \sum_{i=1}^{n} S_i = \frac{1}{2n}\left(2\sum_{i=1}^{n-1} y_i + y_0 + y_n\right) = \frac{1}{2n}\left(2\sum_{i=1}^{n-1} y_i + 1\right)$$

$$\text{Gini} = 1 - 2B = 1 - \frac{1}{n}\left(2\sum_{i=1}^{n-1} y_i + 1\right)$$

当叶节点的 Gini 系数足够小时就可以终止分裂，取叶节点中所有样本因变量的平均值作为回归拟合值。可见回归树的构建跟分类树的构建流程大体相同，主要区别在于“纯度”的衡量方式不一样，另外因变量不存在“跳变”的情况，在连续特征上选择分割点时需要暴力穷举 (后文会讲一些近似法)。

前文讲构造决策树都是以提高节点纯度为指导思想，贪心地进行分裂生长。其实回归树还有另外一种构建思路，就是先确定好损失函数表达式，每一次节点分裂都以最小化当前一步的损失函数为目标。比如以误差平方和 (Sum of Squares due to Error, SSE) 作为损失函数，选定特征及分割点后落入左子节点的样本用集合 L 表示，落入右子节点的样本用集合 R 表示，左右子节点对因变量的预测值分别为 $\hat{y}_L$ 和 $\hat{y}_R$。如图 8-5 所示。

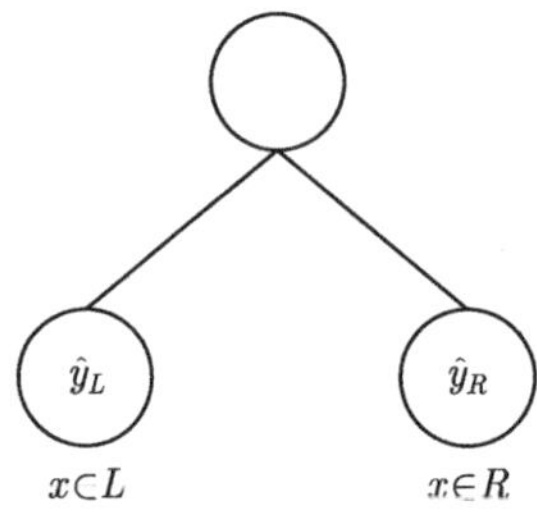

图 8-5　回归树节点分裂

当前一步的误差平方和为

$$SSE = SSE_L + SSE_R = \sum_{x_i \in L}(y_i - y_L)^2 + \sum_{x_j \in R}(y_j - y_R)^2$$

$$\min\ SSE = \min\ SSE_L + \min\ SSE_R$$

$$\min\ SSE_L = \min\ \sum_{x_i \in L} y_i^2 + |L|\hat{y}_L^2 - 2\hat{y}_L \sum_{x_i \in L} y_i$$

式中，$|L|$ 表示集合 L 中样本的个数，所以 $\hat{y}_L$ 的最优取值为 $\{y_i\}$ 的均值，此时最小化 SSE_L 就等价于最小化集合 L 内因变量的方差，而方差跟熵、Gini 系数一样，也是一种“纯度”的度量方式，这体现了最小化损失与最大化纯度思想的统一性。

$$\hat{y}_L^* = \frac{\sum_{x_i \in L} y_i}{|L|} = \overline{Y_L}$$

$$\min\ SSE_L = \min\ \sum_{x_i \in L}(y_i - \overline{Y_L})^2 = \min\ \mathrm{Var}(y_i; x_i \in L)$$

遍历所有特征，并且在连续特征上需要遍历每一个可能的分割点，找到使左方差与右方差之和最小的分裂方式。

$$\begin{aligned}\min\ SSE &= \min\ SSE_L + \min\ SSE_R \\ &= \min\ \mathrm{Var}(y_i; x_i \in L) + \min\ \mathrm{Var}(y_j; x_j \in R)\end{aligned}$$

显然，这样做在连续特征上计算量非常大，一种近似的方法是对于单个的连续特征只在分位点上尝试切分，比如 20 分位点就是把样本按某个维度本从小到大排好序，然后数量均等地分到 20 个桶里，分桶的切分点就是节点分裂时需要尝试的分割点。分位点选得越多越精确，但计算量也随之上升，通常选 20 个分位点就足够了。正常来讲，分位点需要在每次节点分裂时重新计算，因为每个节点上包含的样本都是不一样的，但是如果想提速，可以在决策树构造之前就把各个连续特征上的分位点定下来，并在每个节点上都使用这套分割点。

8.1.3 剪枝

剪枝分为先剪枝和后剪枝，先剪枝实际上并不存在真正的剪枝操作，它是指在构造决策树的过程中根据一定的条件判断是否应该停止生长，后剪枝是先构造出一棵比较深的树，然后再从降低过拟合的角度出发把一些子树剪掉。实践中先剪枝和后剪枝也可以结合使用，利用先剪枝的判断条件来终止树的生长，再用后剪枝的方法自底向上地把一些节点剪掉。

后剪枝的基本思路是：先准备一份标注好的验证数据集，并且确保训练集中不包含这些数据，构建好决策树后自底向上地把一个内部节点变为叶子节点，对比剪枝前后在验证集上的准确率，如果剪枝后在验证集上的准确率提升了，那么就果断剪枝，否则就停止剪枝。

后剪枝需要额外的验证集，并且有额外的计算量，先剪枝是在树生长的过程中自动判断是否停止，具体来讲有以下 4 种思路。

1) 事先设定树的最大深度，达到阈值时就停止生长。

2) 当叶节点包含的样本数少于阈值时，该节点停止分裂。

3) 当叶节点包含的样本纯度高于阈值时，该节点停止分裂，纯度可以用熵、Gini 系数及方差来衡量。

4) 目标函数中同时考虑准确率和树的复杂度，当目标值不再上升时就停止生长。

前 3 种方法比较简单，它们只是单方面地考虑了树的复杂度或准确率，方案 4 则是综合考虑，比较科学。以分类树为例，讲一下方案 4 的具体应用。首先定义损失函数为

$$loss = ErrorRatio + \frac{\gamma|T|}{m}$$

式中，$|T|$ 是叶节点个数；m 是样本总数；γ 是对树的复杂度的惩罚系数。设一个

叶节点中包含了 N 个样本，其中 E 个样本被分类错误，那么该叶子节点的损失为

$$loss_{不分裂} = \frac{E}{N} + \frac{\gamma}{N}$$

如果该节点再分裂生成 L 个子节点，第 i 个子节点包含 N_i 个样本，其中 E_i 个样本分类错误，则这些子节点的损失为

$$loss_{分裂} = \frac{\sum_{i=1}^{L} E_i}{N} + \frac{\gamma L}{N}$$

$$\sum_{i=1}^{L} E_i + \gamma L < E + \gamma \tag{8-2}$$

当满足式 (8-2) 时就继续分裂，否则就停止分裂。一种更保守的分裂思路是，不仅要满足式 (8-2)，而且还要留足够的置信区间。一个样本被分类错误服从伯努利分布，一次分裂导致的分错样本总数服从二项分布，二项分布的标准差为 $\sqrt{N*e*(1-e)}$，其中 N 为样本个数，e 为一个样本被分错的概率，$e = \left(\sum_{i=1}^{L} E_i + \gamma L\right)/N$，当 N 比较大时，二项分布近似于正态分布。正态分布落在区间 $[\mu-\sigma, \mu+\sigma]$ 外的样本很少，σ 是标准差，所以当式 (8-3) 满足时我们有足够大的置信度认为决策树继续分裂可以减小损失。

$$\sum_{i=1}^{L} E_i + \gamma L + \sqrt{N*e*(1-e)} < E + \gamma \tag{8-3}$$

以图 8-6 为例，取 $\gamma = 0.5$，父节点如果不分裂，则

$$E + \gamma = 7 + 0.5 = 7.5$$

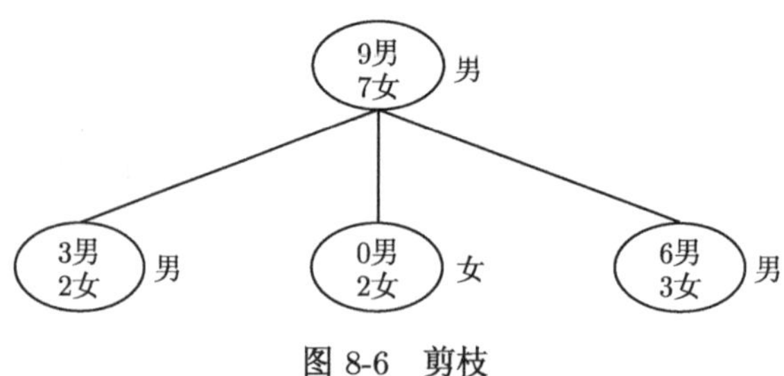

图 8-6 剪枝

父节点如果继续分裂产生 3 个子节点，分类错误率为

$$e=\frac{2+3+0.5*3}{16}=0.40625$$

$$\begin{aligned}\sum_{i=1}^{L}E_i+\gamma L+\sqrt{N*e*(1-e)}&=2+3+0.5*3+\sqrt{16*0.40625*(1-0.40625)}\\&=8.46\end{aligned}$$

因为 $8.46>7.5$，所以父节点应该作为叶子节点终止分裂。

8.2 随机森林

机器学习中有一种思想叫“集成”(Ensemble)，意思是说由于单个模型的精度不是很高，所以可以训练多个模型，并把它们结合起来形成一个更强大的模型，结合的方式有以下两种。

1) bagging，各个模型的训练互相独立，可以并行进行，最后做决策时大家进行投票，比如随机森林。

2) boosting，模型串行训练，后面的模型要用到前面的训练结果。比如 AdaBoost 和 XGBoost。

随机森林 (Random Forest, RF) 的思想是并行训练很多决策树，通常为几十到几百棵，最终决策时各棵树投票表决，比如对于分类问题投票最多的那个类别胜出，对于回归问题就取各棵树预测值的算术平均数。如果每棵树用的是同样的数据、同样的生成方式，那最终生成的决策树都是一样的，没有任何意义，所以随机森林在训练每棵树时执行了两个“随机”操作，以确保每棵树都是不一样的。

1) 随机选择部分样本进行训练 (称为行采样)。比如每棵树在训练之前先从训练集中随机抽取 50% 的样本，或者有放回地从训练集中随机抽取 N 条样本，$N\leqslant$ 训练集样本总数。

2) 随机选取部分特征进行训练 (称为列采样)。如果原始特征有 n 维，每棵树只选取其中 m 维，m 通常比 n 小很多，比如 $m=\sqrt{n}$。

这种随机操作有两个明显的好处。

1) 由于每棵树只用到了很少的特征，所以单棵树会比之前简单很多，训练速度非常快。

2) 特征的随机组合、样本的随机组合可以有效避免过拟合，随机森林的这一优势使它在许多数据集上表现都非常好，在工程实践中用得也比较多。在基于 mini-

batch 的训练算法中笔者经常对数据集做一次打乱顺序 (shuffle)，目的也是想让不同的样本之间随机组合，避免过拟合。由于随机森林已经具有比较好的防止过拟合的能力，所以在训练单棵树时剪枝可以做得很粗糙甚至不做。多数情况下，列采样比行采样在防止过拟合方面效果要好。

8.3 AdaBoost

AdaBoost 的全称是 Adaptive Boosting，它的基本思想是初始时给所有样本赋予相同的权重，生成一棵决策树后对于分类正确的样本降低其权重，对于分类错误的样本提高其权重，然后训练后续的决策树。在最终投票表决时准确率高的决策树拥有更高的话语权。以二分类为例详细讲一下 AdaBoost 算法框架。

举个最简单的例子，见表 8-2，$y \in \{1, -1\}$ 是个二分类问题，x 只包含一个连续特征。我们要训练的单棵分类树也非常的简单，只有一个根节点和两个叶子节点。

表 8-2 AdaBoost 例子

序号	1	2	3	4	5	6	7	8	9	10
x	0	1	2	3	4	5	6	7	8	9
y	1	1	1	−1	−1	−1	1	1	1	−1

1) 初始时令每个样本的权重相同，$w_{1i} = 0.1$。

2) 将 x 按从小到大排序，在 y 发生跳变的地方尝试切分。

① 当在 2.5 处切分时 (当 $x < 2.5$ 时取 1，当 $x > 2.5$ 时取 -1)，误差率为 0.3。

② 当在 5.5 处切分时 (当 $x < 5.5$ 时取 1，当 $x > 5.5$ 时取 -1)，误差率为 0.4。

③ 当在 8.5 处切分时 (当 $x < 8.5$ 时取 1，当 $x > 8.5$ 时取 -1)，误差率为 0.3。

在 2.5 或 8.5 处切分时误差率最低，这里取 2.5，此时样本 7、8、9 被分错，它们的权重之和即为 G_1 的分类错误率 $e_1 = 3 * 0.1 = 0.3$。

3) G_1 的系数 $\alpha_1 = \log[(1 - e_1)/e_1]/2 = 0.4236$。

4) 重新计算每一个样本的权重，比如对于第 7 个样本

$$w_{2,7} = 0.1 * \exp\left(-0.4236 * 1 * (-1)\right) = 1.52745$$

算出每个样本的权重之后再做一次归一化。

5) 进入下一轮迭代。

算法 8-1 AdaBoost 算法

输入：训练样本 $\{(x_i, y_i)|i=1,2,\cdots,N\}$，$y_i \in \{-1,+1\}$，决策树的个数 M

输出：由 M 棵决策树线性组合形成的强分类器 $f(x)=\sum\limits_{m=1}^{M}\alpha_m G_m(x)$。

1. 初始时每个样本赋予相同的权重 $w_{1i}=1/N$。

2. 进行 M 轮迭代，第 m 次迭代产生一个弱分类器 $G_m(x)$。

1) 采用某种算法生成一棵决策树，我们称之为弱分类器 $G_m(x): x \rightarrow \{-1,+1\}$。

2) 计算 $G_m(x)$ 在所有样本上的分类错误率为

$$e_m = \sum_{i=1}^{N} w_{mi} I(G_m(x_i) \neq y_i)$$

即分类错误率 e_m 是 $G_m(x)$ 错分样本的权重之和。

3) 计算 $G_m(x)$ 的权重为

$$\alpha_m = \frac{1}{2}\log\frac{1-e_m}{e_m}$$

当 $e_m < 1/2$ 时，$\alpha_m > 0$，且 e_m 越小 α_m 越大，即分类错误率越小的弱分类器在最终的分类器 $f(x)$ 中权重越大。

4) 更新每一个样本的权重。在下一轮迭代中让

$$w_{m+1,i} = \frac{w_{mi}}{Z}\exp\left(-\alpha_m y_i G_m(x_i)\right)$$

Z 是归一化因子，确保所有样本的权重之和为 1。当样本 i 被错误分类时，$y_i G_m(x_i) < 0$，此时 $w_{m+1,i} > w_{mi}$，即被错误分类的样本在下次迭代时得到更高的权重。

3. 最终的分类器 $G(x)=\text{sign}(f(x))=\text{sign}\left(\sum\limits_{m=1}^{M}\alpha_m G_m(x)\right)$。

8.4 XGBoost

XGBoost 在工业界非常地流行，它在很多数据集上效果都明显优于其他算法，而且调参简单，计算速度非常快。XGBoost 用的是 Boost 算法框架，如式 (8-4)，每个 f_k 称为一个 booster，最终的预测值是 K 个 booster 输出之和。单个 booster 可

以是任意函数，比如线性函数、Sigmoid 函数，或者是一棵回归树，这里我们只介绍 booster 是回归树的情况。

$$\hat{y}_i = \phi(x_i) = \sum_{k=1}^{K} f_k(x_i) \tag{8-4}$$

在基于树的 Boost 算法中，令 $f(X) = w_{q(X)}$，q 代表某棵特定的树结构，并设这棵树有 T 个叶节点，X 落到了某个叶节点上，该节点的输出值是 w。为了避免过拟合，定义单棵树上的正则项为

$$\Omega(f) = \gamma T + \frac{1}{2}\lambda\|w\|^2 = \gamma T + \frac{1}{2}\lambda\sum_{j=1}^{T} w_j^2$$

式中，γ 和 λ 是非负系数；w_j 是第 j 个叶节点的输出值。对于线性 booster 可以令 $\gamma = 0$，只保留 L2 正则项。$\gamma = \lambda = 0$ 对应没有正则项的情况。

XGBoost 损失函数定义为

$$loss = \sum_{i}^{n} l(y_i, \hat{y}_i) + \sum_{k} \Omega(f_k) \tag{8-5}$$

l 可以是任意一种损失函数，比如误差平方和、交叉熵等。式 (8-5) 是最终的损失函数，采用贪心思想，我们每加入一棵决策树都希望使式 (8-5) 所示的损失函数达到最小值。设 $\hat{y}_i^{(t-1)}$ 表示有 $t-1$ 棵决策树的时候对样本 X_i 的预测输出。

$$\hat{y}_i^{(t-1)} = \sum_{k=1}^{t-1} f_k(x_i)$$

当把 f_t 加进来的时候希望最小化下式

$$loss^{(t)} = \sum_{i}^{n} l(y_i, \hat{y}_i^{(t-1)} + f_t(x_i)) + \Omega(f_t) \tag{8-6}$$

利用泰勒二阶展开式 (8-6) 变形为

$$loss^{(t)} = \sum_{i}^{n} [l(y_i, \hat{y}_i^{(t-1)}) + g_i f_t(x_i) + \frac{1}{2} h_i f_t^2(x_i)] + \Omega(f_t)$$

其中

$$g_i = \frac{\partial l(y_i, \hat{y}_i^{(t-1)})}{\partial \hat{y}_i^{(t-1)}} \tag{8-7}$$

$$h_i = \frac{\partial^2 l(y_i, \hat{y}_i^{(t-1)})}{\partial^2 \hat{y}_i^{(t-1)}} \tag{8-8}$$

由于前 $t-1$ 棵树已经确定下来，$l(y_i, \hat{y}_i^{(t-1)})$ 就是常量，g_i 和 h_i 也是已知量，把常量项去掉，得

$$loss^{(t)} = \sum_i^n \left[g_i f_t(x_i) + \frac{1}{2} h_i f_t^2(x_i) \right] + \Omega(f_t) \tag{8-9}$$

用 I_j 表示落入第 j 个叶子节点的样本集合，这些样本的预测值全部是 w_j，式 (8-9) 变形为

$$\begin{aligned} loss^{(t)} &= \sum_{j=1}^{T} \left[\Big(\sum_{x_i \in I_j} g_i \Big) w_j + \frac{1}{2} \Big(\sum_{x_i \in I_j} h_i \Big) w_j^2 \right] + \gamma T + \frac{1}{2} \lambda \sum_{j=1}^{T} w_j^2 \\ &= \sum_{j=1}^{T} \left[\Big(\sum_{x_i \in I_j} g_i \Big) w_j + \frac{1}{2} \Big(\sum_{x_i \in I_j} h_i + \lambda \Big) w_j^2 \right] + \gamma T \end{aligned} \tag{8-10}$$

这是一个以 w_j 为自变量的二次函数，函数的极小值点为

$$w_j^* = -\frac{\sum\limits_{x_i \in I_j} g_i}{\sum\limits_{x_i \in I_j} h_i + \lambda} \tag{8-11}$$

此处得到损失函数的极小值为

$$loss^{(t)*} = -\frac{1}{2} \sum_{j=1}^{T} \frac{\Big(\sum\limits_{x_i \in I_j} g_i \Big)^2}{\sum\limits_{x_i \in I_j} h_i + \lambda} + \gamma T \tag{8-12}$$

式 (8-11) 只是告诉我们落入第 j 个叶节点的样本的预测值应该是多少，但并没有告诉哪些样本应该落入第 j 个叶节点，以及叶节点的总数 T 应该是多少。也就是说到目前为止，第 t 棵树该如何构建还全然不知。最朴素的想法是穷举所有的树结构，每棵树都对应一个式 (8-12) 所示的 $loss^*$，最小的 $loss^*$ 对应的树结构就是我们要找的第 t 棵决策树 f_t。暴力法显然不现实，这时候陈天奇 (XGBoost 的作者) 又开始运用“贪心大法”了。设一个叶子节点包含的样本集合为 I，如果它继续分裂，落入左孩子节点的样本集合为 I_L，落入右孩子节点的样本集合为 I_R，那么这一次分裂导致整棵树的 $loss$ 减小了，即

$$
\begin{aligned}
L_{split} &= loss^*_{\text{分裂前}} - loss^*_{\text{分裂后}} \\
&= \frac{1}{2}\left[\frac{\left(\sum\limits_{x_i \in I_L} g_i\right)^2}{\sum\limits_{x_i \in I_L} h_i + \lambda} + \frac{\left(\sum\limits_{x_i \in I_R} g_i\right)^2}{\sum\limits_{x_i \in I_R} h_i + \lambda} - \frac{\left(\sum\limits_{x_i \in I} g_i\right)^2}{\sum\limits_{x_i \in I} h_i + \lambda}\right] - \gamma
\end{aligned} \tag{8-13}
$$

我们当然希望损失函数减少得越多越好，即 $\max\ L_{split}$。由式 (8-7)、式 (8-8) 知每个样本 x_i 对应的 g_i 和 h_i 在构造决策树之前就已经计算好了。设有 n 个样本，每个样本有 m 个连续特征，算法 8-2 在每个节点上寻找最佳分裂点的时间复杂度是 $O(n*m)$。

算法 8-2 XGBoost 节点分裂算法

输入：当前节点上的样本集合 I，特征维度 m。x_{jk} 表示第 j 个样本第 k 个维度上的值。

$gain \leftarrow 0$，$k^* \leftarrow -1$，$j^* \leftarrow -1$

$G \leftarrow \sum\limits_{x_i \in I} g_i$，$H \leftarrow \sum\limits_{x_i \in I} h_i$

for $k = 1 \rightarrow m$ **do**

  $G_L \leftarrow 0$，$H_L \leftarrow 0$

  所有样本按第 k 个维度从小到大排好序，形成 sorted(I, by x_{jk})

  for j in sorted(I, by x_{jk}) **do**

    $G_L \leftarrow G_L + g_j$，$H_L \leftarrow H_L + h_j$

    $G_R \leftarrow G - G_L$，$H_R \leftarrow H - H_L$

    if $\dfrac{G_L^2}{H_L + \lambda} + \dfrac{G_R^2}{H_R + \lambda} - \dfrac{G^2}{H + \lambda} > gain$ **then**

      $gain \leftarrow \dfrac{G_L^2}{H_L + \lambda} + \dfrac{G_R^2}{H_R + \lambda} - \dfrac{G^2}{H + \lambda}$

      $k^* \leftarrow k$，$j^* \leftarrow j$

    end if

  end for

end for

输出：选第 k^* 个特征进行分裂，分裂点是 sorted(I, by x_{jk^*}) 中的第 j^* 个元素值。

算法 8-2 是精确寻找分割点的方法，8.1.2 节中还介绍过近似的方法，就是所有样本在某个维度上排好序后只在分位点上尝试分割。陈天奇提出了一种带权重的分位点分割法，传统的分位点分割法相当于每个样本的权重都一样，XGBoost 中把 h_i 当成是样本 x_i 的权重。所有样本在第 k 个维度上按 x_{jk} 从小到大排好序后，依次计算 h 的累计值。

$$r_k(z)=\sum_{j=1}^{z}h_j,\quad z\in\{1,2,\cdots,n\}$$

式中，$r_k(0)=0, r_k(n)=1$。如果打算用 ϵ 个分位点，那就选出最接近 $p/\epsilon(p\in\{1,2,\cdots,\epsilon\})$ 的 $\{r_k(z)\}$，第 $\{z\}$ 个样本点作为分割点。这里解释下为什么用 h 作为权重值。

$$\begin{aligned}
&\sum_{i=1}^{n}\frac{h_i}{2}\left[f_t(x_i)-\left(-\frac{g_i}{h_i}\right)\right]^2+\Omega(f_t)\\
=&\sum_{i=1}^{n}\frac{h_i}{2}\left[f_t^2(x_i)+\left(\frac{g_i^2}{h_i^2}\right)+2\frac{g_if_t(x_i)}{h_i}\right]+\Omega(f_t)\\
=&\sum_{i=1}^{n}\left[\frac{1}{2}h_if_t^2(x_i)+\frac{g_i^2}{2h_i}+g_if_t(x_i)\right]+\Omega(f_t)\\
=&\sum_{i=1}^{n}\left[g_if_t(x_i)+\frac{1}{2}h_if_t^2(x_i)\right]+\Omega(f_t)+\text{constant}
\end{aligned}\tag{8-14}$$

所以式 (8-14) 和式 (8-9) 是等价的，表示当前决策树的损失函数。令式 (8-11) 中 I_j 内只有一个样本，则 $-g_i/h_i$ 可以近似认为是样本 x_i 的真实预测值 y_i，那么式 (8-14) 可以这样理解：决策树的损失等于各个样本的损失的加权和，h_i 是权重，$[f_t(x_i)-(-g_i/h_i)]^2$ 是单个样本上的损失 (误差的平方)。

算法 8-2 假定所有的 x_{jk} 都是已知的，而实际项目中存在大量数据缺失的情况，传统的做法是在数据预处理阶段对缺失值进行填充，比如用 0 值填充、均值填充，或者用插值估计法，但当缺失的比例比较高时这些填充方法效果并不好。XGBoost 不对缺失值进行填充，而是依据非缺失值进行分裂，然后分别计算把所有缺失项划入左孩子节点和右孩子节点时所对应的损失，选损失较小的那个划分方案。

算法 8-2 的时间复杂度是 $O(n*m)$，n 是样本的总数，而算法 8-3 只考虑非缺失样本，当数据非常稀疏时算法 8-3 可以极大提高运算速度，同时也可以节省大量内存。

算法 8-3 有缺失值的 XGBoost 节点分裂算法

输入： 当前节点上的样本集合 I，特征维度 m。x_{jk} 表示第 j 个样本第 k 个维度上的值。

$gain \leftarrow 0$

$G \leftarrow \sum_{x_i \in I} g_i$，$H \leftarrow \sum_{x_i \in I} h_i$

for $k = 1 \rightarrow m$ **do**

$G_L \leftarrow 0$，$H_L \leftarrow 0$

在第 k 个维度上有值的样本构成集合 I_k，I_k 中所有样本按第 k 个维度从小到大排好序，形成 sorted(I_k, ascent order by x_{jk})

for j in sorted(I_k, ascent order by x_{jk}) **do**

$G_L \leftarrow G_L + g_j$，$H_L \leftarrow H_L + h_j$

$G_R \leftarrow G - G_L$，$H_R \leftarrow H - H_L$

这意味着在第 k 个维度上值缺失的样本都被划入了右孩子节点

$$gain \leftarrow \max\left(gain, \frac{G_L^2}{H_L+\lambda} + \frac{G_R^2}{H_R+\lambda} - \frac{G^2}{H+\lambda}\right)$$

end for

$G_R \leftarrow 0$，$H_R \leftarrow 0$

I_k 中的样本在维度 k 上从大到小排序形成 sorted(I_k, descent order by x_{jk})

for j in sorted(I_k, descent order by x_{jk}) **do**

$G_R \leftarrow G_R + g_j$，$H_R \leftarrow H_R + h_j$

$G_L \leftarrow G - G_R$，$H_L \leftarrow H - H_R$

这意味着在第 k 个维度上值缺失的样本都被划入了左孩子节点

$$gain \leftarrow \max\left(gain, \frac{G_L^2}{H_L+\lambda} + \frac{G_R^2}{H_R+\lambda} - \frac{G^2}{H+\lambda}\right)$$

end for

end for

输出： 选 $gain$ 最大的分裂方式

8.5 LightGBM

LightGBM 是微软亚洲研究院提出的算法，对标 XGBoost，它最大的特点是性能“剽悍”，本节我们一起来看一下 LightGBM 在性能上的一些改进。

8.5.1 基于梯度的单边采样算法

当 $loss(\hat{y}_i, y_i) = (\hat{y}_i - y_i)^2$ 时，$g_i = 2(\hat{y}_i - y_i)$，$h_i = 2$。同时，式 (8-13) 中如果不考虑正则项，令 $\lambda = \gamma = 0$，得

$$gain = \frac{\left(\sum\limits_{x_i \in I_L} g_i\right)^2}{|I_L|} + \frac{\left(\sum\limits_{x_i \in I_R} g_i\right)^2}{|I_R|} - \frac{\left(\sum\limits_{x_i \in I} g_i\right)^2}{2|I|}$$

符号"||"表示集合的大小。我们的目标是寻找最优分割点，所以 $\left(\sum\limits_{x_i \in I} g_i\right)^2$ 已经是常量。

$$\max\ gain \leftrightarrow \max\ \frac{\left(\sum\limits_{x_i \in I_L} g_i\right)^2}{|I_L|} + \frac{\left(\sum\limits_{x_i \in I_R} g_i\right)^2}{|I_R|}$$

XGBoost 在寻找最优分割点时采用带权重的分位点法来减少计算量，微软的 LightGBM 算法中则采用了另外一种近似方法：基于梯度的单边采样 (Gradient based One-Side Sampling, GOSS)。该算法的基本思想是：对于样本 x_i，其梯度 g_i 越小说明训练得越充分 (即 $\hat{y}_i$ 与 y_i 已非常接近)，在寻找分割点时可以把它的权重放低一些。具体做法是把所有样本按梯度 g 降序排列，最大的前 $a \times 100\%$ 个样本构成集合 A，从剩下的 $(1-a) \times 100\%$ 个样本中随机选取 $b \times 100\%$ 个样本构成集合 B，最后只从 $A \cup B$ 中寻找分割点。在计算增益 $gain$ 时，B 中的元素乘以一个放大系数 $(1-a)/b$，为了保证 $(1-a)/b > 1$，a 和 b 都应该比较小，也只有这样才能使集合 $A \cup B$ 中元素比较少，达到降低计算量的目标。

$$\max\ gain \leftrightarrow \max\ \frac{\left(\sum\limits_{x_i \in AL} g_i + \frac{1-a}{b} \sum\limits_{x_i \in BL} g_i\right)^2}{|L|} + \frac{\left(\sum\limits_{x_i \in AR} g_i + \frac{1-a}{b} \sum\limits_{x_i \in BR} g_i\right)^2}{|R|}$$

8.5.2 互斥特征捆绑

互斥特征捆绑 (Exclusive Feature Bundling, EFB) 是指有些特征几乎不可能同时取非 0 值，可以把它们当成一个特征来处理，以提高计算速度。比如特征 A 是

用户年龄大于 60 岁，特征 B 是用户在凌晨 2 点访问网站，这两个特征几乎不可能同时取 1，就可以把它们捆绑成一个特征。LightGBM 试图把尽可能多的特征合并成一个，这实际上就是一个图着色问题。把特征当成图中的顶点，遍历所有样本，当发现某两个特征同时取非 0 时就在它们之间建立一条边。把所有的顶点分成 K 组，每组内部着同一种颜色，且每组内部不存在相邻的顶点，我们的目的是找到最小的 K。图着色是个 NP 问题，LightGBM 采用一种高效的算法来得到一个近似解。

当发现 m 个特征互斥后，怎么把它们捆绑在一起呢？很简单，就是把它们的取值范围累加起来，比如特征 A 原先的取值范围是 $[0,20)$，特征 B 原先的取值范围是 $[0,30)$，让特征 B 的每个值都加上 20，这样就把特征 B 的取值范围映射到 $[20,50)$ 上。

8.5.3 Leaf-Wise 生长策略

大部分的决策树 (包括 XGBoost) 都是 Depth-Wise 生长的，即把第 i 层的节点都长满后再长第 $i+1$ 层，这类决策树可以通过设置 max_depth 参数来终止生长。LightGBM 是按 Leaf-Wise 策略生长的，即从当前所有的叶节点中挑选出使式 (8-13) 最大的叶节点进行分裂，这个节点分裂能够使损失函数减少得最多。在相同 leaf 数的情况下，Leaf-Wise 比 Depth-Wise 能够让损失减少得更多。通过设置 max_leaf 参数可以让树停止生长。Depth-Wise 生长策略如图 8-7 所示，Leaf-Wise 生长策略如图 8-8 所示。

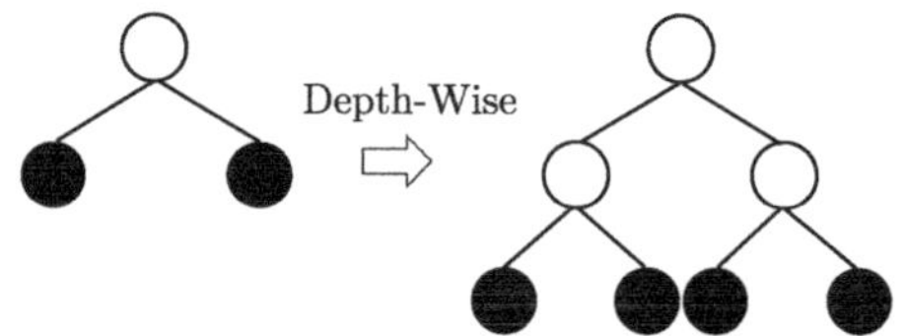

图 8-7　Depth-Wise 生长策略

Leaf-Wise 显然又是一种贪心思想，贪心策略的通病在于它过分注重一部分样本或特征，容易陷入局部最优或者导致过拟合，为了克制 Leaf-Wise 过拟合的负面影响，可以配合 max_depth 参数使用，当然只有当 max_depth>$\log_2$max_leaf+1 时才能发挥作用。

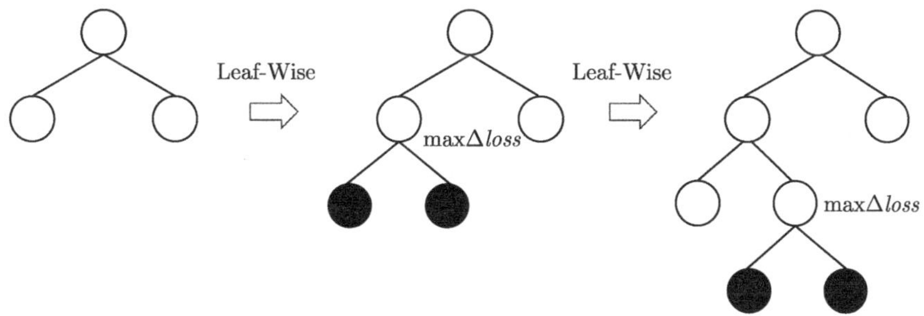

图 8-8 Leaf-Wise 生长策略

8.5.4 DART

在 boost 算法框架中越靠前的 booster 其重要度越高，后面加进来的 booster 只是在局部进行微调使整体效果有略微的提升，第一个 booster 对整体效果影响很大。为了使算法更加强壮，防止过拟合，一个通用的方法是使用 Shrinkage，即每一个 booster 前面都乘以一个小于 1 的系数，这有点类似于梯度下降法中的学习率思想。

$$\hat{y}_i = \sum_{k=1}^{K} \eta f_k(x_i)$$

得到第一个 booster 的 f_1 后，令 $\hat{y}^{(1)} = \eta f_1$，根据式 (8-7) 和式 (8-8) 算出每个样本的 g 和 h，再来构建 f_2。得到 f_2 之后令 $\hat{y}^{(2)} = \hat{y}^{(1)} + \eta f_2$，再去构造 f_3，依此类推。

Shrinkage 削弱了靠前的 booster 对整体的影响程度，但仍改变不了一个事实：非常靠后的 booster 对整体的影响十分微小。LightGBM 采用 DART(Dropouts meet Multiple Additive Regression Trees) 技术使这一情况得到了根本改善。DART 思想非常类似于随机森林中的行采样，当已生成 $t-1$ 棵树时，它只使用其中的一部分来预测 y 值。设已生成的树集合为 M，从中随机选出一个子集 D，剩下的子集为 I，则传统的 boost 算法为 $\hat{y}^{(t-1)} = \sum_{i \in M} f_i(x)$，采用 DART 后变为 $\hat{y}^{(t-1)} = \sum_{i \in I} f_i(x)$，得到 $\hat{y}^{(t-1)}$ 后再根据式 (8-6) 构造第 t 棵树 f_t。在最终预测时所有的树都会用上，而在构造 f_t 时又没有考虑集合 D 中的树，所以 f_t 实际上算得偏大了，于是 DART 在 f_t 前面乘以了一个小于 1 的系数 $1/(|D|+1)$，同时 D 中的树也都乘一个缩放系数 $|D|/(|D|+1)$，相当于对 $D+f_t$ 进行了一次归一化。选择 drop(忽略) 哪些树有很多方法，比如每棵树都以相同的概率 ε 被 drop，如果没有一棵树被 drop，就从已有的树中随便选一棵 drop 掉。

总结一下，DART 之所以能使后面的树也发挥较大的作用缘于以下 3 点。

1) 每一轮迭代时，即使非常靠前的树都有一定概率会被 drop，这给后面的树提供了更大的施展空间。

2) 每棵新生成的树都会乘以一个系数 $1/(|D|+1)$，这起到了 Shrinkage 的作用。

3) 树每被 drop 一次就要乘以一个系数 $|D|/(|D|+1)$，越靠前的树被 drop 的概率越高，这进一步对靠前的树进行了打压，让后面的树有更大的贡献度。

8.6 算法实验对比

现有一个二分类问题，从生产环境中取了 400 万条样本，拿出 4/5 作为训练集，剩下 1/5 作为测试集。手工梳理了 71 个特征，其中 22 个是离散特征，对于离散特征通过编号把它数值化。

代码 8-1 XGBoost 基准参数

```
params = {
    'booster': 'gbtree',
    'objective': 'binary:logistic',
    'eta': 0.13,  # Shrinkage系数，或者叫学习率
    'gamma': 0.1,  # 剪枝参数
    'lambda': 2,  # L2正则化项参数
    'max_depth': 10,
    'subsample': 0.7,  # 行采样比例
    'colsample_bytree': 0.7,  # 列采样比例
    'min_child_weight': 10,  # 叶节点最少样本数
    'silent': 0,
    'seed': 0,
    'eval_metric': 'logloss',
    'nthread': 8,
    'tree_method': 'exact',  # 在所有样本上遍历可能的分割点。计算量太
        大，默认使用的是approx
}
```

上述参数是经过多次调整后得到的一个较优状态，其中学习率 eta 对最终的

效果影响比较大，值得在较大的范围内进行多次搜索尝试。列采样可以使 AUC 提升 0.01，行采样对 AUC 没什么影响。

XGBoost 分组实验数据见表 8-3，LightGBM 分组实验数据见表 8-4。XGBoost 树深度由 10 增加到 15 后 AUC 提升较多，但代价也很高，那就是预测耗时增加到了原来的 3 倍。

表 8-3　XGBoost 分组实验数据

	max_depth	tree_method	训练耗时/min	预测耗时/s	AUC
XGBoost1	10	exact	33	7	0.800903
XGBoost2	15	exact	44	22	0.824689
XGBoost3	15	approx	27	22	0.8251

表 8-4　LightGBM 分组实验数据

	训练耗时/min	预测耗时/s	AUC
GOSS	3	22	0.816698
DART	6	26	0.824143

在陈天奇的论文中，分位点切分法的精度略低于精确切分法，而在笔者的数据集上近似的切分法反而比精确法的 AUC 更高，这应该是由于精确法有些过拟合，只尝试在分位点上切分可降低过拟合。

使用 LightGBM 时跟 XGBoost 相比有一个显著的不同，XGBoost 不支持离散特征，而 LightGBM 支持，虽然 LightGBM 也要求输入的数据必须全部数值化，但你可以指定哪些维度是离散特征。

代码 8-2　LightGBM 参数

```
params = {
    'task': 'train',
    'boosting_type': 'dart',
    'objective': 'binary',
    'metric': {'binary_logloss', 'auc'},
    'max_bin': 255,
    'num_leaves': 500,
    'min_data_in_leaf': 10,
    'num_iterations': 300,  # 300棵树
```

```
    'learning_rate': 0.2,  # 学习率太大，容易过拟合
    'feature_fraction': 0.7,  # 列采样比例

    # goss 时使用
    # 'top_rate':0.33,  # 相当于文中的参数a
    # 'other_rate':0.3,  # 相当于文中的参数b

    # dart时使用
    'drop_rate': 0.7,
    'skip_drop': 0.7,
    'max_drop': 6,
    'uniform_drop': False,
    'xgboost_dart_mode': True,
    'drop_seed': 4,

    'verbose': 0,
    'num_threads': 8,
}
```

LightGBM 同样对学习率比较敏感，使用 GOSS 时 top_rate 和 other_rate 对 AUC 影响比较大，使用 DART 时 drop_rate、skip_drop、max_drop 这 3 个参数需要花时间调试。

GOSS 由于对样本进行了抽样，所以训练时间会缩短，当然精度也会降低，它与 DART 的效果对比如图 8-9 所示。从图中可以看到当树的数量小于 150 时，DART 的 AUC 低于 GOSS，这是由于 DART 丢弃了一些前面的训练成果造成的，这种方法的优势在后期才会体现出来，当树的数量大于 150 后，DART 的 AUC 依然保持较快的增长速度，而 GOSS 增长得已十分缓慢。

把 LightGBM_DART 和 XGBoost approx(即 XGBoost3) 放在一起对比，训练时它们的 CPU 和内存开销相当，预测速度也接近，当 tree_number=300 时它们达到的 AUC 也几乎相等。LightGBM_DART 虽然训练速度非常快，耗时只有 XGBoost 的 22%，但是它的调参成本也很高，除了学习率外，drop_rate、skip_drop、max_drop 这 3 个参数对 AUC 影响也比较大。在线上预测时各棵树是并行执行的，所以 CPU 容易成为瓶颈，为减少 CPU 开销只使用前 150 棵树，此时 XGBoost 的 AUC 明显

高于 LightGBM DART，如图 8-10 所示。

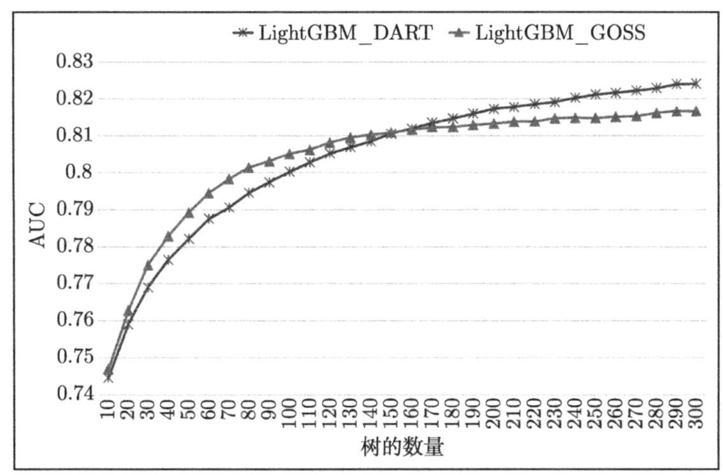

图 8-9　GOSS 与 DART

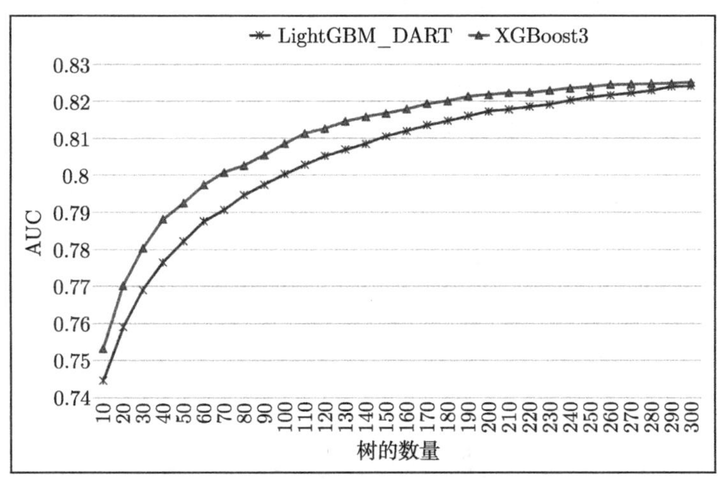

图 8-10　LightGBM_DART 与 XGBoost approx

从总体趋势上看，LightGBM 和 XGBoost 都是基于残差拟合的，所以越往后的树对于最终的准确率提升贡献越小，观察图 8-10 最终的 AUC 也在 0.83 以下，而前 20 棵树的 AUC 已经可以达到 0.76。在使用这类算法做推荐、搜索排序的时候，可以先使用前面少量的树对大量的候选集做粗排序，缩小候选集的范围后再用所有树做精排序。

第 9 章 深度学习

大家耳熟能详的“深度学习”是神经网络的一个子集，或者说深度学习就是层数更深、结构更复杂的神经网络。本章主要篇幅将用来讲深度学习，在此之前会介绍神经网络的基本概念以及深度学习中的普遍问题和通用技巧。

9.1 神经网络概述

9.1.1 网络模型

图 9-1 是一个普通的全连接神经网络结构，其中的每个节点称为神经元。神经网络是一个分层结构 (这一点跟树模型很像)，它至少有一个输入层和一个输出层，输入层上每个神经元代表一个特征，输出层上神经元的个数跟具体的任务有关，比如神经网络要预测一个值，输出层上就只有一个神经元，如果是要解决一个 k 分类问题，输出层上就有 k 个神经元，每个神经元的输出代表属于对应类别的概率。神经网络有 0 个或多个隐藏层，ImageNet 竞赛中已经有人使用了上千层的网络结构。如果第 i 层的任意一个神经元和第 $i-1$ 层的所有神经元都有连接，则这样的网络称为全连接神经网络，现代神经网络结构千奇百怪，全连接只是其中的一种。

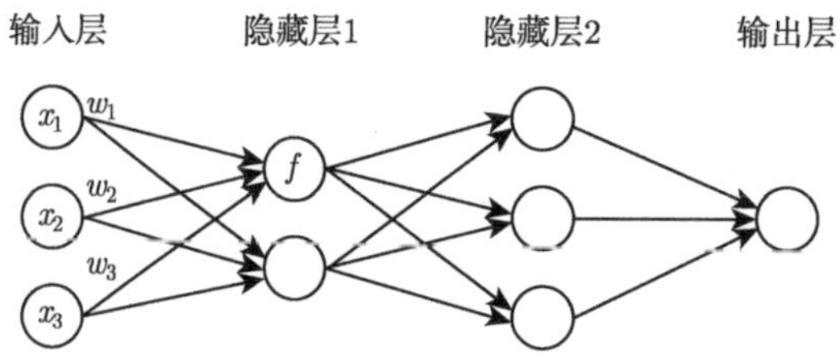

图 9-1 全连接神经网络结构

有连接意味着上一层的神经元是下一层神经元的输入，这些输入经过一个函数变换后成为下一层神经元的输出。这个变换函数被称为激活函数，最常见的激活函数就是 sigmoid 函数。前文讲过 sigmoid 函数和正态分布的关系，这也是 sigmoid

被广泛应用的原因。

用 z 表示激活函数 f 的输入，a 表示输出。

$$z = \sum_i w_i x_i + w_0 b = \sum_i w_i x_i + w_0$$

$$a = f(z) = \sigma(z) = \frac{1}{1+\mathrm{e}^{-z}}$$

图 9-2 中的虚线节点不是神经元 (它对应不到图 9-1 中的任何一个节点)，它被称为偏置项 (bias)，取值为 1。偏置的作用是当 x_i 全部取 0 时，z 依然有可能不是 0，此时 z 等于偏置项的系数 w_0。σ 表示 sigmoid 函数，它具有良好的求导性质。

$$\sigma(z)' = \frac{-1}{(1+\mathrm{e}^{-z})^2} \cdot \mathrm{e}^{-z} \cdot (-1) = \frac{1}{1+\mathrm{e}^{-z}} \frac{\mathrm{e}^{-z}}{1+\mathrm{e}^{-z}} = \sigma(z)(1-\sigma(z)) \tag{9-1}$$

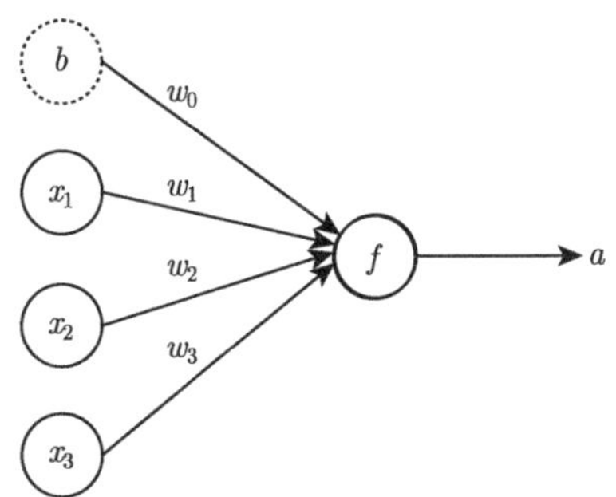

图 9-2　一个神经元上的数据流

在深层神经网络中经常还会使用 tanh 激活函数或 tanh 的变体。

$$\tanh((z) = \frac{\mathrm{e}^{z} - \mathrm{e}^{-z}}{\mathrm{e}^{z} + \mathrm{e}^{-z}}$$

tanh 的函数图像跟 sigmoid 很像，只不过 tanh 的值域是 $[-1, 1]$。实际上 tanh 函数经过简单的平移缩放就能得到 sigmoid 函数，即

$$\sigma(z) = \frac{1+\tanh\left(\dfrac{z}{2}\right)}{2}$$

并且 tanh 同样具有良好的求导性质。根据分部求导法，先对分子求导，再对分母求导。

$$\tanh'(z) = \frac{\mathrm{e}^{z} + \mathrm{e}^{-z}}{\mathrm{e}^{z} + \mathrm{e}^{-z}} - \frac{(\mathrm{e}^{z} - \mathrm{e}^{-z})(\mathrm{e}^{z} - \mathrm{e}^{-z})}{(\mathrm{e}^{z} + \mathrm{e}^{-z})^2} = 1 - (\tanh(z))^2$$

理论上，具有一个隐藏层的神经网络就可以逼近任意复杂的连续函数，只要隐藏层上的神经元足够多。可是现代神经网络都倾向于设计很多的隐藏层，因为实践告诉我们更深的网络比更宽的网络拟合能力要好。这个现象在理论上没有严格的证明，我们只能给一个启发式的解释。对于手写数字识别这个问题，每张图片由 28*28=784 个像素构成，每个像素取值 0 或 1，分别代表黑或白。设计一个 3 层神经网络，输入层上有 784 个神经元，对应一张图片上的每个像素，输出层上有 10 个神经元，对应属于 10 个阿拉伯数字的概率，外加一个隐藏层。我们可以想象隐藏层上的每个神经元各自负责识别图片的一个局部特征，比如某个神经元只负责判断图片的局部是否为：

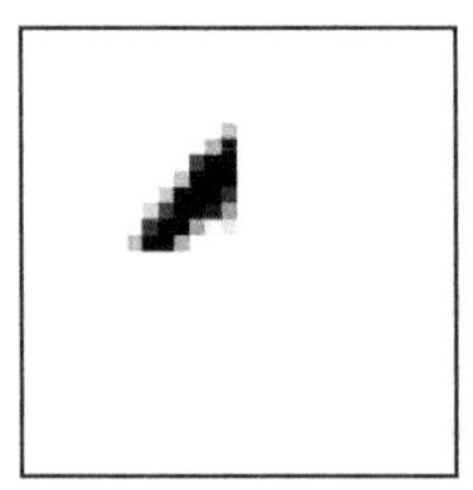

如果是，则该神经元就激活 (即输出接近于 1)，否则就不激活 (即输出接近于 0)。同理，隐藏层上的另外 3 个神经元分别负责判断图像的局部是否为：

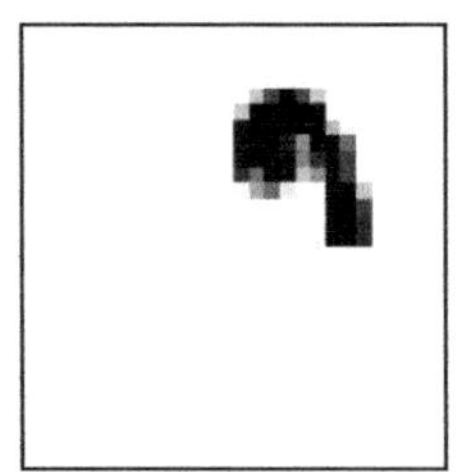
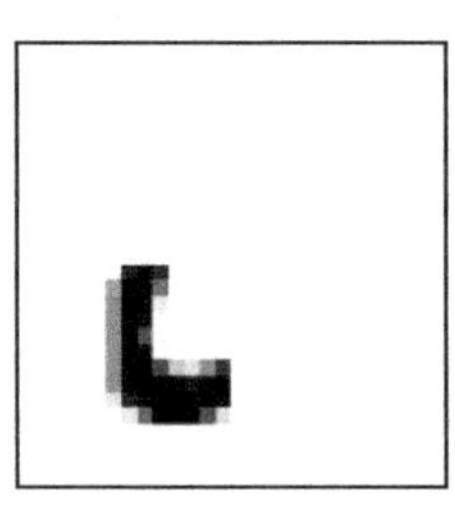
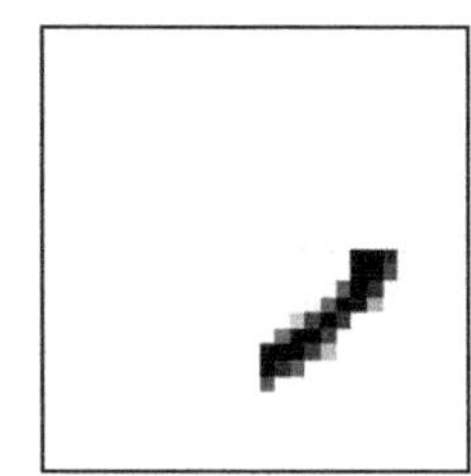

当图片同时满足这 4 个局部特征时，图像上的数字就是 0，这也就是输出层起的作用。当隐藏层上的上述 4 个神经元都激活时，输出层上的第 1 个神经元就激活，即数字 0 对应的输出值会趋近于 1。通过这个例子可以看出，隐藏层实际上起到了特征构造的作用，输入层上只是最原始的像素特征，而隐藏层上的神经元对应更高级的特征。在深层神经网络中，前面的隐藏层负责识别一些低级的特征 (比如图像中的分界线)，后面的隐藏层在此基础之上识别更高级更抽象的特征 (比如图像中的拐角)，最后输出层就更容易输出正确的结果。深层神经网络的好处就在于

此，人们直接把原始数据扔给神经网络即可，不需要像其他机器学习算法那样设计很多特征，神经网络可以自动生成各种有用的特征。其他机器学习算法在给定输入时特征空间就已经确定下来，而深层神经网络在每一个隐藏层上都会产生新的特征。

使用深层网络的前提是拥有大量的数据，否则很容易发生过拟合，使用大数据是缓解过拟合的关键条件。反过来讲，当我们拥有了海量的数据后就应该选择更复杂的模型，因为对于简单的模型，1 千万样本和 1 亿样本没什么区别，它已经学不进去了，而复杂模型的准确率则可以继续提升。

9.1.2 反向传播

用 a_j^l 表示第 l 层上第 j 个神经元的输出，w_{jk}^l 表示第 $l-1$ 层上的第 k 个神经元到第 l 层上的第 j 个神经元之间的连接权重，b_j^l 表示第 l 层上第 j 个神经元的偏置。

$$a_j^l = f\left(\sum_k w_{jk}^l a_k^{l-1} + b_j^l\right) \tag{9-2}$$

设神经网络的最后一层为第 L 层，输出层的实际输出为 a^L，期望输出为 y，则单个样本的损失函数为

$$C = \frac{1}{2}\sum_j (y_j - a_j^L)^2$$

$$\frac{\partial C}{\partial w_{jk}^L} = \frac{\partial C}{\partial a_j^L}\frac{\partial a_j^L}{\partial z_j^L}\frac{\partial z_j^L}{\partial w_{jk}^L} = (y_j - a_j^L)f'(z_j^L)a_k^{L-1} \tag{9-3}$$

同理

$$\frac{\partial C}{\partial b_j^L} = (y_j - a_j^L)f'(z_j^L) \tag{9-4}$$

记

$$\delta_j^L = \frac{\partial C}{\partial a_j^L}\frac{\partial a_j^L}{\partial z_j^L} = \frac{\partial C}{\partial z_j^L} \tag{9-5}$$

则

$$\frac{\partial C}{\partial w_{jk}^L} = \delta_j^L a_k^{L-1} \tag{9-6}$$

$$\frac{\partial C}{\partial b_j^L} = \delta_j^L \tag{9-7}$$

$$\delta_k^{L-1} = \frac{\partial C}{\partial z_k^{L-1}} = \sum_j \left(\frac{\partial C}{\partial z_j^L} \frac{\partial z_j^L}{\partial a_k^{L-1}} \frac{\partial a_k^{L-1}}{\partial z_k^{L-1}} \right) = \sum_j \delta_j^L w_{jk}^L f'(z_k^{L-1}) \tag{9-8}$$

把 L 换成任意层 $l(l>1)$，式 (9-6)、式 (9-7)、式 (9-8) 依然成立。在一次正向计算中，根据输入层的 x 得到输出层的 a，这期间得到的每一个神经元的 a_k^l 和 $f'(z_k^l)$ 都要保存下来，因为根据式 (9-6)、式 (9-7)、式 (9-8)，它们在反向计算梯度的时候要用到。正向计算输出和反向计算梯度的时间复杂度是一样的，这种高效的学习方法被称为反向传播 (Back Propagation, BP)。

9.1.3 损失函数

神经网络解决二分类问题时最后一层上只有一个神经元，采用 sigmoid 激活函数；解决多分类 (K 个类别) 问题时最后一层上有 K 个神经元，采用 softmax 激活函数。二分类是多分类的特例，sigmoid 是 softmax 的特例，本节就以 softmax 为例来证明损失函数采用交叉熵比误差平方和要好。在最后一层上，有

$$z_j^L = \sum_i w_{ji}^L a_i^{L-1} + w_{j0}^L$$

$$a_j^L = \frac{\mathrm{e}^{z_j^L}}{\sum_k \mathrm{e}^{z_k^L}}$$

$$\begin{aligned}\delta_j^L &= \frac{\partial C}{\partial z_j^L} = \frac{\partial C}{\partial a_j^L} \frac{\partial a_j^L}{\partial z_j^L} \\ &= \frac{\partial C}{\partial a_j^L} \left[\frac{\mathrm{e}^{z_j^L}}{\sum_k \mathrm{e}^{z_k^L}} - \frac{\left(\mathrm{e}^{z_j^L}\right)^2}{\left(\sum_k \mathrm{e}^{z_k^L}\right)^2} \right] \\ &= \frac{\partial C}{\partial a_j^L} a_j^L (1 - a_j^L)\end{aligned}$$

如果损失函数 C 采用误差平方和，那么 $\delta_j^L = (y_j - a_j^L) a_j^L (1 - a_j^L)$，$a_j^L(1-a_j^L)$ 就是 sigmoid 函数的导数，很容易趋近于 0，采用梯度下降法训练 w 时，最后一层的 w^L 因梯度太小而很难继续更新。如果采用交叉熵损失函数，这个问题就不存在了。在 2.2.1 节中已证明最小化交叉熵跟最大化似然函数是等价的，对于一个样本，如果它属于第 j 个类别，那么似然函数就是 a_j^L，极大值似然函数就是 $\max\ a_j^L$，即 $\max\ \ln a_j^L$。损失函数取其相反数 $C = -\ln a_j^L$，$\partial C / \partial a_j^L = -1/a_j^L$，于是 $\delta_j^L = a_j^L - 1$，此时就不用担心 sigmoid 函数进入平坦区域导致梯度为 0 了。

9.1.4 过拟合问题

在讲矩阵时我们介绍过数值稳定性的概念，对应到神经网络中就是 w 比较小的情况下，不会因为 x 的较小变动导致输出的较大变化，即对噪声的容忍度比较好，这样可以有效地防止过拟合。提高数值稳定性的常用方法是在损失函数中加入 L1 或 L2 正则项。由于偏置项系数 w_0 不与 x 相乘，所以 w_0 不需要参与正则化。

1. L2 正则

$$C = C_0 + \frac{\lambda}{n}\sum_{i=1}^{n} w_i^2$$

C_0 是正则化之前的损失函数，λ 是正则项系数，n 是参数 w 的个数。最小化损失函数 C 的同时也会使 $\sum\limits_{i=1}^{n} w_i^2$ 尽可能小。

加上正则项后梯度变为

$$\frac{\partial C}{\partial w} = \frac{\partial C_0}{\partial w} + \frac{\lambda}{2n} w$$

$$w \rightarrow w' = w - \eta\frac{\partial C}{\partial w} = \left(1 - \frac{\eta\lambda}{n}\right) w - \eta\frac{\partial C_0}{\partial w} \tag{9-9}$$

式中，η 是学习率。当没有正则项时

$$w \rightarrow w' = w - \eta\frac{\partial C_0}{\partial w} \tag{9-10}$$

对比式 (9-10) 和式 (9-9) 可知，L2 正则项的作用是使 w 在每次迭代时都变小了 $\eta\lambda/n$ 倍。如果要使这个倍率不变，那么当神经元个数增多 (即 n 变大) 时，正则项系数 λ 也应该相应调大。

2. L1 正则

$$C = C_0 + \frac{\lambda}{n}\sum_{i=1}^{n} |w_i|$$

$$\frac{\partial C}{\partial w} = \frac{\partial C_0}{\partial w} + \frac{\lambda}{n}\mathrm{sgn}(w)$$

式中，sgn 是符号函数。

$$\text{sgn}(w) = \begin{cases} 1, & w \geqslant 0 \\ 0, & w < 0 \end{cases}$$

$$w \to w - \frac{\eta\lambda}{n}\text{sgn}(w) - \eta\frac{\partial C_0}{\partial w} = w \pm \frac{\eta\lambda}{n} - \eta\frac{\partial C_0}{\partial w}$$

所以 L1 正则的作用是使 w 在每一次迭代时都减小 (也可能是增大，这取决于 $\text{sgn}(w)$) 一个常数：$\eta\lambda/n$。

当 w 本身比较小时，L1 正则比 L2 正则衰减得更狠。L1 正则的效果是使不重要的 w 几乎衰减为 0。

3. dropout

试想训练多个神经网络让它们共同表决，比只训练一个神经网络更靠谱，因为每个神经网络都以不同的方式过拟合，取它们的平均值可以降低过拟合。dropout 就是利用这种思想降低过拟合的，每次迭代时都随机地从隐藏层上去除一部分神经元，每个神经元都随机地与其他神经元进行组合，减小彼此之间的相互影响。dropout 在大型深层网络中特别有用。

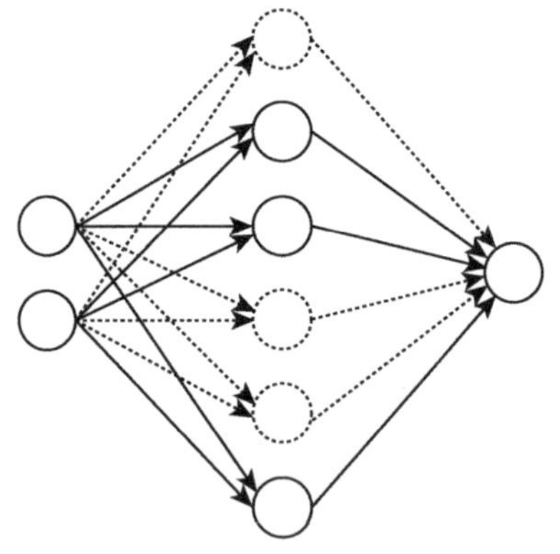

图 9-3 dropout

其实 dropout 就类似于随机森林中的列采样，列采样是随机选择部分特征进行训练，在神经网络中输入层的神经元是原始特征，隐藏层的神经元相当于系统自动生成的高级特征，dropout 随机去除隐藏层上的神经元就相当于随机选择了部分特征进行训练。

最后别忘了防止过拟合的主要手段是增加数据量。

9.1.5 梯度消失

式 (9-8) 是一个递推公式，当网络比较深时根据最后一层的 δ^L 计算第一层的 δ^1 会出现各层的 w^l 与各层的 $f'(z^l)$ 连乘的情况，拿一个简单的例子来推算一下。图 9-4 是一个 5 层神经网络，每一层上只有一个神经元。根据式 (9-8) 得

$$\frac{\partial C}{\partial w^1} = xf'(z^1)w^2f'(z^2)w^3f'(z^3)w^4f'(z^4)\frac{\partial C}{\partial a^4}$$

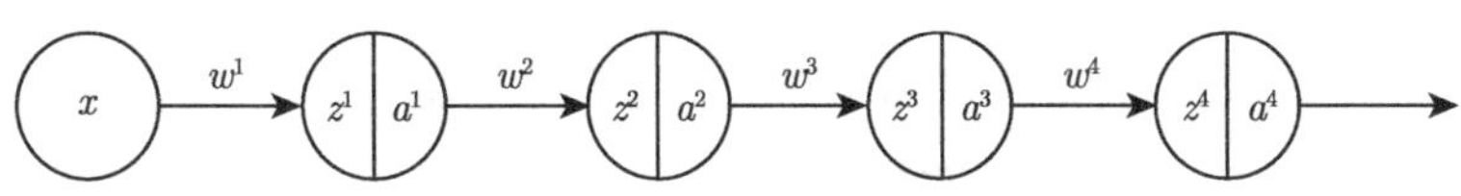

图 9-4　5 层神经网络

如果激活函数 f 为 sigmoid 函数的话，那么它在广阔的定义域上导数都是接近于 0 的，几个导数连乘就会导致损失函数对 w 的梯度趋于 0，而且层数越靠前的神经元这种情况越严重。为了避免 sigmoid 函数 $\sigma(z)$ 进入平坦区域，我们需要让 z 在 0 附近。$z=\sum\limits_{i}^{n} w_i x_i$，假定 x_i 是服从正态分布的，根据定理 2.4 把 x 转变成均值为 0 的标准正态分布，这样 z 也就成了均值为 0 的正态随机变量。

因为 $\sigma'(z)=\sigma(z)(1-\sigma(z))$，所以 $\sigma'(z)<0.25$，即使 z 每次都在 0 附近，当网络层数非常深时依然会导致 $\partial C/\partial w^l$ 趋于 0 的情况，此时只能尝试其他激活函数。tanh 函数会好一些，因为 $\tanh'(z)$ 的最大值能取到 1，但 tanh 也比较容易进入平坦区域。ReLU(Rectified Linear Unit) 激活函数应用十分广泛，其表达式为 $a=\max(0,z)$，当 $z<0$ 时直接不激活 $a=0$，当 $z>0$ 时导数恒定为 1，避免了导数连乘接近于 0 的情况。ReLU 还有两个变种，分别是 Leaky ReLU 和 Exponential ReLU。Leaky ReLU

$$a=\max(\eta z, z) \quad \eta\text{通常很小，比如 } 0.1$$

Exponential ReLU

$$a=\begin{cases} z, & z \geqslant 0 \\ \eta(\mathrm{e}^z-1), & z<0 \end{cases}$$

9.1.6 参数初始化

w 初始化时取值应该小一些，这样 $z=\sum\limits_{i=1} w_i x_i + w_0$ 就比较小，z 比较小有两个好处：

1) $\sigma(z)$ 离 1 和 0 都比较近，给两种结果都留有充分的可能性。

2) $\sigma(z)$ 函数不在饱和区，避免梯度消失。

统计学中有这样一个结论：若 X 和 Y 都是正态随机变量，则 $X+Y$ 也是正态随机变量，且均值为 $\mathrm{E}(X)+\mathrm{E}(Y)$，方差为 $\mathrm{Var}(X)+\mathrm{Var}(Y)+2\mathrm{Cov}(X,Y)$，当 X 和 Y 相互独立时 $\mathrm{Cov}(X,Y)=0$。把 w 初始化为 $w\sim N(0,1)$，假如前一层有 m 个神经元的输出为 1，其他神经元输出为 0，则当前层某个神经元的输入 z 就是 m 个相互独立的标准正态随机变量的和，所以 $z\sim N(0,\sqrt{m})$。当 m 很大时 z 的方差就很大，$\sigma(z)$ 还是会有很大的概率落入饱和区。如果要使 z 的方差比较小，那 w 的方差就需要更小，比如要想使 z 的方差为 1，那 w 的方差就需要是 $1/m$，即 $w\sim N(0,1/\sqrt{m})$。

精心设计 w 的初始化只能使神经网络第二层上的 sigmoid 函数处于非饱和区，但是随着网络层数的增加，z 还是容易漂移到饱和区域。BatchNormalization 对神经网络每一层 (输入层除外) 每一个神经元的输入都执行一次规范化，即通过定理 2.4 把输入拉回到标准正态分布上来，以避免梯度消失问题。使用 BatchNormalization 可以加速收敛，而且对参数的初始化也不那么敏感。

9.2 卷积神经网络

早在 20 世纪 90 年代人们就用卷积神经网络 (Convolution Neural Network, CNN) 识别图像上的简单字符，如今 CNN 广泛应用于图像识别和文本分类任务中。Yann LeCun 的 LeNet-5 卷积网络架构就是在 20 世纪 90 年代提出的。

介绍卷积神经网络得从介绍图像开始，普通的 RGB 图像有 3 个通道 (channel)，分别对应红、绿和蓝，每个通道是一个二维矩阵，矩阵中的元素称为像素 (pixel)，像素值越大表明颜色越深，比如红通道上的像素值越大表明越红。灰度图只有一个通道，像素值越小表示越黑，像素值越大表示越白，后文都以处理灰度图为例进行讲解。

9.2.1 卷积

拿一个卷积核 (通常是一个边长比较小的方阵) 去覆盖输入图像上同等面积的一块区域，卷积核与被覆盖的区域对应位置上的像素值分别相乘，最后求和，得到 Feature Map 上的一个像素值。如图 9-5 所示，最初卷积核的左上角与输入图像的左上角对齐，进行一次卷积运算 $1\times1+1\times0+1\times1+0\times0+1\times1+1\times0+0\times1+0\times0+1\times1=$

4，所以 Feature Map 最左上角的像素值为 4。然后卷积核在输入图像上以步长 (stride) 为 1 向右平移一次，再进行一次卷积运算得到 Feature Map 上的第二个像素值 3，以此类推。如果输入图像的大小为 $n \times n$，卷积核的大小为 $m \times m$，则 Feature Map 的大小为 $(n+1-m) \times (n+1-m)$。

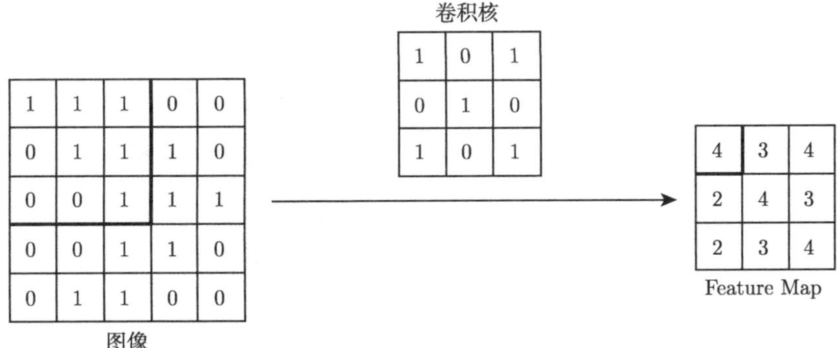

图 9-5　卷积操作

值得一提的是步长也可以大于 1，向右平移和向下平移的步长可以不一样。另外，通过卷积操作后图像变小了，并且卷积核越大，变小的程度越高，为了保持图像大小不变可以对输入图像进行 padding，即在图像四周用 0 填充一条宽度为 $m-1$ 的带子，如图 9-6 所示。

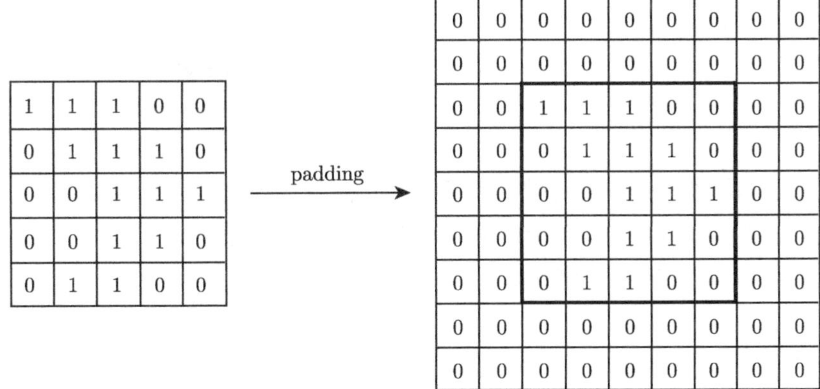

图 9-6　padding 操作

对图像进行卷积操作的主要目的是提取图像特征，不同的卷积核可以提取不同的特征，见表 9-1，有的卷积核可以提取图像的轮廓，而有的卷积核则可以对图像进行模糊或锐化。

表 9-1　卷积核的作用

输入图像	卷积核	Feature Map	操作
	$\begin{bmatrix} -1 & -1 & -1 \\ -1 & 8 & -1 \\ -1 & -1 & -1 \end{bmatrix}$		提取轮廓
	$\begin{bmatrix} 0 & -1 & 0 \\ -1 & 5 & -1 \\ 0 & -1 & 0 \end{bmatrix}$		锐化
	$\begin{bmatrix} 0.1 & 0.1 & 0.1 \\ 0.1 & 0.1 & 0.1 \\ 0.1 & 0.1 & 0.1 \end{bmatrix}$		模糊

上述卷积操作都是线性运算，为了让特征提取具有非线性能力，实际的 CNN 网络往往会在卷积函数外面再套一层非线性函数，比如 sigmoid、tanh、ReLU，通常 ReLU 的效果要好于其他两种。

$$\text{Feature Map} = \text{ReLU}\left(\sum w_i * img_i + b\right)$$

式中，w 代表卷积核；img 代表输入图像；$\sum w_i * img_i$ 代表对输入图像进行卷积操作。注意输给 ReLU 函数时又增加了一个偏置项 b，b 和卷积核 w 都是 CNN 需要学习的参数。

9.2.2 池化

池化 (pooling) 其实就是下采样，即用一个像素点来代替一小块图像，如图 9-7 所示。常见的池化方法有 max-pooling、sum-pooling 和 avg-pooling。

1	1	2	4
5	6	7	8
3	2	1	0
1	2	3	4

用2×2的filter做max-pooling
步长=2

6	8
3	4

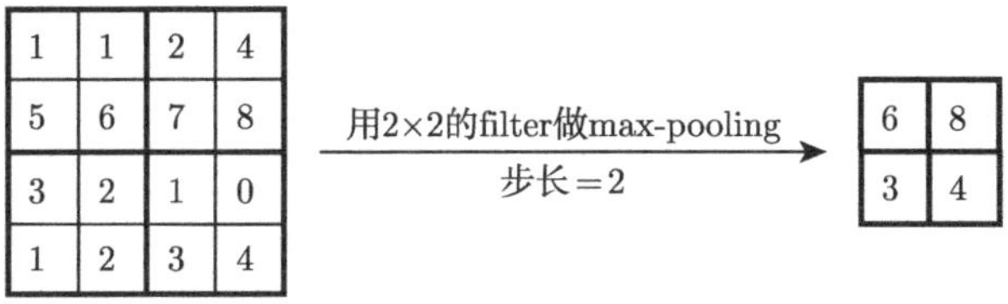

图 9-7　池化操作

池化操作在给图像降维的同时还保留了图像的重要信息，CNN 中运用池化的真正目的在于防止过拟合，因为图像发生一些扰动后，max-pooling 或 sum-pooling 的结果变动会比较小。池化的效果见表 9-2。

表 9-2　池化的效果

输入图像	max-pooling	avg-pooling	sum-pooling

9.2.3 CNN 网络结构

如图 9-8 所示，输入层是个单通道的灰度图，用 3 个卷积核对其进行卷积操作 (卷积操作后面紧跟一个 ReLU 操作)，产生 3 张 Feature Map，也可以想象为 1 张图片的 3 个通道。然后对每张图片单独施行同样的 pooling 操作，得到 3 张 Pooling Map，这里 Feature Map 和 Pooling Map 是一对一的关系。接下来又进行了一轮 convolution+pooling，注意 2nd convolution 与 1st convolution 有所不同，1st convolution 的输入只有 1 个通道，而 2nd convolution 的输入有 3 个通道，也就是说要拿一个卷积核与 3 个通道的局部区域相乘、求总和、输给 ReLU 函数，最后得到 2nd convolution 层上的一个像素点。2nd convolution 层上的通道数是任意的，与 1st pooling 层上的通道数没有任何关系，一个卷积核可以生成 2nd convolution 层上的一个通道。把 2nd pooling 上所有通道的每个像素点依次排列开，形成一维数组，这个操作称为 flatten。后面是两个普通的全连接层，最后一层是 softmax，用于多分类。

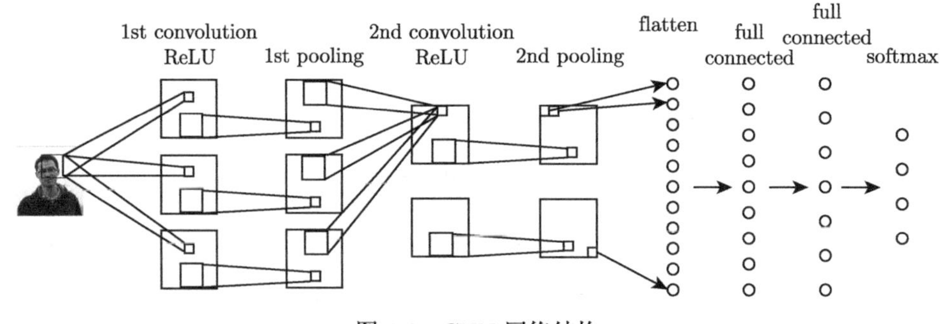

图 9-8　CNN 网络结构

关于 CNN 网络结构还有几点需要说明：

1) convolution+pooling 可以循环多轮，也可以只有一轮，每一轮 Convolution Map 的个数可以任意设定。甚至可以连续多个 convolution 层后接一个 pooling 层。

2) 全连接层数及每层的神经元个数可以任意设定。最后一层由于是 softmax，其神经元个数要与类别数保持一致。

3) 别忘了 ReLU 操作和全连接层上都有偏置参数 b。

相对于深层全连接神经网络，CNN 极大缩小了参数规模，进行 convolution 时生成一张 Feature Map 所需要的参数仅为卷积核的大小，如果是全连接需要的参数个数为输入图像的大小乘以 Feature Map 的大小。

前面的 convolution+pooling 层作用在于提取图像的特征，后面的全连接层就是普通的分类器，所以理论上可以把全连接层替换成任意的分类模型，比如 SVM 或分类树。

网络组织方式、每层通道的个数、卷积核的大小、池化区域的大小，这些都是超参数，需要事先确定下来。每个卷积核内部的权重 w 以及全连接层的权重 w 是 CNN 需要学习的参数，学习的过程跟传统的全连接神经网络很像，依然是基于梯度下降的反向传播法，不同的地方在于 pooling 层，如果是 avg-pooling 则相连的节点均分误差，如果是 max-pooling 则只有相连的最大节点进行误差传播，其他节点误差为 0。

9.2.4 textCNN

仿照前面的图像分类，CNN 也可以对文本进行分类。我们已经知道 CNN 前面的几次 convolution+pooling 作用是把输入图像表示成一维向量，后面的全连接层充当分类器的角色，下面就来看一下 CNN 是如果把一段文本转化成一维向量的。

如图 9-9 所示，通过 word2vec 等方法把文本中的每个词表示成定长的向量，这样词序列就转换成了列数固定的矩阵，矩阵中的每一行代表词向量。textCNN 有以下两个特征。

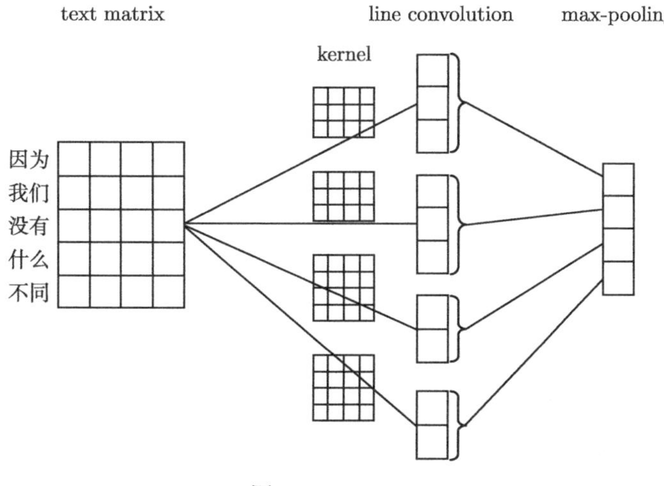

图 9-9 textCNN

1) 卷积核的列数等于输入矩阵的列数，即词向量的长度。在图像分类中我们可以通过缩放把图像表示成行数和列数固定的矩阵，但在文本分类中句子的长度是不固定的，无法将句子表示成行数固定的矩阵，不过这并没有关系，后面的步骤可以消除这种影响。在图像识别中卷积核用于提取图像的局部特征，而在 NLP 中提取局部特征时只能将输入矩阵按行切分，不能按列切分，因为每一行是一个词的表示，如果把它切成几个片段则完全丧失了它所表达的语义。

2) 经过一个卷积核输入矩阵变为一个列向量，采用 max-pooling 取得列向量中的最大值。

经过一次 line convolution 和一次 max-pooling，输入矩阵转变为一个数值，使用 K 个卷积核就把输入矩阵转变成了一个 K 维向量。

9.3 循环神经网络

循环神经网络 (Recurrent Neural Network, RNN) 广泛应用于序列挖掘任务中，比如命名实体识别、词性标注及机器翻译等，也可用于文本分类。

9.3.1 RNN 通用架构

图 9-10 是一个通用的循环神经网络，它由多个结构相同的 cell 串联而成，这也正是“循环”的由来。每个 cell 都采用相同的转换函数 f 把输入 $h(t-1)$ 和 $x(t)$ 转换成输出 $h(t)$：

$$f\left(x(t), h(t-1)\right) = h(t) \tag{9-11}$$

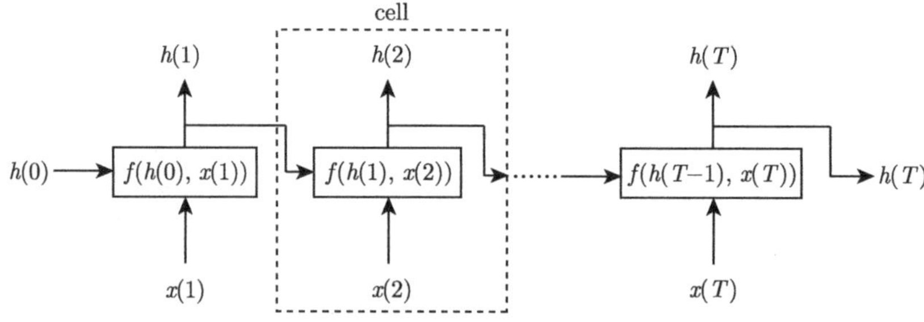

图 9-10 RNN 通用架构

$h(t-1)$、$h(t)$ 是维度为 m 的向量，$x(t)$ 是维度为 n 的向量，当 $m=n$ 时 f 函数可以设计得非常简单，比如 f 就是向量对应位置上的元素分别相加或相乘，对于更一般的 $m \neq n$ 的情况，f 函数通常是一个两层全连接神经网络，如图 9-11 所示，输入就是把 $x(t)$ 和 $h(t-1)$ 首尾相连拼接起来。把 RNN 画成我们熟悉的神经网络的形式，如图 9-12 所示，每层的权重 w 是共享的，即整个 RNN 的权值参数只有 $m \times (m+n)$ 个。

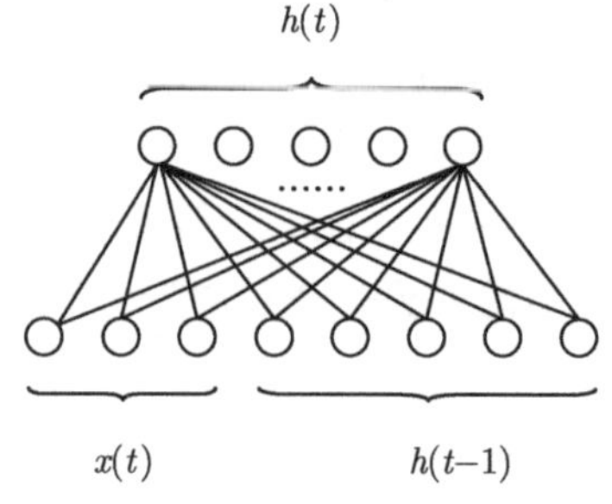

图 9-11 RNN cell 转换函数

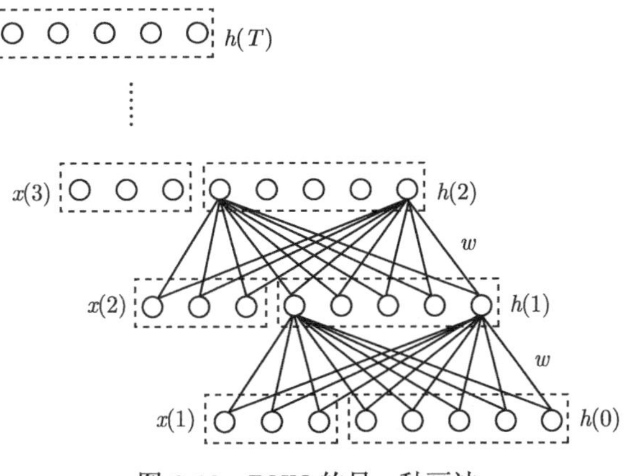

图 9-12　RNN 的另一种画法

整个循环神经网络的输入是 $h(0), x(1), x(2), \cdots, x(T)$，输出是 $h(1)$, $h(2)$, $\cdots$, $h(T)$，在 NLP 任务中，T 是文本序列的长度，$x(t)$ 是第 t 个词的词向量，$h(0)$ 是超参数。对于序列标注问题，通过 $tag_t = \text{softmax}\,(h(t))$ 可以得到每个位置上的标签；对于文本分类问题，通过 $class = \text{softmax}\,(h(1), h(2), \cdots, h(T))$ 可以得到文本的类别，实践中通常只用最后一个位置的 $h(T)$，即 $class = \text{softmax}\,(h(T))$，因为在 RNN 中任意时刻的 $h(t)$ 包含了之前 $h(1), h(2), \cdots, h(t-1)$ 中的所有信息，$h(T)$ 包含了整条序列的信息。

通过“循环”的方式，t 时刻之前的信息都可以传达到 $h(t)$ 中，但 t 时刻之后的信息对于预测 $h(t)$ 也是有帮助的，这在 NLP 中很常见，于是就有了双向循环网络 (Bidirectional RNNs, Bi-RNN)。Bi-RNN 由两个互相独立的单向 RNN 构成，如图 9-13 所示，正向的 RNN 需要输入 $h(0)$ 作为超参数，反向的 RNN 需要输入 $h'(T+1)$ 作为超参数，正向的时候共享转换函数 f，反向的时候共享转换函数 f'，即双向 RNN 的权值参数有 $2 \times m \times (m+n)$ 个。在预测 t 时刻的标签时把 $h(t)$ 和 $h'(t)$ 都用上，$tag_t = \text{softmax}\,(h(t), h'(t))$。

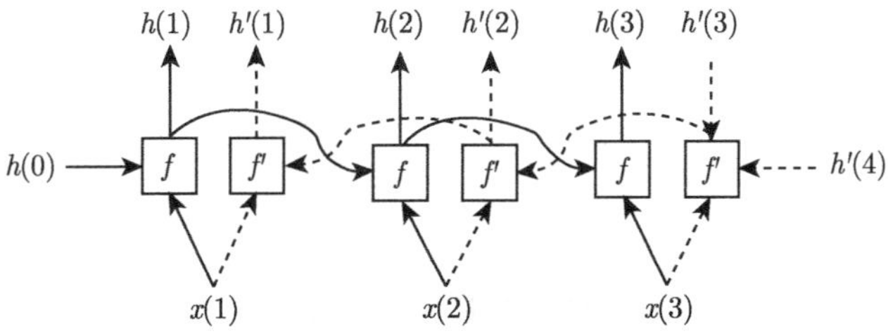

图 9-13　双向 RNN

还可以把多个 RNN 堆叠 (stack) 起来，形成很复杂的神经网络，以期取得更强的学习能力。如图 9-14 所示，第 i 层的 h 输给了第 $i+1$ 层，并且每层的转换函数 f 都不相同。

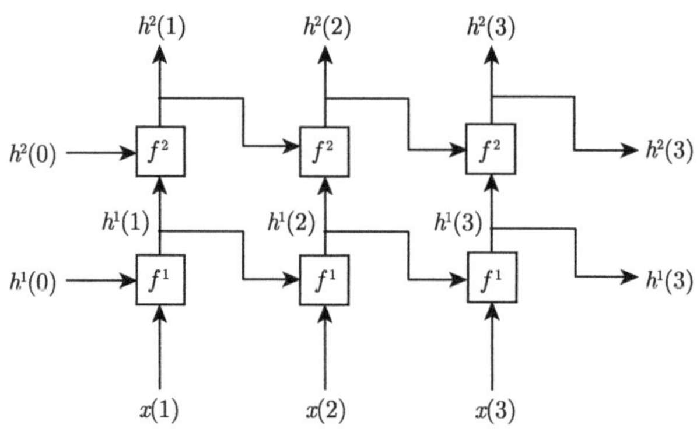

图 9-14 stack RNN

9.3.2 RNN 的学习问题

RNN 的参数学习依然使用的是反向传播，本节将介绍在序列标注问题 (如图 9-15 所示) 中 RNN 的参数是如何更新的。序列标注就是在序列的每一个位置上打标签，标签的总数是已知的，所以打标签实际上是一个多分类问题，通常使用 softmax 挑选出概率最高的那个类别。

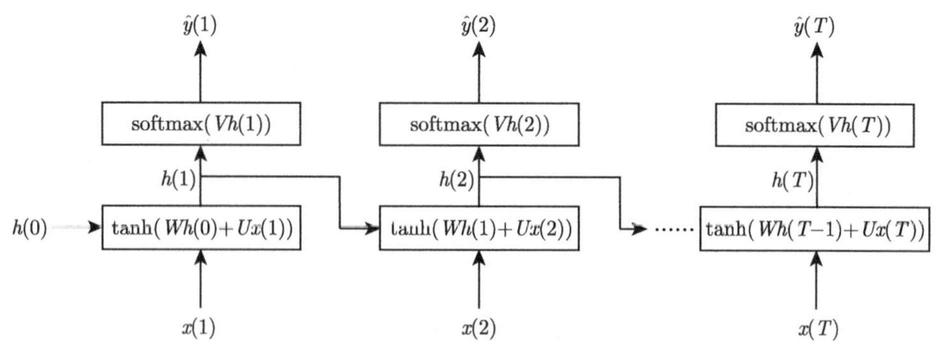

图 9-15 RNN 序列标注

真实的 y 是一个 one-hot 向量，因为 x 只属于某一个特定的类别，$\hat{y}$ 是对 y 的预测，$\hat{y}_i$ 表示预测为第 i 个类别的概率。

$$\hat{y}_i = \mathrm{softmax}(z_i) = \frac{\mathrm{e}^{z_i}}{\sum_j \mathrm{e}^{z_j}},\ z_i = V_i x_i$$

$$\frac{\partial \hat{y}_i}{\partial z_i} = \hat{y}_i(1-\hat{y}_i)$$

$$\frac{\partial \hat{y}_i}{\partial z_j} = -\hat{y}_i\hat{y}_j$$

对于分类问题通常采用交叉熵损失函数。

$$loss = -\sum_i y_i \ln \hat{y}_i = -\ln \hat{y}_k,\ y_k = 1, y_j = 0, j \neq k$$

$$\frac{\partial loss}{\partial V_i} = \frac{\partial loss}{\partial \hat{y}_k}\frac{\partial \hat{y}_k}{\partial z_i}\frac{\partial z_i}{\partial V_i} = -\frac{1}{\hat{y}_k}\frac{\partial \hat{y}_k}{\partial z_i}x_i$$

$$\text{if}\ \ i = k\ \ \text{then}\ \ y_i = 1$$

$$\frac{\partial loss}{\partial V_i} = -\frac{1}{\hat{y}_k}\hat{y}_i(1-\hat{y}_i)x_i = (\hat{y}_i - 1)x_i = (\hat{y}_i - y_i)x_i$$

$$\text{if}\ \ i \neq k\ \ \text{then}\ \ y_i = 0$$

$$\frac{\partial loss}{\partial V_i} = -\frac{1}{\hat{y}_k}(-\hat{y}_i\hat{y}_k)x_i = \hat{y}_i x_i = (\hat{y}_i - y_i)x_i$$

$$\therefore \frac{\partial loss}{\partial V_i} = (\hat{y}_i - y_i)x_i$$

如图 9-15 所示，隐藏层采用 tanh 作为激活函数。简单回顾下 tanh 函数的性质：值域位于 $[-1,1]$；$\tanh'(x) = 1 - \big(\tanh(x)\big)^2$。

$$h(t) = \tanh\big(Wh(t-1) + Ux(t)\big)$$

$$\hat{y}(t) = \mathrm{softmax}\big(Vh(t)\big)$$

在每一个位置上都采用交叉熵损失函数。

$$\frac{\partial loss(t)}{\partial V} = \big(\hat{y}(t) - y(t)\big) \otimes h(t)$$

“$\otimes$”表示 numpy 中的 outer 运算，详见 3.4.1 节的介绍。在每一个位置上 V 是共享的，总的损失函数对 V 的导数为

$$\frac{\partial loss}{\partial V} = \sum_{t=1}^{T} \frac{\partial loss(t)}{\partial V}$$

$loss(t)$ 对 W 和 U 求导要麻烦些，因为 h 是一直往后传递的，在反向传播时第 t 步的误差会反应到每一个 $h(k)$ 上，$1 \leqslant k \leqslant t$，每一个 $h(k)$ 上的误差都会反应到 W 和 U 上。记 $z(t) = Wh(t-1) + Ux(t)$，有

$$\begin{aligned}\frac{\partial loss(t)}{\partial W} &= \frac{\partial loss(t)}{\partial z(t)}\frac{\partial z(t)}{\partial W} + \frac{\partial loss(t)}{\partial z(t-1)}\frac{\partial z(t-1)}{\partial W} + \cdots + \frac{\partial loss(t)}{\partial z(1)}\frac{\partial z(1)}{\partial W} \\ &= \sum_{k=1}^{t}\frac{\partial loss(t)}{\partial z(k)}\frac{\partial z(k)}{\partial W}\end{aligned}$$

记 $\delta_k^{(t)} = \partial loss(t)/\partial z(k)$，由 $z(k) = Wh(k-1) + Ux(k) = W\tanh\big(z(k-1)\big) + Ux(k)$，得递推关系式为

$$\delta_{k-1}^{(t)} = \frac{\partial loss(t)}{\partial z(k)}\frac{\partial z(k)}{\partial z(k-1)} = \delta_k^{(t)} W\big(1 - h(k-1)^2\big) \tag{9-12}$$

$$\frac{\partial loss(t)}{\partial W} = \sum_{k=1}^{t}\frac{\partial loss(t)}{\partial z(k)}\frac{\partial z(k)}{\partial W} = \sum_{k=1}^{t}\delta_k^{(t)} h(k-1)$$

同理，$\partial loss(t)/\partial U = \sum\limits_{k=1}^{t}\delta_k^{(t)} x(k)$。

最后计算总的 $loss$ 对 W 和 U 的导数。

$$\frac{\partial loss}{\partial W} = \sum_{t=1}^{T}\frac{\partial loss(t)}{\partial W}, \quad \frac{\partial loss}{\partial U} = \sum_{t=1}^{T}\frac{\partial loss(t)}{\partial U}$$

在式 (9-12) 中，因子 $1 - h(k-1)^2$ 位于区间 $[0,1]$ 上，经过多次的连乘，$\delta_{k-1}^{(t)}$ 会趋近于 0，也就是说第 t 层的误差很难影响到第 $k-1$ 层的参数更新 (t 和 $k-1$ 中间隔了很多层)，这就是所谓的梯度消失问题。在实际的序列挖掘任务中有时候需要长程依赖，有时候又希望依赖不要传递得太长，长短记忆循环网络就是为满足这种需求而设计的，GRU 和 LSTM 都具有这种功能。

9.3.3 门控循环单元

GRU 的全称是 Gated Recurrent Unit，即门控循环单元，它把 RNN 的 cell 设计成图 9-16 所示的样子。圆圈符号代表向量对应位置做某种运算，执行运算非常快；方框符号称之为“门”，它是两层全连接神经网络 (参考图 9-11)，计算量非常大，是主要的运算瓶颈所在。

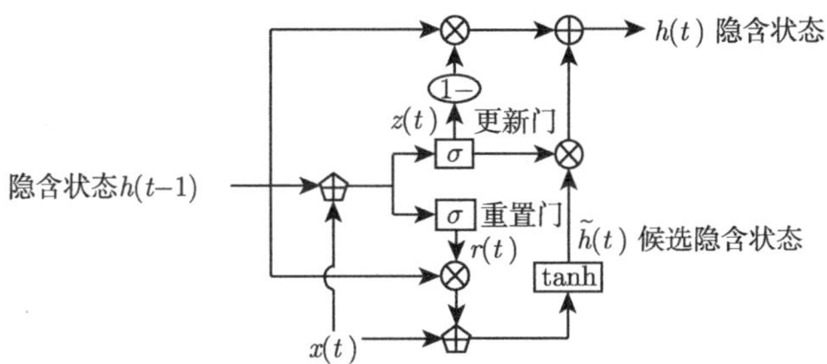

⊕ 向量首尾拼接

⊗ 向量对应位置相乘　⊕ 向量对应位置相加　(1−) 1减去向量每个位置上的元素

[σ] 两层全连接网络，sigmoid做激活函数　[tanh] 两层全连接网络，tanh做激活函数

图 9-16　GRU cell

$$z(t) = \sigma\left([h(t-1), x(t)] \cdot W_z + b_z\right) \tag{9-13}$$

$$r(t) = \sigma\left([h(t-1), x(t)] \cdot W_r + b_r\right) \tag{9-14}$$

$$\tilde{h}(t) = \tanh\left([r(t) * h(t-1), x(t)] \cdot W_h + b_h\right) \tag{9-15}$$

$$h(t) = (\vec{1} - z(t)) * h(t-1) + z(t) * \tilde{h}(t) \tag{9-16}$$

“[]”是向量拼接运算，“·”表示向量内积，“∗”表示向量对应位置分别相乘，“+”和“−”表示向量对应位置分别相加和相减。设 x 的维度是 n，h 的维度是 m，更新门输出 z、重置门输出 r 和候选状态 $\tilde{h}$ 与 h 的维度相同都是 m，$[h(t-1), x(t)]$ 是 $1 \times (m+n)$ 的行向量，W_z、W_r、W_h 都是 $(m+n) \times m$ 的矩阵。偏置项 b_z、b_r、b_h 都是 $1 \times m$ 的行向量。各个权重 W 和偏置项 b 在所有 cell 中是共享的。

观察式 (9-13)、式 (9-14)，通过 sigmoid 函数 $z(t)$ 和 $r(t)$ 中的每个元素都位于 (0,1) 上。式 (9-15) 用来生成候选隐含状态 $\tilde{h}(t)$，$h(t-1)$ 前面乘以衰减系数 $r(t)$，如果 $r(t)$ 趋近于 0 则候选状态 $\tilde{h}$ 中只包含当前输入 $x(t)$ 的信息。观察式 (9-16)，如果 $z(t)$ 趋近于 1，则最终的隐含状态 $h(t)$ 就等于候选隐含状态 $\tilde{h}$，$\tilde{h}$ 中包含了当前的信息 $x(t)$ 和历史信息 $h(t-1)$；如果 $z(t)$ 趋近于 0，则当前的隐含状态 $h(t)$ 就完全等于上一步和隐含状态 $h(t-1)$，当前的输入 $x(t)$ 对 $h(t)$ 没有任何贡献。当 $z(t)$ 趋近于 1 且 $r(t)$ 趋近于 0 时，当前的隐含状态 $h(t)$ 完全取决于当前的输入 $x(t)$，历史信息传到当前这一步就完全断掉了，往后的 $t'(t' > t)$ 步都不会包含 t 之前的任何信息。重置门和更新门结合在一起用于控制时间序列里的长短依赖关系。

9.3.4 LSTM

如图 9-17 所示，LSTM(Long Short Term Memory) 的结构跟 GRU 比较像，各运算符号在此不做重复的解释。LSTM 与 GRU 相比有以下两个明显不同。

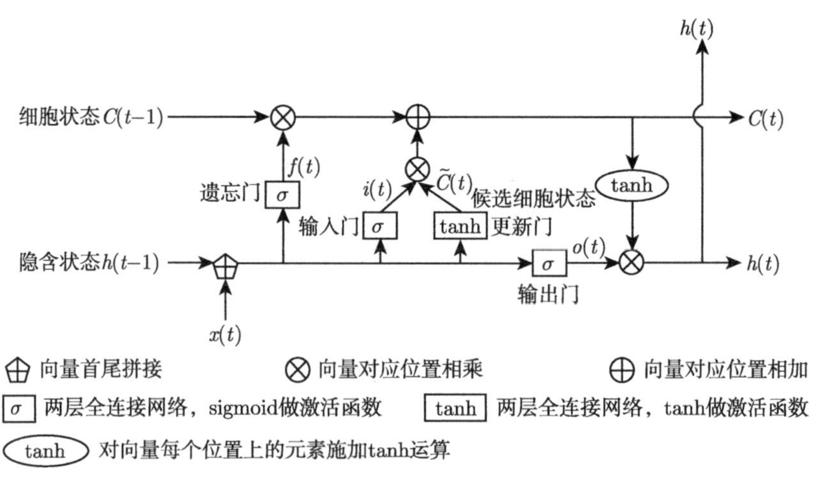

图 9-17 LSTM cell

1) LSTM 比 GRU 多了一个细胞状态 C，同隐含状态 h 一样，细胞状态 C 也是一直往后传递的，即 t 时刻之前的细胞状态信息在 $C(t)$ 中都有体现。

2) LSTM 一个 cell 中有 4 个门运算，比 GRU 多了 1 个，所以运算量要大一些。

$$f(t) = \sigma\left([h(t-1) \cdot W_{fh}, x(t) \cdot W_{fx}] + b_f\right) \tag{9-17}$$

$$i(t) = \sigma\left([h(t-1) \cdot W_{ih}, x(t) \cdot W_{ix}] + b_i\right) \tag{9-18}$$

$$\tilde{C}(t) = \tanh\left([h(t-1) \cdot W_{Ch}, x(t) \cdot W_{Cx}] + b_C\right) \tag{9-19}$$

$$o(t) = \sigma\left([h(t-1) \cdot W_{oh}, x(t) \cdot W_{ox}] + b_o\right) \tag{9-20}$$

$$C(t) = f(t) * C(t-1) + i(t) * \tilde{C}(t) \tag{9-21}$$

$$h(t) = o(t) * \tanh(C(t)) \tag{9-22}$$

从式 (9-19) 来看，候选细胞状态 $\tilde{C}(t)$ 中包含了历史信息 $h(t-1)$ 和当前信息 $x(t)$。从式 (9-21) 来看，新的细胞状态由上一次的细胞状态 $C(t-1)$ 和本次的候选细胞状态 $\tilde{C}(t)$ 相加得到，$C(t-1)$ 前面乘了一个衰减系数 $f(t)$，也就是说遗忘门用来控制遗忘掉多少比例的历史细胞状态 $C(t-1)$。输入门 $i(t)$ 用来给候选细胞状态 $\tilde{C}(t)$ 打折扣。由式 (9-19) 知 $\tilde{C}(t)$ 的值域位于 $(-1,1)$，也就是说 $\tilde{C}(t)$ 不仅可以加强 $C(t)$，也可能会对 $C(t)$ 产生减损的作用。最后细胞状态 $C(t)$ 作用于隐含状态 $h(t)$ 中。总体来看，在 LSTM 中遗忘门和输出门的作用比较大，遗忘门用来决定遗忘多少历史信息即控制长短依赖关系，输出门用来限制 $h(t)$ 的边界。

LSTM 虽然比传统的全连接网络复杂了很多，但是其参数学习方法依然是 9.1.2 节中讲的反向传播，需要注意的是 LSTM 的门参数在各个 cell 里是共享的。再次明确一下从宏观上看 LSTM 网络结构如图 9-10 所示，从微观上看 LSTM 每个 cell 的内部结构如图 9-17 所示。LSTM 中需要学习的参数是各个 W 和 b，其中 W 都是矩阵，b 都是向量，x 的维度为 n，b 和 h 的维度为 m，W_h 的维度为 $m\times m$，W_x 的维度为 $n\times m$，W_{fhji} 表示 W_{fh} 中的第 j 行第 i 列的元素。对于第 t 步的损失函数假如用平方误差，那么

$$loss(t)=\frac{1}{2}\sum_{i=1}^{m}[y_i(t)-h_i(t)]^2 \tag{9-23}$$

$$\frac{\partial loss(t)}{\partial h_i(t)}=y_i(t)-h_i(t) \tag{9-24}$$

下面以 W_{fhji} 为例推导损失函数对 LSTM 模型参数的求导过程。由于 W_{fhji} 在各个 cell 中是共享的，且第 t 步之前的 W_{fhji} 对 $loss(t)$ 都有影响，参考图 9-10 根据链式传导法则有

$$\frac{\partial loss(t)}{\partial W_{fhji}}=\sum_{p=0}^{t-1}\frac{\partial loss(t)}{\partial h_i(t-p)}\frac{\partial h_i(t-p)}{\partial W_{fhji}} \tag{9-25}$$

$$=\sum_{p=0}^{t-1}\frac{\partial loss(t)}{\partial h_i(t)}\prod_{q=0}^{p-1}\frac{\partial h_i(t-q)}{\partial h_i(t-q-1)}\frac{\partial h_i(t-p)}{\partial W_{fhji}} \tag{9-26}$$

式 (9-26) 中的 $\partial h_i(t-p)/\partial W_{fhji}$ 特指 $h_i(t-p)$ 对当前 cell 中的 W_{fhji} 求导，不需要再往前传递，所以对于任意的 t，$\partial h_i(t)/\partial W_{fhji}$ 求法都是一样的。至于中间部分 $\prod_{q=0}^{p-1}[\partial h_i(t-q)/\partial h_i(t-q-1)]$ 的关键是求出 $\partial h_i(t)/\partial h_i(t-1)$ 的形式。

$$\frac{\partial h_i(t)}{\partial C_i(t)}=o_i(t)\left[1-\tanh(C_i(t))^2\right] \tag{9-27}$$

$$\frac{\partial C_i(t)}{\partial f_i(t)}=C_i(t-1) \tag{9-28}$$

对式 (9-17) 做一下形式变换，把向量内积展开，得

$$f_i(t) = \sigma\left[\sum_{j=1}^{m} h_j(t-1)W_{fhji} + \sum_{j=1}^{n} x_j(t)W_{fxji} + b_{fi}\right]$$

$$\frac{\partial f_i(t)}{\partial W_{fhji}} = f_i(t)[1 - f_i(t)]h_j(t-1) \tag{9-29}$$

$$\frac{\partial f_i(t)}{\partial h_j(t-1)} = f_i(t)[1 - f_i(t)]W_{fhji}$$

由 $h_j(t-1)$ 和 $h_i(t-1)$ 的对称性得

$$\frac{\partial f_i(t)}{\partial h_i(t-1)} = f_i(t)[1 - f_i(t)]W_{fhii} \tag{9-30}$$

将式 (9-27)、式 (9-28)、式 (9-29) 代入式 (9-31) 得

$$\frac{\partial h_i(t)}{\partial W_{fhji}} = \frac{\partial h_i(t)}{\partial C_i(t)}\frac{\partial C_i(t)}{\partial f_i(t)}\frac{\partial f_i(t)}{\partial W_{fhji}} \tag{9-31}$$

下面演示如何求 $\partial h_i(t)/\partial h_i(t-1)$。仿照式 (9-30) 易得

$$\frac{\partial i_i(t)}{\partial h_i(t-1)} = i_i(t)[1 - i_i(t)]W_{ihii} \tag{9-32}$$

$$\frac{\partial o_i(t)}{\partial h_i(t-1)} = o_i(t)[1 - o_i(t)]W_{ohii} \tag{9-33}$$

$$\frac{\partial \tilde{C}_i(t)}{\partial h_i(t-1)} = [1 - \tilde{C}_i(t)^2]W_{Chii} \tag{9-34}$$

将式 (9-30)、式 (9-32)、式 (9-33)、式 (9-34) 代入式 (9-35) 得

$$\frac{\partial C_i(t)}{\partial h_i(t-1)} = \frac{\partial f_i(t)}{\partial h_i(t-1)}C_i(t-1) + \frac{\partial i_i(t)}{\partial h_i(t-1)}\tilde{C}_i(t) + i_i(t)\frac{\partial \tilde{C}_i(t)}{\partial h_i(t-1)} \tag{9-35}$$

将式 (9-33)、式 (9-35) 代入式 (9-36) 得

$$\frac{\partial h_i(t)}{\partial h_i(t-1)} = \frac{\partial o_i(t)}{\partial h_i(t-1)}\tanh(C_i(t)) + o_i(t)\left[1 - \tanh(C_i(t))^2\right]\frac{\partial C_i(t)}{\partial h_i(t-1)} \tag{9-36}$$

结合式 (9-24)、式 (9-31)、式 (9-36) 可求出式 (9-26)。

9.3.5 seq2seq

seq2seq 指 sequence to sequence，RNN 做序列标注时输入序列和输出序列的长度是相同的，在机器翻译、自动摘要等任务中输入序列和输出序列的长度是不等的，当我们说 seq2seq 时通常不包含序列标注。

图 9-18 是一种常见的 seq2seq 架构，它由两个 RNN 构成，第一个 RNN 称为编码器，负责产生背景向量 c，c 中包含了所有的输入信息，第二个 RNN 称为解码器，负责生成输出序列。编码器的隐变量用 h 表示，$h(t)=r1(h(t-1),x(t))$，函数 $r1$ 可以用常见的 LSTM 或 GRU，最后根据所有时刻的 h 生成背景向量 c，$c=f(h(1),h(2),\cdots,h(T))$，通常取 $c=h(T)$。解码器的隐变量用 s 表示，跟以往的 RNN 不同的是解码器每个 cell 的输入有 3 个向量，$s(t)=r2(s(t-1),y(t-1),c)$，但函数 $r2$ 依然可以用常见的 LSTM 或 GRU，因为 LSTM 或 GRU 的门运算如图 9-11 所示，不管输入层是多少个向量的拼接，总可以保证输出层的向量维度为某个特定的值，不妨碍后续的运算。g 通常是 softmax 函数，取概率最大的 $g(s(t))$ 得到第 t 步的输出 $y(t)$。$\langle b\rangle$ 和 $\langle e\rangle$ 是两个特殊的字符，分别表示序列的开始和结尾，预测输出序列时一律用 $\langle b\rangle$ 作为 $y(0)$，当预测出 $\langle e\rangle$ 时说明输出序列可以终止了。编码器可以使用双向 RNN，而解码器则一定是单向的，因为预测 $y(t)$ 时 t 时刻以后的 y 是未知的。另外由于编码器在 seq2seq 中的作用就是输出向量 c，所以编码器也可以用 CNN 来实现，CNN 相对于 RNN 的一个明显优势在于可以并行计算。

在训练阶段我们有完整的输入序列 X 和输出序列 Y，根据 X 可以得到 c，可以先拿 c 和 $\langle b\rangle$ 去预测 $y(1)$，再拿 c、$\langle b\rangle$、$y(1)$ 去预测 $y(2)$…… 最后拿 c、$\langle b\rangle$、Y 去预测 $\langle e\rangle$，这样一对 (X,Y) 被拆成了多条样本来使用。预测每一个位置的 y 是一个基于 softmax 的多分类问题，损失函数通常使用交叉熵，也就是极大似然估计，至于为什么不用误差平方和请参考 9.1.3 节。

在预测阶段要根据序列 X 计算出概率最大的序列 Y，即

$$
\begin{aligned}
\max\ P(Y|X) &= P(y(1),y(2),\cdots,y(T)|c) \\
&= P(y(1)|c)P(y(2)|c,y(1))\cdots P(y(T)|c,y(1),y(2),\cdots,y(T-1))
\end{aligned}
$$

听上去跟 HMM 中的解码问题很像 (参见 6.1.3 节)，不幸的是 seq2seq 中无法利用动态规划，而暴力计算每一种 Y 序列的概率又不现实，所以实践中通常采用贪心法或 Beam-Search。

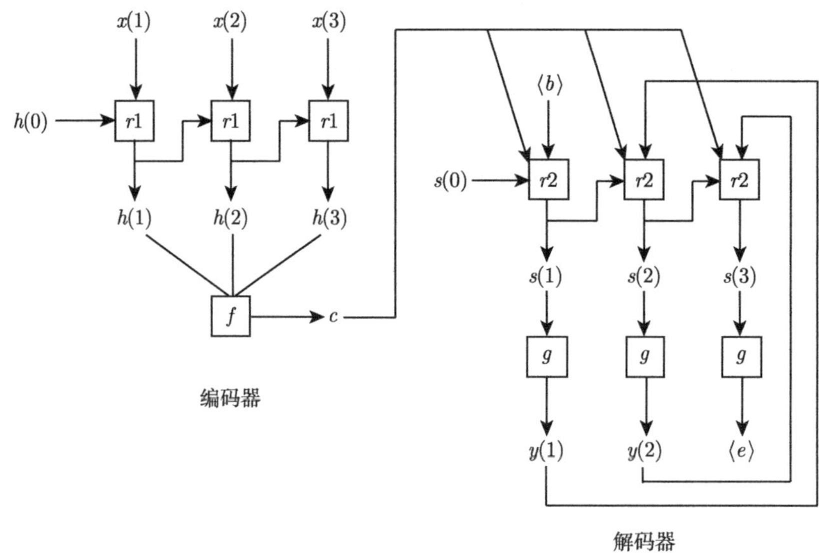

图 9-18　seq2seq 架构

贪心法先根据 c 和 $\langle b\rangle$ 计算出概率最大的 $y(1)$，然后根据 c、$\langle b\rangle$ 和 $y(1)$ 计算出概率最大的 $y(2)$，直到计算出 $\langle e\rangle$ 终止。贪心法得到的不是全局最优解，因为它取

$$y(t)=\underset{y(t)}{\arg\max}\, P(y(t)|c,y(1),y(2),\cdots,y(t-1))$$

假设 $t=1$ 时刻有一个候选解 $y'(1)$，贪心法得到的解是 $y(1)$，则 $P(y'(1)|c)<P(y(1)|c)$，但是考虑到全局概率有可能

$$P(y'(1)|c)P(y(2)|c,y'(1))>P(y(1)|c)P(y(2)|c,y(1))$$

Beam-Search 不是绝对的“贪心”，但是也比较“贪心”，它在第 t 步取概率最高的前 k 个 $y(t)$ 作为候选解，并且在预测 t 时刻之后的 y 时都会考虑 $y(t)$ 的这 k 个取值。说得具体点，比如 $k=2$，$t=1$ 时刻计算出概率最高的前两个 $y(1)$，分别计为 $y'(1)$、$y''(1)$，$t=2$ 时刻根据 $y'(1)$ 计算出概率最高的前两个 $y(2)$，同时也要根据 $y''(1)$ 计算出概率最高的前两个 $y(2)$，这样 $t=2$ 时刻 y 的候选值有 4 个，依此类推，直到预测出 $\langle e\rangle$ 相应的链路就可以终止了。最后在所有候选的 Y 序列中挑选概率最大者作为最优解。贪心法相当于 $k=1$ 的 Beam-Search，k 用于在计算量和准确度之间寻找平衡。

9.4 注意力机制

观察图 9-18，在 seq2seq 中预测 $y(t)$ 时需要用到 c、$y(t-1)$ 和 $s(t-1)$，即

$$y(t) = f(c, y(t-1), s(t-1)) \tag{9-37}$$

背景向量 c 里面包含了所有的输入信息，预测任意时刻的 $y(t)$ 使用的都是同一个 c，而人类在做语言翻译时不可能一下子记住所有的输入信息然后逐个单词地输出翻译结果，相反我们翻译 $y(t)$ 的时候会给 t 时刻附近的 x 赋予更大的权重。注意力机制就是借鉴了这种思想，它认为在不同位置上预测 y 应该使用不同的 c，即

$$y(t) = f(c(t), y(t-1), s(t-1)) \tag{9-38}$$

式中，$c(t)$ 是所有 h 的函数，且各个 h 的权重是不一样的。

$$c(t) = \sum_{i=1}^{N} a_t(i)h(i) \tag{9-39}$$

式中，a_t 是权重向量，通常要做归一化，即 $\sum\limits_{i=1}^{N} a_t(i) = 1$。不同时刻的 c 使用不同的权重向量 a。观察式 (9-38) 和式 (9-39)，$c(t)$ 要和 $s(t-1)$ 结合起来去预测 $y(t)$，$a_t(i)$ 是赋给 $h(i)$ 的权重，所以 $h(i)$ 跟 $s(t-1)$ 的相似度 (或相关性) 越大，权重 $a_t(i)$ 就应该越大，$a_t(i)$ 可以直接设计成 $h(i)$ 和 $s(t-1)$ 的内积，即

$$a_t(i) = s(t-1) \cdot h(i) \tag{9-40}$$

或者用感知机计算 $h(i)$ 和 $s(t-1)$ 的相关度，即

$$a_t(i) = \tanh(W \cdot [s(t-1), h(i)]) \cdot V \tag{9-41}$$

式 (9-41) 的意思是把 $h(i)$ 和 $s(t-1)$ 拼接起来构成输入层，与权值矩阵 W 相乘再经过一个激活函数得到输出层，输出层再与 V 向量计算内积最终得到一个标量。

在图 9-18 的基础上加注意力机制得到图 9-19。

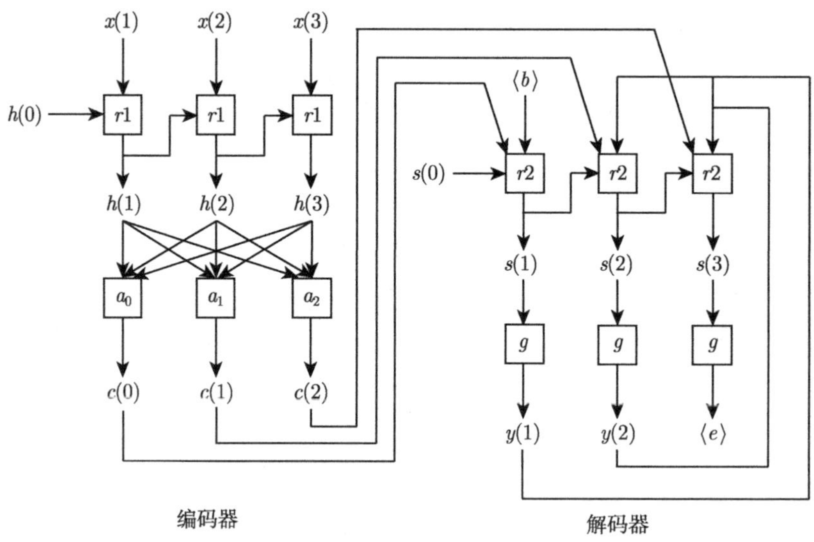

图 9-19　带注意力机制的 seq2seq 架构

构造矩阵

$$H = [h(1), h(2), \cdots, h(i), \cdots, h(N)]$$

$$S = [s(0), s(1), \cdots, s(t), \cdots, s(T-1)]^{\mathrm{T}}$$

$$A[t][i] = a_t(i)$$

$$C = [c(0), c(1), \cdots, c(t), \cdots, c(T-1)]^{\mathrm{T}}$$

由式 (9-40) 得 $A = SH^{\mathrm{T}}$，A 的每一行代表一组权重分布，对 A 按行进行 softmax 归一化，得 softmax(A)。由式 (9-39) 得 $C = \mathrm{softmax}(A)H$，综合得到

$$C = \mathrm{softmax}(SH^{\mathrm{T}})H \tag{9-42}$$

把式 (9-42) 再泛化一下得到 Attention 模型的通用表达式：

$$\mathrm{Attention}(Q, K, V) = \mathrm{softmax}\left(\frac{QK^{\mathrm{T}}}{\sqrt{d_k}}\right)V \tag{9-43}$$

$$Q \in \mathbb{R}^{n\times d_k} \qquad K \in \mathbb{R}^{m\times d_k} \qquad V \in \mathbb{R}^{m\times d_v}$$

式 (9-43) 中的 Q 相当于式 (9-42) 中的 S，式 (9-43) 中的 K 和 V 相当于式 (9-42) 中的 H。Q 和 K 相乘后人为缩小到之前的 $1/\sqrt{d_k}$，因为如果 softmax 函数的

自变量绝对值太大的话其因变量容易趋于 0 或 1，那样权重向量就成了 one-hot，不能把 V 的所有列向量都利用起来。特别地，当 $Q = K = V$ 时称为 self-Attention。

谷歌用注意力机制构建了一个 seq2seq 模型，并且这个模型中完全没有使用 RNN 和 CNN，模型的简化版本如图 9-20 所示。

观察图 9-20，在编码器和解码器的连接处使用的是普通 Attention，在编码器和解码器内部各自有一个 self-Attention。把各个时刻的 x、c、s、y 分别堆叠起来构成矩阵 X、C、S、Y。对照式 (9-43)，编码器中的 self-Attention 其 Q、K、V 都等于 X 本身，即 $C = \text{Attention}(X, X, X)$。对于编码器和解码器连接处的 Attention，其 K 和 V 都等于 C，Q 相当于 Y，即 $S = \text{Attention}(Y, C, C)$，如果分时刻看就是 $s(t) = \text{Attention}(y(t-1), C, C)$。解码器中的 self-Attention 其 Q、K、V 都等于 S 本身，如果分时刻看就是 $y(t) = \text{Attention}(s(t), S_t, S_t)$，需要注意的是在 t 时刻后面的 s 还没有计算出来，需要用特定的掩码 (比如全 0) 替换掉，即此处的 S_t 只包含 t 时刻之前的 s。self-Attention 用于学习序列内部的依赖关系。

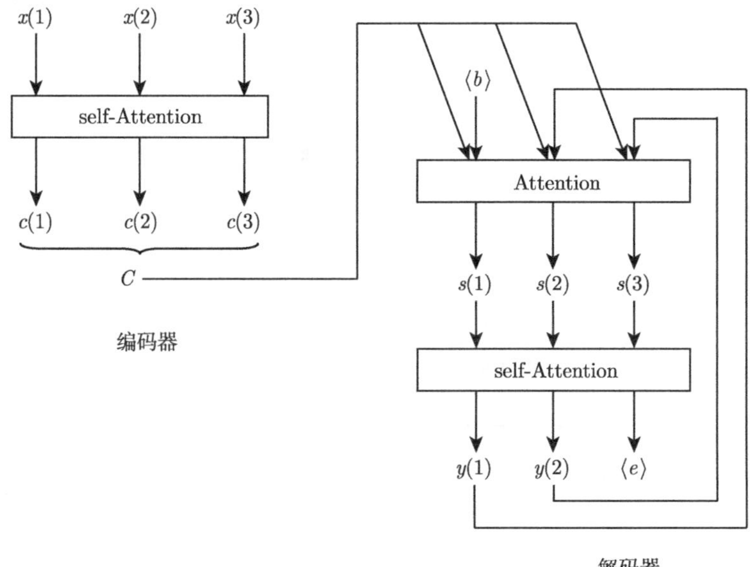

图 9-20 只使用注意力机制的 seq2seq 模型

第 10 章 Keras 编程

Keras 是一个 Python 深度学习库，我们可以用它方便地构建任意复杂的网络结构。目前支持 TensorFlow、Theano 和 CNTK 三种计算引擎，可以运行于 CPU 和 GPU 上，且代码不需要做任何更改。

10.1 快速上手

我们先来用 Keras 编写一个最简单的神经网络：它只有两层，第一层上 3 个神经元，第二层上 2 个神经元，如图 10-1 所示。图 10-2 是调用 Keras 的 plot_model() 函数画出的网络结构图。

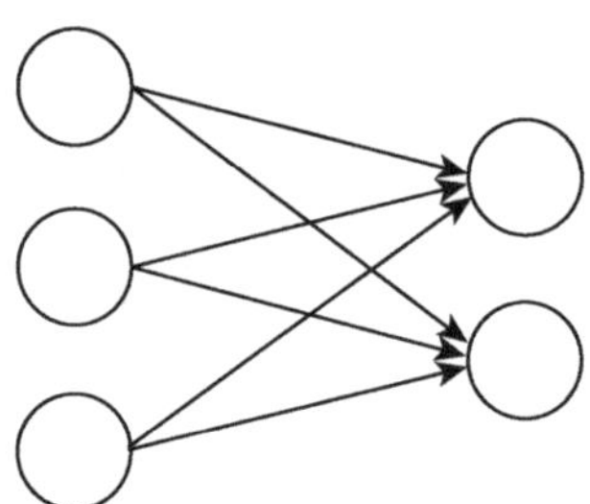

图 10-1 一个简单的神经网络

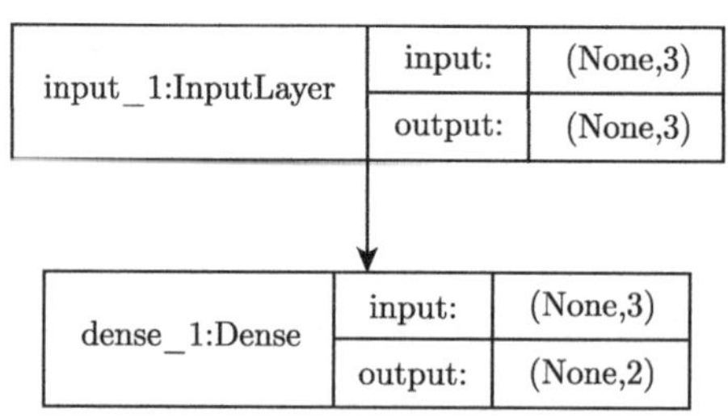

图 10-2 网络结构图

在 Keras 中网络结构的基本单元是" 层"，层定义了由输入到输出的映射关系，第 11 行代码展示了层的典型用法，这是函数式编程。Model 代表整个网络结构，一个复杂的神经网络可以有多个输入和多个输出。

代码 10-1　简单神经网络的实现

```
1  # coding=utf-8
2
3  import numpy as np
4  from keras.layers import Input, Dense
5  from keras.models import Model
6  from keras.utils import plot_model
7
8  #定义网络结构
9  input = Input(shape=(3,))
10 dense_layer = Dense(units=2, activation='softmax')
11 output = dense_layer(input)
12 model = Model(inputs=[input], outputs=[output])
13 #画出网络结构
14 plot_model(model, to_file="simple_net.png", show_shapes=True)
15
16 #生成虚拟数据
17 x_train = np.random.random((100, 3))
18 y_train = np.random.randint(low=0, high=1, size=(100, 2))
19 #配置训练过程
20 model.compile(optimizer="sgd", loss="categorical_crossentropy")
21 #开始训练
22 model.fit(x_train, y_train, batch_size=10, epochs=2)
23 #打印训练完成后的权值
24 print dense_layer.get_weights()[0]
25
26 #用训练好的模型预测新数据
27 x_test = np.random.random((1, 3))
28 y_pred = model.predict(x_test)
29 print y_pred
```

用 plot_model 函数把网络结构画出来，看一看每层输入和输出的尺寸。从图 10-2 可以看出网络有两层，第一层是 Input 层，它的输入和输出尺寸均为 (None, 3)。第二层是 Dense 层，它的输入数据的尺寸即为第一层输出数据的尺寸，它的输出数据的尺寸由 Dense() 的 units 参数指定。None 的位置是数据批量的大小，None 表示任意尺寸，即定义网络结构时没有对数据批量做限制。关于 Input 层和 Dense 层后文会详细介绍。

在开始训练模型之前需要先通过 complie 函数来指定如何训练，即指定损失函数和优化方法。fit 是训练函数，predict 是预测函数，这跟 sklearn 的接口很像。你还可以在层上调用 get_weights() 函数来获取该层上的权值矩阵。

10.2 Keras 层

Layer 是一个抽象类，Keras 中有很多种 Layer 的具体实现，比如上文提到的 Input 和 Dense，我们也可以定义自己的 Layer，这样就可以实现任意复杂的网络结构。自定义 Layer 时只需要指定输入和输出数据的尺寸，以及由输入到输出的映射函数，不需要定义反向传播时参数如何更新。每一个 Layer 上都有一个权值参数 weights，weights 默认是随机初始化的，也可以初始化为一组特定的值以便于快速收敛，甚至可以指定 weights 初始化之后在训练过程中不可更改，即 trainable=False。

10.2.1 Keras 内置层

1. Input

Input 层的输出等于输入。

Input(shape=(32,)) 指定了输入数据是 32 维的向量。shape 是 tuple 类型，在 Python 中即使 tuple 只有一个元素也要追加一个逗号，即写成 shape=(32) 是不合语法的。

Input(batch_shape=(100,32)) 通过 batch_shape 参数不仅指定了输入数据是 32 维的，还要求必须是每批 100 条数据。如果对批次大小无要求则可以写成 Input(batch_shape=(None,32))，此时等价于 Input(shape=(32,))。

既然 Input 层不对输入做任何改动直接输出，那 Input 层存在的意义是什么呢？从图 10-2 来看，Input 层也确实没有存在的必要。其实 Input 层作为 Keras 神经网络的入口，它主要是用来把输入数据实例化为一个 Layer 对象，并对输入数据的规模进行检查使之符合后续的操作要求。

2. Reshape

Reshape(target_shape) 将输入重新调整为 target_shape 所指定的尺寸，target_shape 是整数元组，不包含表示批量的轴。

```
x = Input(batch_shape=(10, 4, 3, 2))
y = Reshape(target_shape=(2,6, 2))(x)
```

上例中 y 的维度为 (10, 2, 6, 2)，10 是批次的大小，保持不变。target_shape 元组中可以使用 −1 表示自动推断该维度的值，比如上例等价于

```
y = Reshape(target_shape=(2, -1, 2))(x)
```

3. Concatenate

Concatenate(axis=−1) 按指定维度进行拼接，axis=−1 表示最后一个维度。

```
x0 = Input(shape=(4, 3))     # (None,4,3)
x1 = Input(shape=(4, 3))     # (None,4,3)
y = Concatenate(axis=0)([x0, x1])    # (None,4,3)
y = Concatenate(axis=1)([x0, x1])    # (None,8,3)
y = Concatenate(axis=2)([x0, x1])    # (None,4,6)
y = Concatenate(axis=-1)([x0, x1])   # (None,4,6)
```

4. Flatten

Flatten() 将输入展平，不影响批次的大小。

```
x = Input(batch_shape=(10, 4, 3, 2))
y = Flatten()(x)
```

上例中 y 的维度为 (10, 24), 10 是批次的大小，24=4*3*2。

5. Dropout

Dropout(rate) 将 Dropout 应用于输入，rate 是要丢弃的输入比例。

6. Dense

Dense(units=32, input_shape=(16,), activation=None, use_bias=True) 表示输入是 16 维，输出是 32 维的全连接层，如果 Dense 不是网络的第一层，通过上一层

的输出尺寸可以推出本层的输入尺寸，此时可以不指定 input_shape。从输入到输出的映射函数为 output = activation(dot(input, weights) + bias)，activation 默认为 None，此时 output = dot(input, weights) + bias。

```
x = Input(shape=(32,))
output_layer = Dense(4)
y = output_layer(x)
print output_layer.get_weights()[0].shape  #Dense 层weights的尺寸为(32, 4)
```

7. Activation

Activation(activation) 将激活函数应用于输出。

```
y=Dense(units=32)(x)
y=Activation(activation='sigmoid')(y)
```

等价于

```
y=Dense(units=32, activation='sigmoid')(x)
```

8. Add

Add() 将若干个张量按位相加。

```
x0 = Input(shape=(32,))
x1 = Input(shape=(32,))
y = Add()([x0, x1])
```

显然 x0 和 x1 的维度需要相同才能按位相加，最终 y 的维度跟它们相同。Multiply() 与 Add() 类似，它是按位相乘。

9. Lambda

Lambda(function) 将任意表达式封装为 Layer 对象。

```
Lambda(lambda x: x[0] + x[1])([x0, x1])
```

等价于

```
Add()([x0, x1])
```

10. Embedding

Embedding 将索引值转换为固定尺寸的稠密向量。在实际应用中，通常是先对一个离散属性的各个取值进行编号，然后再将每一个取值映射到一个向量。比如在 word2vec 中。如果用 one-hot 表示每一个 word，那词向量将是非常高维且稀疏的，通过 Embedding 可以将其转为低维稠密的向量。又比如在 FM 中，将离散特征的每一个取值映射到一个低维的隐向量。具体映射过程如图 10-3 所示。

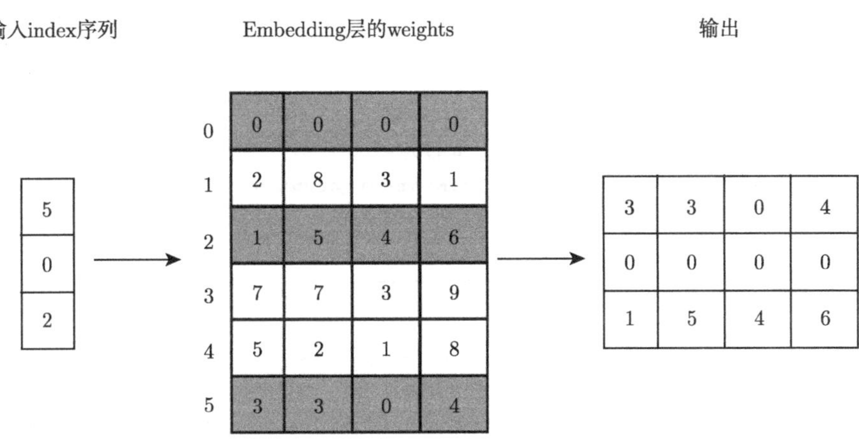

图 10-3 Embedding 层

Embedding(input_dim, output_dim, input_length=None) 中 input_dim 是该层 weights 矩阵的第一维的大小，亦即离散取值的个数，output_dim 是 weights 矩阵的第二维的大小，亦即稠密向量的维度。需要注意的是通过训练数据统计得到离散取值的个数为 n，那么要把 input_dim 设为 $n+1$，因为首个稠密向量要预留出来给未登录的离散取值使用，换句话说，输给 Embedding 层的索引值最大只能是 input_dim−1。input_length 限定了输入序列的长度，如果不需要限定使用默认值 None 即可。结合图 10-3 可以看到 Embedding 层的输入尺寸为 (batch_size, sequence_length)，输出尺寸为 (batch_size, sequence_length, output_dim)。

其实 Embedding 可以理解为 sequence_length 个 Dense 层的堆叠，如图 10-4 所示，只不过这些 Dense 层的输入都是 one-hot 向量。代码 10-2 和代码 10-3 定义的网络结构最终输出的数据尺寸都是 (None, 3, 100)。

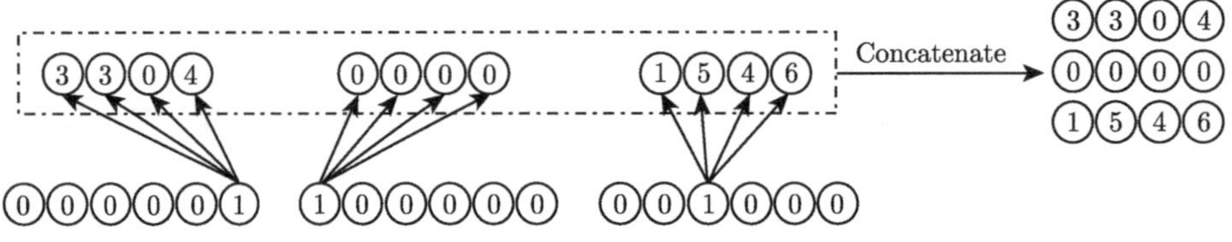

图 10-4　用 Dense+Concatenate 来理解 Embedding 层

代码 10-2　Embedding 层的使用

```
index_count = 10
dense_vector_dim = 100
sequence_length = 3
x = Input(shape=(sequence_length,))
embed_layer = Embedding(input_dim=index_count + 1, output_dim=
    dense_vector_dim, input_length=sequence_length)
y = embed_layer(x)  # (None, 3, 100)
```

代码 10-3　用 Dense 层的堆叠来实现 Embedding 层的功能

```
x_list = []
y_list = []
for i in xrange(sequence_length):
    x = Input(shape=(index_count + 1,))
    x_list.append(x)
    y = Dense(dense_vector_dim)(x)  # (None, 100)
    y = Reshape((1, -1))(y)  # (None, 1, 100)
    y_list.append(y)
y = Concatenate(axis=1)(y_list)  # (None, 3, 100)
```

对比图 10-4 和图 10-3 可以看到 Dense+Concatenate 与 Embedding 的等价性。这里的 Dense 层有两个限制条件，首先输入是 one-hot 向量，其次激活函数为 None，这样输出就等于 weights，模型训练得到的 weights 就是索引值对应的稠密向量。

活学活用，最后我们来编写一个如图 10-5 所示的神经网络。该网络的特点是有多个输入和多个输出。在实践中输入特征通常分为两类：离散特征和连续特征，连续特征可以直接喂给深层网络，而离散特征需要先经过 Embedding 转为稠密向量，这两类数据的尺寸和预处理方法都不一样，所以要分到多个 Input 里去。在深层网络中离输出层比较远的层其权值参数难以得到充分的训练，权值更新不太平稳，通过在中间设置输出层的方式可以缓和这个问题，图 10-5 中的 output1 能使 dense1 层的参数得到平稳的训练。

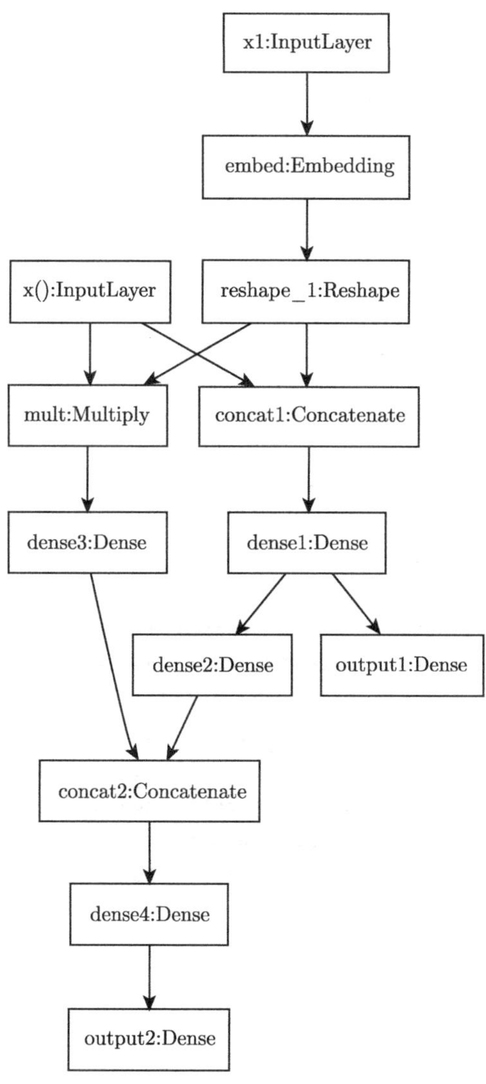

图 10-5　复杂网络结构

代码 10-4 复杂网络的实现

```
# -*- coding:utf-8 -*-

import numpy as np
from keras.layers import Input, Dense, Concatenate, Multiply, Reshape,
    Embedding
from keras.models import Model
from keras.utils import plot_model


def build_model():
    x0 = Input(shape=(8,), name="x0")
    x1 = Input(shape=(1,), name="x1")
    embed = Embedding(input_dim=10, output_dim=8, input_length=1,
        name="embed")(x1)  # Embedding层的输出尺寸为(batch_size, sequence_length,
        output_dim)，即此处embed的尺寸为(None, 1, 8)。input_dim=10，则输入的索引值必须
        小于10
    embed = Reshape(target_shape=(8,))(embed)  # 把embed的尺寸转为(None, 8)，
        target_shape中不包含表示批量的轴
    concat1 = Concatenate(axis=-1, name="concat1")([x0, embed])
    dense1 = Dense(units=4, name="dense1")(concat1)
    output1 = Dense(units=1, name="output1")(dense1)
    dense2 = Dense(units=4, name="dense2")(dense1)
    mult = Multiply(name="mult")([x0, embed])
    dense3 = Dense(units=4, name="dense3")(mult)
    concat2 = Concatenate(name="concat2")([dense2, dense3])
    dense4 = Dense(units=4, name="dense4")(concat2)
    output2 = Dense(units=1, name="output2")(dense4)
    model = Model(inputs=[x0, x1], outputs=[output1, output2], name="
        complex_net")
    plot_model(model, to_file="complex_net.png")  # 画出网络结构
    return model


def prepare_data():
    batch = 10000
    numerical_x = np.random.random((batch, 8))  # (10000, 8)
```

```
    categorical_x = np.random.randint(0, 10, (batch, 1))  # (10000, 1) 索引值必须小于10
    y = np.random.randint(0, 2, batch)  # (10000,) 0/1二分类问题
    return numerical_x, categorical_x, y


model = build_model()
model.compile(optimizer="sgd", loss='binary_crossentropy', metrics=['acc'])
numerical_x, categorical_x, y = prepare_data()
model.fit([numerical_x,categorical_x],[y, y],batch_size=100,epochs=1)
```

10.2.2 自定义层

如图 10-6 所示，在最左侧的全连接层中，实线对应的 weights 是可被训练的，虚线对应的 weights 是不可被训练的，我们可以把这个复合的全连接层拆分成两个单纯的 Dense 层，然后再求和。

```
input1 = Input(shape=(2,))
output1 = Dense(units=2)(input1)
input2 = Input(shape=(3,))
output2 = Dense(units=2, weights=[[1, 1], [1,1], [1, 1]], trainable=
    False)(input2)
output = Add()([output1, output2])
```

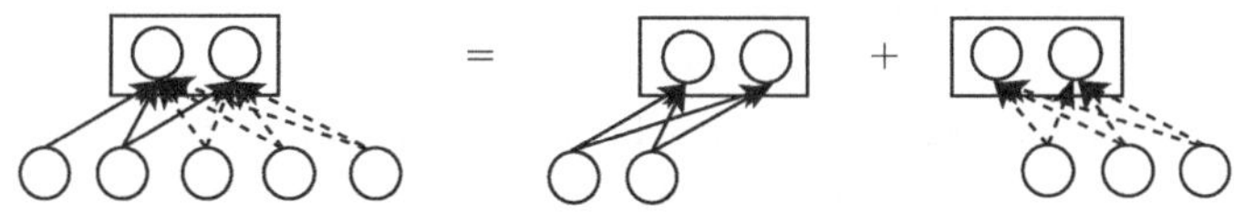

图 10-6 复合 weights 的全连接层

我们也可以自定义一个 Keras Layer 来实现这种复杂的层结构。自定义层继承自 Layer，需要实现以下 3 个方法。

1) build(input_shapes) 设置层的 weights 参数，一个层可以有多个 weights，每个 weights 都是一个 numpy array，所以在层上调用 get_weights() 时返回的是一个数组。这个方法里必须调用父类 (即 Layer 类) 的 build() 方法，父类的 build() 方法只有一行代码：self.built = True。

2) call(inputs) 根据输入和本层的 weights 计算输出。

3) compute_output_shape(input_shapes) 指定输出数据的尺寸。

自定义层并不需要实现参数更新的逻辑，这一切 Keras 自动帮你搞定，见代码 10-5。

代码 10-5　复合 Dense 层的自定义实现

```
# coding=utf-8

import numpy as np
from keras import backend as K
from keras.layers import Input, Layer, Add, Activation
from keras.models import Model
from keras.utils import plot_model
from keras.initializers import RandomNormal, Constant


class MyDenseLayer(Layer):
    def _init_(self, units, **kargs):
        self.output_dim = units
        super(MyDenseLayer, self)._init_(**kargs)

    def build(self, input_shapes):
        assert isinstance(input_shapes,list)
        trainable_input_shape,constant_input_shape = input_shapes
        random_initializer = RandomNormal()
        self.trainable_kernel = self.add_weight(name="trainable", shape=(trainable_input_shape[1], self.output_dim), initializer=random_initializer, trainable=True)  # trainable_input_shape[0]是批次的大小，trainable_input_shape[1]是数据的尺寸
        const_initializer = Constant(np.array([1.0] * constant_input_shape[1]))
        self.constant_kernel = self.add_weight(name="constant", shape=(constant_input_shape[1], self.output_dim), initializer=const_initializer, trainable=False)  # 用常量初始化weights，且weights不可被训练
        super(MyDenseLayer, self).build(input_shapes)  # 所有包含weights的层都必须调用基类的build函数
```

```

    def call(self, inputs):
        assert isinstance(inputs, list)
        sum1 = K.dot(inputs[0], self.trainable_kernel)  # 可变weights部分的加权和
        sum2 = K.dot(inputs[1], self.constant_kernel)  # 不可变weights部分的加权和
        return Add()([sum1, sum2])  # 按位相加

    def compute_output_shape(self, input_shapes):
        # 计算输出的数据尺寸
        assert isinstance(input_shapes, list)
        trainable_input_shape, _ = input_shapes
        return (trainable_input_shape[0], self.output_dim)  # (批次大小, 单个样本得到的数据尺寸)


input1 = Input(shape=(2,))
input2 = Input(shape=(3,))
dense_layer = MyDenseLayer(units=2)  # 使用自定义层
output = dense_layer([input1, input2])  # 该层的输入有两个，相应的weights也有两个
activation = Activation(activation="softmax")
output = activation(output)
model = Model(inputs=[input1, input2], outputs=[output])
# 画出网络结构
plot_model(model, to_file="multi_weight.png", show_shapes=True)

# 生成虚拟数据
x_train_1 = np.random.random((100, 2))
x_train_2 = np.random.random((100, 3))
y_train = np.random.randint(low=0, high=2, size=(100, 2))
# 配置训练过程
model.compile(optimizer="sgd", loss="categorical_crossentropy")
# 开始训练
model.fit([x_train_1, x_train_2], y_train, batch_size=10, epochs=2)
# 打印训练完成后的权值
print dense_layer.get_weights()[0]  # 可训练的weights
```

```
print dense_layer.get_weights()[1]  # 初始化后就保持不变的weights

# 用训练好的模型预测新数据
x_test_1 = np.random.random((1, 2))
x_test_2 = np.random.random((1, 3))
y_pred = model.predict([x_test_1, x_test_2])
print y_pred
```

10.3 调试技巧

有人说深度学习是一门“玄学”，也有人说深度学习像一门“艺术”，这是因为各种五花八门的深度学习算法都是非常“经验主义”的，从理论上不能证明某个算法技巧，或某个网络层一定能起某种特定的作用，更不用说能起到多大的作用。深度学习的发展很大程度上依赖于实验，通过实验观察网络每一层的输出，结合经验尝试不同的激活函数、网络结构，最后形成一套算法。对于算法工程师即使我们不需要发明新算法，在使用成熟的网络模型时也需要进行大量的调参工作，掌握一些调试技巧无疑对提升工作效率是很有帮助的。

10.3.1 查看中间层的输出

对于一个深层的神经网络，如何查看某一个中间层的输出？第一种方法是直接根据已有的模型构建一个新模型，其输入是老模型的输入，输出是老模型的中间层输出。

代码 10-6 通过构建新模型查看中间层输出

```
# coding=utf-8

import numpy as np
from keras.layers import Input, Dense
from keras.models import Model

#定义网络结构
l1 = Dense(64, name="l1")
l2 = Dense(32, name="l2")
l3 = Dense(16, name="l3")
l4 = Dense(4, name="l4")
```

```
input = Input(shape=(10,))
output = l1(input)
output = l2(output)
output = l3(output)
output = l4(output)
old_model = Model(inputs=[input], outputs=[output])

x_train = np.random.random((500, 10))
y_train = np.random.randint(low=0, high=4, size=(500, 4))
old_model.compile(optimizer="sgd", loss="categorical_crossentropy")
old_model.fit(x_train, y_train, batch_size=10, epochs=2)

#构建一个新模型：其输入是老模型的输入，输出是老模型的中间层输出
new_model = Model(inputs=old_model.inputs, outputs=old_model.get_layer
    ("l2").output)
x_test = np.random.random((1, 10))
#查看新模型的预测结果，亦即老模型的中间层输出
print new_model.predict(x_test)
```

第二种方法是使用 K.function，它跟构建一个模型很相似，只是它返回的是一个函数对象。

```
from keras import backend as K
get_2nd_layer_output = K.function(inputs=old_model.inputs, outputs=[old_
    model.get_layer("l2").output])
print get_2nd_layer_output([x_test])[0]
```

10.3.2 回调函数

回调函数用于在模型训练的过程中查看模型的内部参数及统计量。Keras 默认的回调函数会输出训练集上的 *loss*，如果代码里显示指定了模型的各种指标 (metrics)，回调函数里也会输出各项各种指标的值，如果通过 validation_split 参数指定了验证集，则还会输出验证集上的相应各种指标值。

Keras 内建了很多种回调函数，这里介绍两个常用的。

EarlyStopping(monitor='val_loss', min_delta=0, patience=0)，这个函数在每轮迭代后会监控特定的指标，如果其变化量连续 N 代 (N 的值由参数 patience 指定) 都小于 min_delta，则提前终止迭代。

TensorBoard(log_dir='./logs', histogram_freq=0, write_graph=True, write_grads=False)，该函数生成 TensorBoard 所需的日志文件，TensorBoard 是 Tensorflow 提供的可视化工具。默认情况下 TensorBoard 里可以绘制出各项 metric 随迭代进行的变化趋势图。如果 write_ graph=True 则还会画出网络结构图，但这会导致日志文件非常大。如果 write_grads=True 且 histogram_freq>0 则还会画出各层的输出、权值、权值梯度在迭代过程中的分布直方图，histogram_freq 表示每隔几轮绘制一次。

如果通过 pip 安装了 Tensorflow，那么可以通过以下命令启动 TensorBoard：

```
tensorboard --logdir=/path/to/log
```

图 10-7 展示了某个 Dense 层中 bias 参数的直方图分布。右侧的数字表示迭代的轮次，轮次越小对应的直方图越靠后、颜色越深，随着迭代的进行直方图越来越靠前，颜色也越来越浅。我们看到在刚开始训练时 bias 集中在 0.02 附近，训练进行到第 20 代的时候 bias 集中在 0.07 附近。

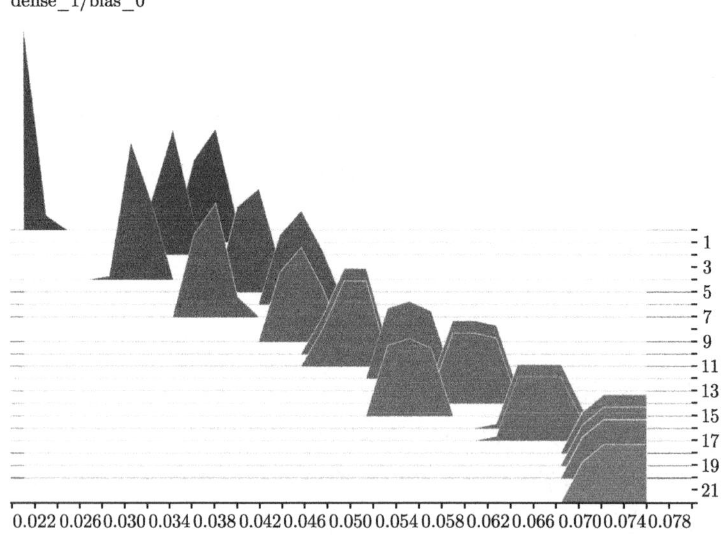

图 10-7　TensorBoard 直方图

自定义回调函数继承自 Callback 类，Callback 给子类留了 6 个可自定义的方法：on_train_begin、on_train_end、on_epoch_begin、on_epoch_end、on_batch_begin、 on_batch_end，从这些方法名我们也看到可自定义回调函数的时间点是非常灵活的。在代码 10-7 中自定义了一个计算 AUC 的回调函数，每轮迭代后都会输出 loss、acc、auc、val_loss、val_acc。

代码 10-7　自定义回调函数

```
# coding=utf-8

import numpy as np
from keras.layers import Input, Dense
from keras.models import Model
from keras.callbacks import EarlyStopping, TensorBoard, Callback
from sklearn.metrics import roc_curve, auc

class AucCallBack(Callback):
    def __init__(self, x, y):
        self.x = x
        self.y = y

    def on_epoch_end(self, epoch, logs=None):
        pred = self.model.predict(self.x, batch_size=128)
        fpr, tpr, thresholds = roc_curve(self.y, pred)
        roc = auc(fpr, tpr)
        print " - auc:{:.4f}".format(roc)

input = Input(shape=(10,))
output = Dense(1)(input)
model = Model(inputs=[input], outputs=[output])

x_train = np.random.random((5000, 10))
y_train = np.random.randint(low=0, high=2, size=(5000, 1))
model.compile(optimizer="rmsprop", loss="binary_crossentropy", metrics=['acc'])
# 若连续2轮迭代，验证集上的缺失降低少于1E-1则终止迭代
earlyStopping = EarlyStopping(monitor='val_loss', min_delta=1E-1, patience=2)
# 输出TensorBoard可视化所需要的日志文件。输出各层激活值和权值的直方图分布
tensorBoard = TensorBoard(log_dir="tensor_board_logs", histogram_freq
```

```
    =1, write_graph=False, write_grads=True)
acuCallBack = AucCallBack(x_train, y_train)
#指定一组回调函数
model.fit(x_train, y_train, batch_size=100, epochs=50, validation_split
    =0.1, callbacks=[earlyStopping, tensorBoard, acuCallBack])
```

10.4 CNN 和 RNN 的实现

Keras 里面包含了常见的深层网络组件，比如 DropOut、BatchNormalization、Attention、Convolution、Pooling、LSTM、GRU 等，它还自带了各种激活函数、损失函数以及优化方法。本节以分类问题为例，展示如何基于 Keras 搭建 CNN 和 RNN 网络。

用深度学习解决文本分类问题不需要人工构造复杂的特征，只需要对每个词进行编号，再把文本中各个词对应的编号序列输给神经网络就可以了，网络的最后一层使用 softmax 进行分类。但是在图 9-9 中，textCNN 的输入是文本对应的词向量矩阵，由词编号序列到词向量矩阵需要经过一个 Embedding 层的转换，如图 10-3 所示。Embedding 矩阵中存储了每一个词的向量表达式，这个矩阵可以事先通过 word2vec、fastText 等算法得到，也以可随机初始化，跟随网络的训练一起更新。由于 Embedding 矩阵很大，训练起来非常耗时，如果是通过 word2vec 初始化的 Embedding 矩阵，那么也可以指定在 textCNN 的训练过程中不去更新 Embedding 矩阵，这样做会损失一些精度。Embedding 矩阵的行数要比训练语料中所有词的个数多 1，多出来的这一行词向量是给未登录词预留的。

代码 10-8 的第 33~47 行定义了 textCNN 的网络结构，可以对照着图 9-9 来看，代码中使用了高度为 2、3、4、5 的四种卷积核，每种卷积核都对应 64 个通道，所以实际上采用了 $64 \times 4 = 256$ 个卷积核，由于使用的是一维卷积，所以每个卷积核的宽度与词向量维度相同。在 9.2.1 中提到过 stride 和 padding 的概念，在 Keras 中 padding='valid' 表示不做 padding，stride 默认是 1。第 37 行指明卷积的输出在输给激活函数之前要执行一次 BatchNormalization，第 38 行指明使用 ReLU 激活函数，删掉这两行程序也可以正常运行，默认会使用 sigmoid 激活函数。经过行卷积后得到了一个列向量，第 39 行执行一维 max-pooling，即挑选这个列向量中最大的那个元素值，这样一个卷积核最终得到了一个神经元。对应到图 9-9 中，有高度为 3 和 4 的两种卷积核，每种卷积核各有两个通道，所以总共有 $2 \times 2 = 4$ 个卷积核，最终得到了 4 个神经元。

代码 10-8 textCNN

```
# -*- coding:utf-8 -*-

import numpy as np
from keras.preprocessing.sequence import pad_sequences
from keras.models import Model
from keras.layers import Dense, Embedding, Input, Activation, LSTM,
    Bidirectional, GRU
from keras.layers import Convolution1D, Flatten, Dropout, MaxPool1D
from keras.layers import BatchNormalization
from keras.layers.merge import concatenate
import matplotlib
matplotlib.use('Agg')
import matplotlib.pyplot as plt

#语料中词的个数
WORD_COUNT = 10000
#词向量长度
WORD_VEC_DIM = 100
#一条文本中最多包含几个词
MAX_SEQUENCE_LENGTH = 20


def text_cnn(x_train, y_train, x_test, y_test):
    main_input = Input(shape=(MAX_SEQUENCE_LENGTH,), dtype='float64')
    embedding_matrix = np.zeros((WORD_COUNT + 1, WORD_VEC_DIM))
    for i in xrange(1, WORD_COUNT+1):
        embedding_matrix[i] = np.random.random(WORD_VEC_DIM).tolist()
    embed = Embedding(WORD_COUNT + 1,  #词的个数
                      WORD_VEC_DIM,     #词向量长度
                      weights=[embedding_matrix],
                      input_length=MAX_SEQUENCE_LENGTH,
                      trainable=True,   #在训练过程中可更新
                      )(main_input)
    cnvs = []
    filter_size = 64    # 每种卷积核对应几个filter(或称为通道)
```

```
    for kernel_size in [2, 3, 4, 5]:
        out = Convolution1D(filter_size, kernel_size, padding='valid')(embed)
        out = BatchNormalization()(out)
        out = Activation('relu')(out)
        out = MaxPool1D(pool_size=MAX_SEQUENCE_LENGTH - kernel_size + 1)(out)
        cnvs.append(out)
    cnn = concatenate(cnvs, axis=-1)
    flat = Flatten()(cnn)
    drop = Dropout(0.5)(flat)
    fc = Dense(4 * MAX_SEQUENCE_LENGTH)(drop)
    bn = BatchNormalization()(fc)
    main_output = Dense(MAX_SEQUENCE_LENGTH, activation='softmax')(bn)
    model = Model(inputs=main_input, outputs=main_output)
    model.compile(loss='categorical_crossentropy', optimizer='adam', metrics=['accuracy'])

    x_train_padded_seqs = pad_sequences(x_train, maxlen=MAX_SEQUENCE_LENGTH, padding="post", truncating="post", dtype="float64")
    y_train_padded_seqs = pad_sequences(y_train, maxlen=MAX_SEQUENCE_LENGTH, padding="post", truncating="post", dtype="float64")
    x_test_padded_seqs = pad_sequences(x_test, maxlen=MAX_SEQUENCE_LENGTH, padding="post", truncating="post", dtype="float64")
    y_test_padded_seqs = pad_sequences(y_test, maxlen=MAX_SEQUENCE_LENGTH, padding="post", truncating="post", dtype="float64")

    BATCH = 64  # mini-batch
    history = model.fit(x_train_padded_seqs, y_train_padded_seqs, batch_size=BATCH, epochs=100, validation_data=(x_test_padded_seqs, y_test_padded_seqs))

    plt.subplot(211)
    plt.title("Accuracy")
    plt.plot(history.history["acc"], color="g", label="Train")
    plt.plot(history.history["val_acc"], color="b", label="Test")
    plt.legend(loc="best")

```

```
64      plt.subplot(212)
65      plt.title("Loss")
66      plt.plot(history.history["loss"], color="g", label="Train")
67      plt.plot(history.history["val_loss"], color="b", label="Test")
68      plt.legend(loc="best")
69
70      plt.tight_layout()
71      plt.show()
72      plt.savefig("cnn_history.png", format="png")
73
74      return model
```

第 41 行代码把 256 个神经元连接起来，再经过一个 Flatten 函数变成一维张量。后面接一个全连接层，最后是一个 softmax 层。倒数第二层前面的 Dropout，以及最后一层前面的 BatchNormalization 都是可选操作。

第 48~56 行代码指定了网络的输入/输出数据、损失函数及优化方法，并开始训练模型。textCNN 要求所有的输入具有相同的长度，当文本中词的个数超过 maxlen 时要进行截断，truncating=‘post’ 表示截掉尾部部分，truncating=‘pre’ 表示截掉头部部分。当文本中词的个数不足 maxlen 时要进行补齐，padding=‘post’ 表示在尾部补 0，padding=‘pre’ 表示在头部补 0，0 是未登录词对应的编号。

第 58~72 行代码负责把精度和损失函数在训练过程中的变化轨迹进行可视化，一般情况下随着迭代的进行，训练集上的精确度逐渐提高、损失函数逐渐降低，但我们要特别关注验证集上损失函数的变化，如果其损失函数先降低后升高说明出现了过拟合，需要加大 Dropout 或减少参数的个数。

用 Keras 构建双层双向 LSTM 更加简单，如代码 10-9 所示。第 9 行中的 units 参数表示隐向量的维度，对应于图 9-11 中 h 向量的维度，它跟 x 的维度没有任何关系。

代码 10-9 bi-LSTM

```
1   def stack_bi_lstm(x_train, y_train, x_test, y_test):
2       main_input = Input(shape=(MAX_SEQUENCE_LENGTH,), dtype='float64')
3       embedding_matrix = np.zeros((WORD_COUNT + 1, WORD_VEC_DIM))
4       for i in xrange(1, WORD_COUNT+1):
```

```
        embedding_matrix[i] = np.random.random(WORD_VEC_DIM).tolist()
    embed = Embedding(WORD_COUNT + 1, WORD_VEC_DIM, weights=[embedding_matrix], input_length=MAX_SEQUENCE_LENGTH, trainable=True)(main_input)

    # 两层RNN堆叠时，第一层把return_sequences设为True
    out = Bidirectional(LSTM(units=128, dropout=0.2, recurrent_dropout=0.1, return_sequences=True))(embed)
    # 可以把LSTM直接替换成GRU
    out = Bidirectional(LSTM(units=128, dropout=0.2, recurrent_dropout=0.1))(out)
    out = Dropout(0.5)(out)
    main_output = Dense(MAX_SEQUENCE_LENGTH, activation='softmax')(out)
    model = Model(inputs=main_input, outputs=main_output)
    model.compile(loss='categorical_crossentropy', optimizer='adam', metrics=['accuracy'])

    x_train_padded_seqs = pad_sequences(x_train, maxlen=MAX_SEQUENCE_LENGTH, padding="post", truncating="post", dtype="float64")
    y_train_padded_seqs = pad_sequences(y_train, maxlen=MAX_SEQUENCE_LENGTH, padding="post", truncating="post", dtype="float64")
    x_test_padded_seqs = pad_sequences(x_test, maxlen=MAX_SEQUENCE_LENGTH, padding="post", truncating="post", dtype="float64")
    y_test_padded_seqs = pad_sequences(y_test, maxlen=MAX_SEQUENCE_LENGTH, padding="post", truncating="post", dtype="float64")

    model.fit(x_train_padded_seqs, y_train_padded_seqs, batch_size=64, epochs=100, validation_data=(x_test_padded_seqs, y_test_padded_seqs))
```

第 11 章 推荐系统实战

前面的章节讲了很多算法模型，本章详细讲述搭建推荐系统的完整流程，即从前期的问题建模、数据预处理到中期的算法模型探索，再到模型的上线及对外提供服务。

11.1 问题建模

所谓建模就是把现实问题转化为数学问题。对于电商而言，其推荐的目标是让用户购买商品，更具体地讲，其目标可能是最大化成交量，也可能是最大化成交额；视频推荐的目标是希望用户能够观看视频，对于长视频网站而言，视频观看完整度是它的重要指标，因为把视频看完广告才有更多的展现机会，对于短视频网站而言，视频观看个数是其重要指标，因为它的盈利模式主要是靠视频个数来承载的；对于招聘网站而言，给求职者推荐的职位希望他能投递，甚至投递之后招聘方能够对他感兴趣，最终促成招聘方和求职者产生联系。然而在实际工作中推荐算法通常以用户点击 item(比如推荐给用户的商品、视频、职位等) 为目标，这跟商业目标是有差距的，但基本上呈正相关关系。从 item 的展现到点击这个过程很短，影响用户是否点击的因素相对较少，我们可以把这些因素都当成特征输给推荐算法，如果还要考虑点击之后的转化、停留时长，就涉及更多的因素变量，有些变量的值是很难获取的。

确立了以最大化点击量为目标之后，第一种建模方法就很自然地浮出水面：对于任意一个 item 我们预测用户是否会点击它，这是一个二分类问题。K 最近邻 (K-Nearest Neighbor, KNN)、ID3 决策树、支持向量机 (Support Vector Machine, SVM) 等都可以解决分类问题。分类模型比较粗糙，它只输出用户是否会点击，并不输出点击的概率是多少，这样就无法对 item 做精细的排序。回归模型把用户点击过的 item y 值标记为 1，未点击的 item y 值标记为 0，对于新出现的 item 预测出的 y 值介 0 到 1 之间，拿预测的 y 值可以对 item 进行排序。逻辑回归、回归树、神经网络等都可以解决回归问题。既然是回归问题，训练样本的 y 值就可以进行更精细化的设置，比如点击对应的 y 值是 0.7，点击后还有进一步的转化则 y 值就是 1.0。

回归问题只关注单个 item 的 y 值 (这种思想称为 point-wise)，推荐系统利用这个 y 值对 item 进行排序。能不能在算法模型里面直接考虑 item 之间的先后顺序呢? pair-wise 和 list-wise 就直接以排序关系作为目标来训练模型。首先对推荐列表中出现的所有 item 进行打分，分值称为 rank，rank 取 [0,5] 上的整数，rank 越大表示该 item 对用户越有吸引力，打分结果见表 11-1。

表 11-1　推荐序列打分表

序号	item	rank
0	A	5
1	B	2
2	C	4
3	D	4
4	E	4
5	F	3
6	G	1

pair-wise 计算任意一对 item (I,J) 之间的偏序关系，如果 I 的 rank 大于 J 就标记为正样本，否则标记为负样本，依此规则可以得到这些样本：<(A,B),1>、<(F,B),1>、<(G,F),0> …… <(B,E),0>。这又转化为二分类问题。相对 point-wise，pair-wise 也有它的缺陷：只考虑了两个 item 的相对好坏关系，并没有考虑好坏的程度；对脏数据更加敏感，如果一个 item 的 rank 计算错误，与该 item 相关的很多 pair 都会标记错误。

list-wise 把一次推荐展现的所有 item 作为输入，并直接输出这些 item 的排序。这听起来很美妙，但实现起来很难。首先我们要确定如何评价 list-wise 输出的排序结果好不好，有多好。最常使用的评价指标是 NDCG(Normalized Discount Cumulative Gain)。

$$\text{DCG@}k=\sum_{i=0}^{k-1}\frac{2^{\text{rank}(i)}-1}{\log_2(1+i)}$$

$$\text{NDCG@}k=\frac{\text{DCG@}k}{\max\ \text{DCG@}k}$$

CG 的意思是累积增益，即把各个位置上的增益都加起来，@k 的意思只计算前 k 个位置。位置 i 上的增益用 $\text{Gain}(i) = 2^{\text{rank}(i)} - 1$ 表示，理所当然地，rank 越大增益就应该越大。如果考虑位置因素，我们希望增益大的都排在前面，这样给用户的体验更好，所以位置越靠后增益的打折越严重，折扣系数为 $1/\log_2(1+i)$。把推荐结果按 rank 降序排列，其对应的 DCG 为 max DCG，max DCG 是用来做归一化的。

代码 11-1 计算 NDCG

```
def dcg_at_k(rankArray, k):
    '''rank值越大表示越相关，rank最小值为0
    '''
    T = min(k, len(rankArray))
    assert T > 0
    rect = 0.0
    for i in xrange(T):
        rect += (math.pow(2.0, rankArray[i]) - 1) / math.log(2 + i, 2)
    return rect

def ndcg_at_k(rankArray, k):
    DCG = dcg_at_k(rankArray, k)
    maxDCG = dcg_at_k(sorted(rankArray, reverse=True), k)
    NDCG = DCG / maxDCG
    return NDCG

rankArray = [5, 2, 4, 4, 4, 4, 3]
print ndcg_at_k(rankArray, k=5)
```

直接用 NDCG 作为 list-wise 的目标函数在模型训练时会遇到困难，因为 NDCG 是位置的函数，而位置是离散变量，所以 NDCG 不是可微的。有一些复杂的方法可以优化非平滑的目标函数，比如 AdaRank 和 RankGP。另一种思路是设计出能衡量模型输出与最优排序之间差异的损失函数，即极大化目标函数不好实现的时候就去极小化损失函数，其关键是看损失函数怎么设计。同一个目标函数会有多个不同的损失函数，比如在二分类问题中以准确率为目标，损失函数可以用交叉熵、平方误差及绝对值误差。

在建模的过程中我们对原始的商业目标进行了部分的舍弃，转化成了一个更容易控制的目标，然后用数学公式来刻画这个目标，为了方便模型的训练又对目标函数做了近似的替换，图 11-1 描绘了这个过程。目标函数确定下来以后，选择什么模型就比较容易了。

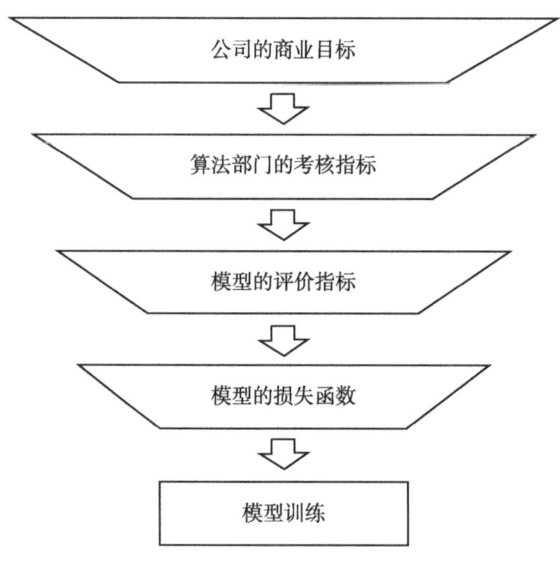

图 11-1　由商业目标推导模型的目标

11.2　数据预处理

原始的训练数据需要经过一些预处理才能输给模型，这些预处理通常包括剔除噪声数据、补齐缺失值、特征离散化或数值化等，本节介绍两个稍微复杂且经常使用的数据预处理方法：归一化和特征哈希。

11.2.1　归一化

所谓归一化指把连续特征的值转化到 [0, 1] 上。如图 11-2 所示，假设有两个连续特征 x_1 和 x_2，如果 x_1 的取值范围很小，x_2 的取值范围很大，那么等高线就很扁，梯度下降的路线就很迂回。如果 x_1 和 x_2 都做了归一化，那么等高线就很圆，梯度下降的路线就很直接，可以很快收敛到极值点。所以在需要使用梯度下降做优化算法的机器学习模型中，最好对特征进行归一化，否则很难收敛甚至不收敛。

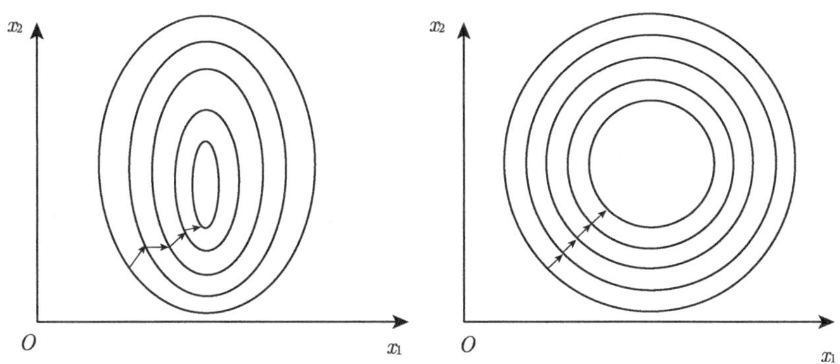

图 11-2　归一化对梯度下降的影响

归一化最简单的方法就是假设数据服从均匀分布，通过式 (11-1) 把数据转化成 [0,1] 上的均匀分布。

$$x' = \frac{x - \min(x)}{\max(x) - \min(x)} \tag{11-1}$$

相对于均匀分布，正态分布更为常见，通过式 (11-2) 可以把任意正态分布转化为标准正态分布。标准正态分布的样本取值虽然不在 [0,1] 上，但也几乎都在 [−3,3] 上，也能保证等值线是比较圆的。

$$x' = \frac{x - \mu}{\sigma} \tag{11-2}$$

其实工程实践中最为常见的还是指数分布，此时可以用指数函数或对数函数来做归一化。根据经验公式 (11-3) 所示的负指数变换函数通常能取得非常好的归一化效果，这里的“好”指的是归一化之后的数据均匀性比较好。如图 11-3 所示，在原始数据中有很小的一部分位于 [500, 20000] 这个广阔的区间上，而绝大部分数据都位于 [1, 50] 这个狭小的区间上，实践当中遇到最多的就是这种长尾分布。均匀归一化和正态归一化都不能解除这种长尾性，负指数归一化则表现出了优良的线性性质。α 的经验取值是 0.3~0.5。

$$x' = x^{-\alpha} \tag{11-3}$$

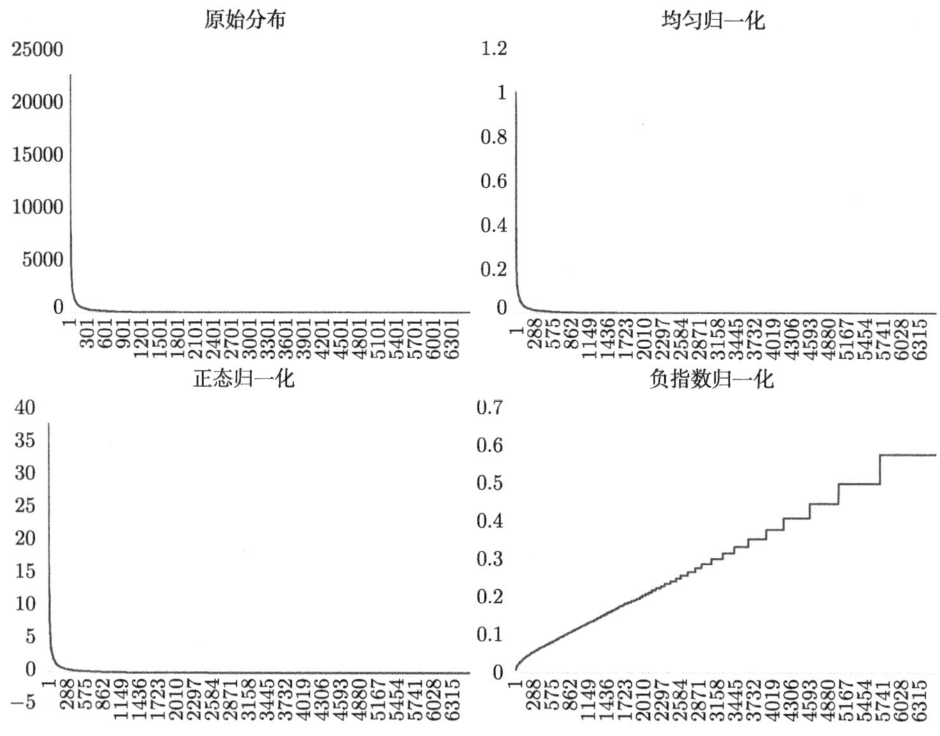

图 11-3　在典型数据上各归一化算法效果对比

11.2.2　特征哈希

特征哈希是一种降维技巧。在词袋模型中，每一个词都用 one-hot 表示，一篇文档由它里面出现过的词表示。假设一共只有 5 个词，某篇文档只包含了 3 个词，这 3 个词的 one-hot 向量为

$$(1,0,0,0,0)$$

$$(0,0,0,1,0)$$

$$(1,0,0,0,0)$$

则该文档的向量表示为

$$(2,0,0,1,0)$$

文档向量中记录了出现过哪些词以及各个词出现的次数。实际中，词的个数非常多，导致文档向量的维度非常高且稀疏。同样在推荐算法中通常会用用户点击过

的 item 来表示用户的向量，由于 item 总数很大导致用户向量很长。

特征哈希需要两个均匀哈希函数：ϕ 负责把 $[1,N]$ 上的整数映射为 $[1,M]$ 上的整数，ξ 负责把 $[1,N]$ 上的整数映射为 1 或 -1。

$$\phi(n)\ :\ \{1,\cdots,N\}\rightarrow\{1,\cdots,M\}\quad M<N$$

$$\xi(n)\ :\ \{1,\cdots,N\}\rightarrow\{-1,1\}$$

算法 11-1　特征哈希算法

输入：用户点击过的 item 集合 click_collection。降维后的维度 M。

输出：降维后的用户向量

1. 初始化一个长度为 M 的 0 向量 arr
2. **for** *itemid* **in** click_collection
3. 　　$i=\phi(itemid)$
4. 　　$\mathrm{arr}[i]+=\xi(itemid)$
5. 返回 arr

举个例子，设 $N=10$，$M=5$，设计一个均匀哈希函数 ϕ(比如 CityHash 或 FarmHash)，它只有 5 个桶，所以 ϕ 的输出一定位于 [1, 5] 上。用户点击过的 item 集合为 {3, 5, 10}，用户向量的生成过见表 11-2，最终输出低维向量 (0, –1, 0, 2, 0)。

表 11-2　特征哈希过程示例

	3	5	10	
序号	$\phi(3)=4$	$\phi(5)=2$	$\phi(10)=4$	求和
1				0
2		$\xi(5)=-1$		–1
3				0
4	$\xi(3)=1$		$\xi(10)=1$	2
5				0

高维向量映射到低维向量后，在概率意义下保留了原始空间的内积和距离。设 x,y 是高维向量，x',y' 是对应的低维向量，有

$$x^{\mathrm{T}}y\approx x'^{\mathrm{T}}y'$$

$$\| x - y \| \approx \| x' - y' \|$$

11.3 模型探索

目标已确定，数据已准备妥当，接下来就是尝试不同的算法模型。在推荐领域，基于共现的统计方法和基于图的算法是非常大的两个流派，每个流派我们都讲一个具体的算法。然后详细介绍两个深度学习算法，如果训练样本很多，那么用深度学习做推荐排序效果应该不错。

11.3.1 基于共现的模型

如果用户购买了商品 X，那么就给他推荐 X 的相似商品。商品 X 和商品 Y 的相似度如何计算呢？我们把相似性转换为相关性，即求 $p(Y|X)$，由极大似然估计得

$$p(Y|X) = \frac{\text{count}(X, Y)}{\text{count}(X)} \tag{11-4}$$

式 (11-4) 存在两个问题：

1) 如果 Y 是一个很热门的商品，则它倾向于和任意商品共现。也就是说如果 $\text{count}(X, Y)$ 比较大，并不能直接说明 X 和 Y 的相关度就大，也可能是因为 Y 商品非常热门。

2) 热衷于购物的用户会买很多东西，这些东西之间不一定有相关度。也就是说如果一个用户购物比较少，我们倾向于认为这些商品之间的相关度比较高；如果一个用户购物比较多，我们倾向于认为这些商品之间的相关度比较低。

针对上述问题亚马逊给出了解决方案。先假设商品 X 和 Y 的相关性为 0，即 X 和 Y 相互独立，某用户 c 除了买 X 之外还买了 $|c|$ 件其他商品，每次购买都看成是一次是否会购买 Y 的伯努利实验，则用户 c 没有购买 Y 的概率为

$$(1 - p(Y))^{|c|}$$

其中 $p(Y)$ 是统计了所有人的购物清单之后计算出来的购买商品 Y 的概率。根据用户 c 没有购买 Y 的概率，可以得到用户 c 购买 Y 的概率为

$$1 - (1 - p(Y))^{|c|}$$

设 C_X 是购买了商品 X 的用户集合，则购买了 X 的所有用户再购买 Y 的期望次数为

$$\mathrm{E}_{XY}=\sum_{c\in C_X}\left[1-(1-p(Y))^{|c|}\right]$$

由 X 和 Y 相互独立这个前提条件，我们得到 X 和 Y 被同时购买的次数为 E_{XY}，而实际中 X 和 Y 可能并不独立，它们被同时购买的真实次数为 N_{XY}，那么 X 和 Y 的相关性定义为

$$\mathrm{relevance}(X,Y)=\frac{\mathrm{N}_{XY}-\mathrm{E}_{XY}}{\sqrt{\mathrm{E}_{XY}}} \tag{11-5}$$

这刚好解决了上文提到的那两个问题：

1) 如果 Y 是一个很热门的商品，则 $p(Y)$ 很大，导致 E_{XY} 也大，最后 relevance (X,Y) 偏小。

2) 如果用户 c 热衷于购物，则 $|c|$ 很大，由于 $1-p(Y)$ 是小于 1 的正数，所以 $(1-p(Y))^{|c|}$ 很小，同样导致 E_{XY} 偏大，最后 relevance(X,Y) 偏小。

式 (11-5) 依然少考虑了一个问题，即使 X 和 Y 出现在了同一个人的购物清单中，如果它们被购买的时间间隔很长则相关性应该很低，相反如果购买的时间比较接近则 X 和 Y 的相关性应该比较高。

$$\mathrm{relevance}(X,Y)=\sum_{c\in C_{XY}}\frac{\mathrm{e}^{-\alpha|T_X^c-T_Y^c|}}{\log(|c|+1)} \tag{11-6}$$

式 (11-6) 中 C_{XY} 是同时购买了 X 和 Y 的用户集合，这样的用户越多则 X 和 Y 的相关性越大。$T_X^c-T_Y^c$ 是用户 c 购买 X 和 Y 的时间间隔，该值越大相关性越小。分母上的 $|c|$ 同样是为了对热衷于购物的用户进行惩罚。

7.1 节讲过的 Word2Vec 也是一种基于共现的算法，把它用到推荐系统上称为 Item2Vec。把一个用户感兴趣的 item 集合类比成一篇文档，每个 item 类比成文档里的一个单词，运用 Word2Vec 算法可以得到每个 item 的向量，这样两个 item 的相似度就转变成两个向量的相似度。

11.3.2 图模型

1. SimRank

二部图 (bipartite graphs) 指图中的节点可以分成两个子集，任意一条边关联的

两个节点分别来自于这两个子集。用 $I(v)$ 和 $O(v)$ 分别表示节点 v 的 in-neighbors 和 out-neighbors。

如图 11-4 所示的二部图中，A、B 是两个用户，a、b、c 是三个 item，有向边表示用户对 item 感兴趣。SimRank 的基本思想是：如果两个实体相似，那么跟它们相连的实体也应该相似。比如图 11-4 中如果 a 和 c 相似，那以 A 和 B 也应该相似。SimRank 公式为

$$s(a,b)=\frac{C_1}{|I(a)||I(b)|}\sum_{i=1}^{|I(a)|}\sum_{j=1}^{|I(b)|}s(I_i(a),I_j(b)),\ a\neq b \tag{11-7}$$

$$s(A,B)=\frac{C_2}{|O(A)||O(B)|}\sum_{i=1}^{|O(A)|}\sum_{j=1}^{|O(B)|}s(O_i(A),O_j(B)),\ A\neq B \tag{11-8}$$

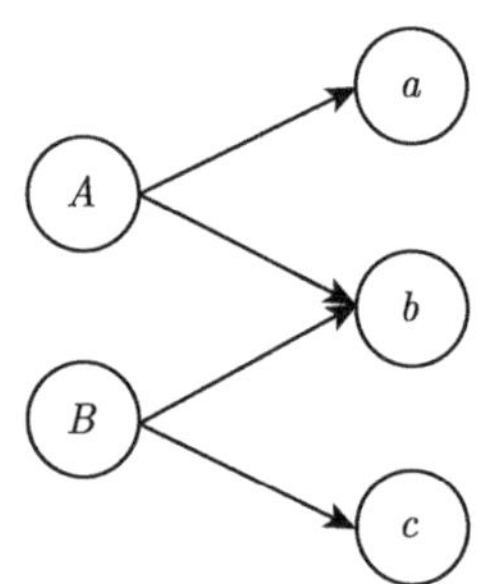

图 11-4　二部图

$s(a,b)$ 是节点 a 和 b 的相似度，当 $a=b$ 时 $s(a,b)=1$。$I_i(a)$ 表示 a 的第 i 个 in-neighbor，当 $I(a)=\varnothing$ 或 $I(b)=\varnothing$ 时 $s(a,b)=0$。式 (11-7) 的右边是对集合 $I(a)$ 和 $I(b)$ 中的元素两两组合然后求它们的相似度之和，左边分母除以两个集合大小的乘积，起到归一化的作用。因此式 (11-7) 可以描述为：a 和 b 的相似度等于 a 的 in-neighbors 和 b 的 in-neighbors 相似度的平均值。参数 C 是个阻尼系数，$C\in(0,1)$，它的含义可以这么理解：假如 $I(a)=I(b)=\{A\}$，按照式 (11-7) 计算出 $s(a,b)=C*s(A,A)=C$。

初始时刻所有节点之间的相似度都是 0，仅节点自己跟自己的相似度是 1。以图 11-4 为例，在第一轮迭代中 $I(a)$ 和 $I(c)$ 之间不存在交集，所以 a 和 c 之间的相似度为 0。但是 $O(A)$ 和 $O(B)$ 有一个交集 $\{b\}$，所以

$$s(A,B)=\frac{C_2}{|O(A)||O(B)|}s(b,b)=\frac{C_2}{2\times 2}$$

通过第一轮迭代，A 和 B 之间有了相似度，在第二轮迭代中就可以计算 a 和 c 的相似度了：

$$s(a,c)=\frac{C_1}{|I(a)||I(c)|}s(A,B)$$

经过多轮的迭代，节点之间的相似度就会趋于稳定。我们看到在 SimRank 算法中相似度是通过节点向外传递的，最开始 A 和 B 之间因为节点 b 而产生了相似度，然后 a 和 c 之间通过 A—b—B 又产生了相似度。

2. swing

swing 译为摇摆的秋千，二部图 11-5 中包含很多 swing 结构，swing 结构的顶点是一个用户，两个支点是 item。如果两个 swing 结构拥有相同的支点，那么它们的顶点之间应该具有相似度，结合 SimRank 的思想，通过顶点之间的相似度再反过来计算支点之间的相似度。

$$s(a,b)=\sum_{u\in I(a)\cap I(b)}\sum_{v\in I(a)\cap I(b)}\frac{1}{\alpha+|O(u)\cap O(v)|} \tag{11-9}$$

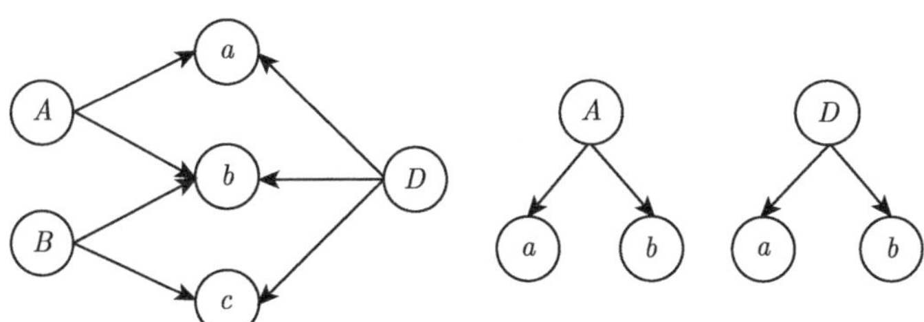

图 11-5　二部图及其中的 swing 结构

$I(a)\cap I(b)$ 表示同时对 a 和 b 感兴趣的用户集合，亦即以 a 和 b 为支点的所有 swing 结构的顶点的集合，u 和 v 是集合中的两个用户。式 (11-9) 左边的两个求和符号表示 $I(a)\cap I(b)$ 集合越大则 a 和 b 的相似度越高，公式的右边表示 u 和 v 的 out-neighbors 交集越小对 $s(a,b)$ 的贡献越大。

swing 算法是通过“边”向外传递相似度的，以图 11-5 为例，A 和 D 之间由于存在公共的边 a—b 所以才有了相似度，才会用 A 和 D 的 out-neighbors 交集来计算 a 和 b 的相似度，如果换成 SimRank 只要 A 和 D 之间有一个公共的点 b (或 a)，那么 A 和 D 之间就存在相似度。所以说 swing 算法在计算相似度时更严格，它的去噪能力更强。

11.3.3 DeepFM

1. FM 的神经网络表示

在 5.3 节我们讲过 FM，即分解机制，它通过原始特征的二阶组合构造了新的特征，同时通过矩阵分解大大降低了参数的规模。FM 对离散特征进行 one-hot 编码，一个域内只有一个特征取值为 1，其他全是 0，一个域对应一个 v 向量。FM 基本公式为

$$z = w_0 + \sum_{i=1}^{n} w_i x_i + \sum_{i}^{n} \sum_{j=i+1}^{n} < v_i, v_j > x_i x_j$$

$$\hat{y} = \text{sigmoid}(z)$$

其实 FM 还可以用神经网络来实现，一阶项就是普通的 Dense 层，v 向量可以用 Embedding 层来学习 (回顾一下 10.2.1 节讲 Embedding 的那一部分)，完整的网络结构如图 11-6 所示。

图 11-6 第二层是 n 个域对应的 v 向量，每个 v 向量的长度是 k，第三层是 v 向量两两组合求内积，这种组合有 $n(n-1)/2$ 个，所以从第二层到第三层的计算复杂度为 $O(kn^2)$，这个计算量还可以简化。FM 的二次项等价于

$$\frac{1}{2} \sum_{f=1}^{k} \left(\left(\sum_{i=1}^{n} v_{if} x_i \right)^2 - \sum_{i=1}^{n} v_{if}^2 x_i^2 \right) \tag{11-10}$$

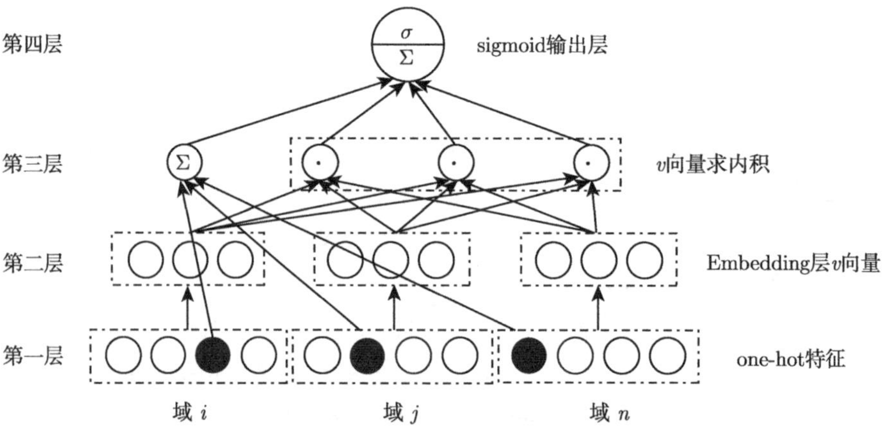

图 11-6　FM 对应的网络结构

x_i 非 0 即 1，所以 v_{if} 与 x_i 相乘或 v_{if}^2 与 x_i^2 相乘表示的是挑选出非 0 的 x_i 对应的 v 向量，图 11-6 从第一层到第二层完成的就是这项工作。$\left(\sum_{i=1}^{n} v_{if}\right)^2$ 表示各 v 向量对应位求和再求平方，$\sum_{i=1}^{n} v_{if}^2$ 表示各 v 向量先逐位求平方再将对应位相加，最外层按 f 求和，表示对变换后的 v 向量求各个元素的和。最后，式 (11-10) 可对应成图 11-7 所示的网络结构，v 向量两两求内积的计算复杂度降到了 $O(kn)$。

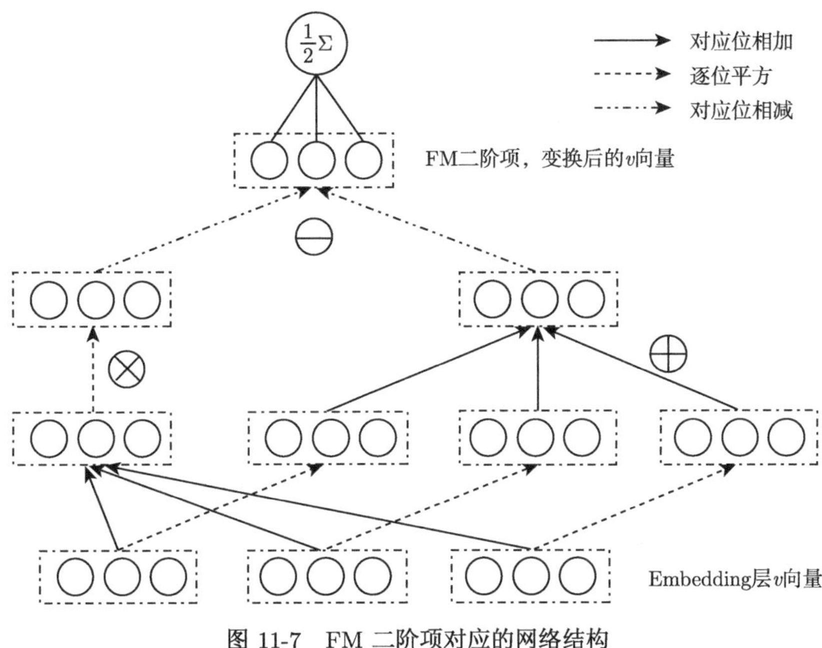

图 11-7　FM 二阶项对应的网络结构

2. FM 与深层网络结合

与深度学习的结合使得 FM 老树开新花，大体的结合方式有两种：一是 FM 之上再接几层神经网络，这是串行结构；一是综合 FM 与深层网络的结果，输给最终的决策函数，这是并行结构。这些算法统称为 DeepFM。

图 11-8 是 FM 加 Deep Net 的串行结构，图中没有对 FM 的二阶项做最终的求和，即没有执行式 (11-10) 中最外层的按 f 求和，而是保留了变换后的 v 向量的每一位，用它和 FM 的一阶项拼接构成深层网络的输入。最后输出层通常用 sigmoid 来预测用户对 item 感兴趣的概率。

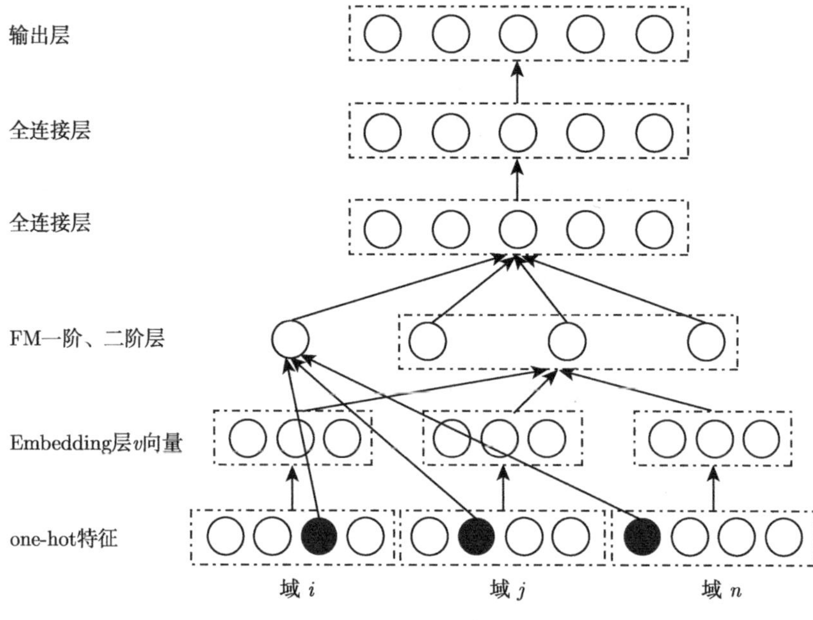

图 11-8 DeepFM 串行结构

图 11-9 是 FM 加 Deep Net 的并行结构，图中深层网络的输入直接使用 Embedding 层的 v 向量，深层网络的最后一层与 FM 的一阶层、二阶层拼接起来"喂"

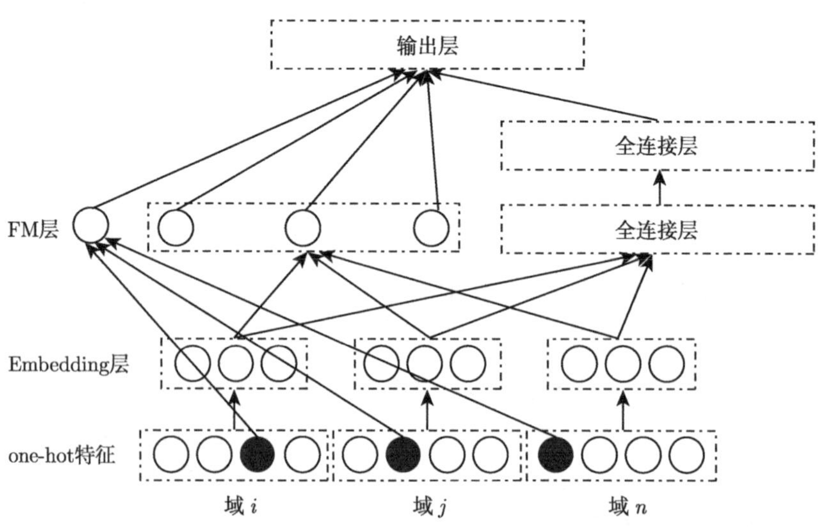

图 11-9 DeepFM 并行结构

给输出层。这里同样没有对 FM 二阶层中的各个神经元求和，这有点违背 FM 的原始公式，但是这恰恰给了 FM 进一步学习调整的机会，因为如果 FM 的 v 向量学习得不够好，还可以在输出层中通过权重调节 v 向量的各个元素对最终预测结果的影响。

工业界通常采用 DeepFM 的并行结构，因为串行结构有三方面的缺陷。

1) 层数更深，不好训练。

2) FM 层和输出层隔得比较远，会削弱 FM 对最终结果的影响。

3) 如果 FM 学习得不好，直接"喂"给深层网络后，会直接影响深层网络的效果。

3. DeepFM 的代码实现

代码 11-2 DeepFM

```
# coding:utf-8

import numpy as np
from keras.layers import Input,Dense,Activation,Concatenate,Multiply,
    Add, Embedding, Flatten, BatchNormalization, \
    Subtract
from keras.models import Model
from keras.optimizers import Adam

# 假设有3个离散特征，每个特征分别有3、4、2个取值
categorical_value_count = [3, 4, 2]
categorical_feature_count = len(categorical_value_count)
F = 8  # v向量的维度为8

def build_fm_2nd_order(input):
    sum_square = Add()(input)  # 各个v向量按位相加
    sum_square = Multiply()([sum_square, sum_square])  #自己跟自己按位相乘
    square_sums = []
    for f_dim_vector in input:
        square_sum = Multiply()([f_dim_vector, f_dim_vector])  # 各个v向量自己跟自己按位相乘
        square_sums.append(square_sum)
```

```
    square_sum = Add()(square_sums)  #按位相加
    fm_second_order = Subtract()([sum_square, square_sum])  # 按位相减，得
        到FM二阶层
    return fm_second_order

def build_dnn(input):
    deep_in = Concatenate()(input)
    deep_out = Dense(8)(deep_in)
    deep_out = BatchNormalization()(deep_out)  #批量归一化
    deep_out = Activation("relu")(deep_out)
    deep_out = Dense(4)(deep_out)
    deep_out = BatchNormalization()(deep_out)
    deep_out = Activation("relu")(deep_out)
    return deep_out

def build_deep_fm():
    inputs = []
    f_dim_vectors = []
    one_dim_vectors = []
    for i in xrange(categorical_feature_count):
        cate_in = Input((1,))  # 每个离散特征的输入是一维向量，而非one-hot向量
        inputs.append(cate_in)
        f_dim_vector = Embedding(categorical_value_count[i], F, input_
            length=1)(cate_in)
        f_dim_vector = Flatten()(f_dim_vector)
        f_dim_vectors.append(f_dim_vector)
        one_dim_vector = Embedding(categorical_value_count[i], 1, input_
            length=1)(cate_in)
        one_dim_vector = Flatten()(one_dim_vector)
        one_dim_vectors.append(one_dim_vector)
    fm_first_order = Add()(one_dim_vectors)  # FM一阶项
    fm_second_order = build_fm_2nd_order(f_dim_vectors)  # FM二阶层
    deep_out = build_dnn(f_dim_vectors)  #深层网络
    # 结合FM和深层网络
    concat_fm_deep = Concatenate()([fm_first_order, fm_second_order,
        deep_out])
    outputs = Dense(1, activation="sigmoid")(concat_fm_deep)
    model = Model(inputs=inputs, outputs=outputs)
```

```
    solver = Adam(lr=0.01, decay=0.1)
    model.compile(optimizer=solver, loss='binary_crossentropy', metrics
        =['acc'])
    return model

if __name__ == "__main__":
    #构造虚拟数据
    sample = 1000
    X = []
    Y = np.random.randint(low=0, high=2, size=(sample, 1))
    for i in xrange(categorical_feature_count):
        feature = np.random.randint(low=0, high=categorical_value_count
            [i], size=(sample, 1))
        X.append(feature)

    model = build_deep_fm()
    model.fit(X, Y, batch_size=256, epochs=5)
```

在代码实现的时候 Input 不是用的 one-hot，而是用的离散特征的取值编号，因为 Embedding 层的输入要求是取值编号。为了共用这些 Input，FM 的一阶项也采用了 Embedding 层，实现过程如图 11-10 所示。

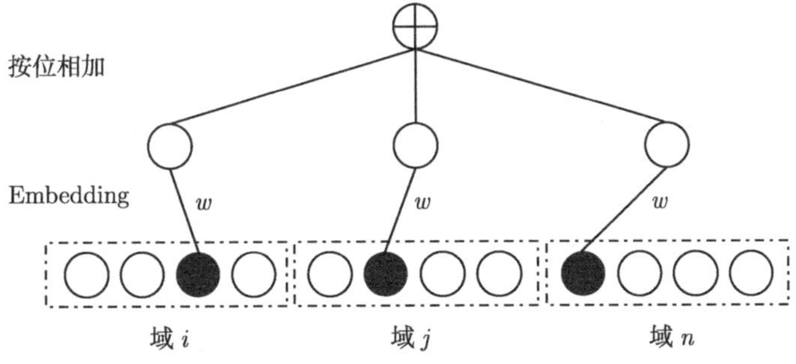

图 11-10 用 Embedding 实现 FM 的一阶项

11.3.4 DCN

FM 可以实现原始特征的两两组合，而 Cross Net 可以实现特征的更高阶组合，DCN (Deep Cross Net) 是 Cross Net 和 Deep Net 的组合，它跟 DeepFM 结构非常类似，如图 11-11 所示。

在 Cross Net 中第 l 层的输出计算公式为

$$x_{l+1}=x_0*x_l^{\mathrm{T}}*w_l+b_l+x_l \tag{11-11}$$

x_0 就是 Embedding 层所有 v 向量拼接而成的大向量，且 x_0、x_l、w_l、b_l 都是 $n\times 1$ 的列向量。x_0 与 x_l 的转置相乘得到一个 $n\times n$ 的方阵，这个方阵的每个元素就是 x_0 和 x_l 中元素的两两组合，从式 (11-12) 中可以清楚地看到这种关系。我们知道两个集合的叉积 (又叫笛卡儿积) 就是这两个集合中所有元素的两两组合，这正是 Cross Net 名称的由来。

$$x_0*x_l^{\mathrm{T}}=\begin{bmatrix}x_{01}\\x_{02}\\x_{03}\end{bmatrix}*[x_{l1}\ \ x_{l2}\ \ x_{l3}]=\begin{bmatrix}x_{01}x_{l1} & x_{01}x_{l2} & x_{01}x_{l3}\\x_{02}x_{l1} & x_{02}x_{l2} & x_{02}x_{l3}\\x_{03}x_{l1} & x_{03}x_{l2} & x_{03}x_{l3}\end{bmatrix} \tag{11-12}$$

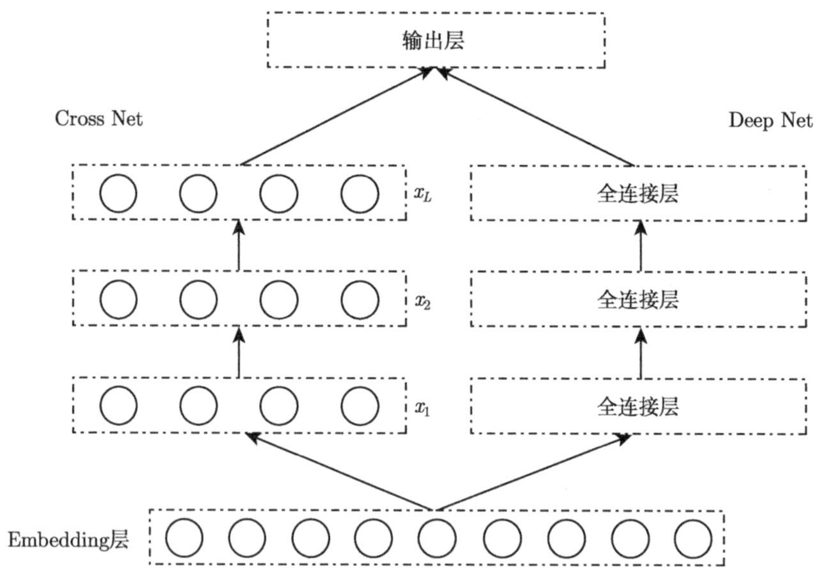

图 11-11 Deep Cross Net 结构

x_1 中包含了 x_0 与自身的叉乘，即 x_1 中包含了原始特征的两两组合。x_2 中包含了 x_1 与 x_0 的叉乘，即 x_1 中的每个元素再跟原始特征两两组合，这实际上实现了原始特征的三阶组合。依此类推，Cross Net 每多一层就可以实现更高一阶的特征组合。

式 (11-11) 的最后一部分加上 x_l 是借鉴了残差网络的思想，防止计算过程中出现梯度消失。

Cross Net 的每一层只需要 $2n$ 个参数 (w_l 和 b_l 都是 n 维的)，如果是普通的 Dense 层需要 $O(n^2)$ 个参数，所以 Cross Net 是一种非常巧妙的设计，它用很少的参数实现了特征的任意阶组合。但也正是因为 Cross Net 的参数比较少导致它的表达能力受限，为了学习高度非线性的特征组合，还需要引入一个并行的 Deep Net。

$x_0 * x_l^{\mathrm{T}}$ 会生成一个方阵，然后再计算方阵与 w_l 的乘积，这里的矩阵相乘计算量非常高，而且方阵占用的内存也很多。根据矩阵乘法的结合律，$x_0 * x_l^{\mathrm{T}} * w_l = x_0 * (x_l^{\mathrm{T}} * w_l)$，$x_l^{\mathrm{T}} * w_l$ 得到的是一个数字，然后 x_0 中的每一个元素分别乘上该系数即可，这大大降低了运算量和内存开销。

DCN 的代码实现比 DeepFM 还要简单一些，在代码 11-2 的基础上把 FM 一阶层去掉，并把 FM 二阶层替换成 Cross Net 即可。

```
def build_cross_net(input):
    x0 = Concatenate()(input)  # 对Embedding得到的稠密向量进行拼接
    xl = x0
    for i in xrange(4):  # 4层Cross
        tmp = Dense(1, use_bias=True)(xl)  # 根据矩阵乘法的结合律，先计算xl*w，
            得到一维系数
        tmp = Multiply()([x0, tmp])  # x0中每一个元素乘以上一步得到的系数
        xl = Add()([xl, tmp])  # 加上当前的xl，得到下一层的xl
    return xl
```

11.4 推荐服务

训练好了模型，算法工程师的工作并没有结束，推荐系统上线时要以服务 (Service) 的形式存在，服务调用方 (Client) 只需要输入 userid，就可以获取到针对该用户的推荐列表及每一个 item 被推荐的原因，它不需要关心推荐过程中使用了什么算法和规则。

11.4.1 远程过程调用简介

Client 向 Service 请求数据的过程换称之为远程过程调用 (Remote Produce Call, RPC)，这个过程通常会经历图 11-12 所示的流程。

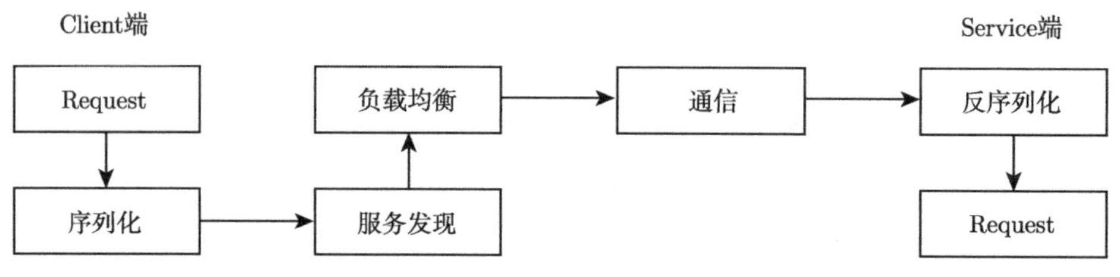

图 11-12　RPC 请求过程

序列化是把实体编码为字节流的过程，反序列化刚好相反。很多编程语言都自带了序列化/反序列化的模块，比如 Java 的 Serializable 接口，Python 的 pickle，Golang 的 gob。如果 Service 和 Client 是用不同的语言编写的则不能用语言内建的编码解码方式，一种简单的方法是通过 json 或 xml 这些通用的协议把实体转化为字符串，然后在不同语言之间进行字符串的序列化和反序列化。json 和 xml 虽然简单易读，但是引入了太多的元信息需要序列化，效率不高，相比之下 hessian、protobuf、thrift 等协议牺牲了可读性来换取高性能。

为确保服务的可靠性，以及承受足够高的 QPS(Query Per Second)，Service 要部署在多台机器上。服务发现模块让 Client 知道有哪些 Service 存在，当有新的 Service 加入或有 Service 宕机时要及时通知所有 Client。负载均衡是指 Client 尽量选择与负载小的 Service 通信，以确保各 Service 的机器负载基本均衡。这里的负载指的是 CPU、内存和 I/O 负载，负载均衡不代表 QPS 均衡。

通信方面可以基于 TCP 自定义协议，也可以使用现成的 http。http 的特点是通用，主要用于对外的异构环境及第三方接口调用等。自定义协议没有 http 那么臃肿，报文体积小，传输效率高，主要用于公司内部的服务调用。

Service 向 Client 返回 Response 的过程比较简单，因为 Request 实体中已经包含了 Client 的地址，所以 Service 只需要把 Response 进行序列化发出去即可，不存在选择 Client 的过程。

绝大多数的 RPC 都是同步调用，即 Client 在执行远程调用后要阻塞，直到接收到来自 Service 的 Response 才继续往下执行，RPC 同步调用过程如图 11-13 所示，具体实现流程如下。

1) Client 生成 Request 实体时顺带生成一个 RequestId，并初始化一个信号量 Sem，信号量执行 P 操作，调用线程阻塞，将 <RequestId,Sem> 存入 RequestBuffer 中。

2) 通过发送端口把 Request 发送给某一台 Service。

3) 在接收端口上监听来自所有 Service 的 Response。

4) Response 中携带了 RequestId，根据 RequestId 从 RequestBuffer 取得相应的信号量 Sem，信号量执行 V 操作，调用线程解除阻塞。

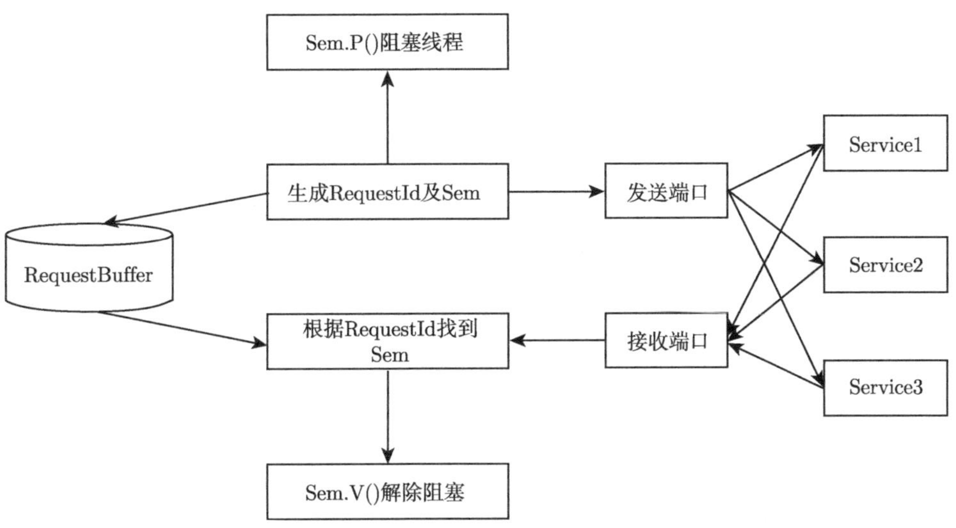

图 11-13 RPC 同步调用过程

11.4.2 gRPC 的使用

Thrift、gRPC、Dubbo 是比较流行的 RPC 框架，它们都基于 TCP 实现了自定义的通信协议。gRPC 是跨语言的，本节以 Python 开发为例介绍 gRPC 的使用方法。

1. 定义接口

首先安装 3 个 Python 模块：grpcio-tools、googleapis-common-protos 和 protobuf。然后定义 proto 文件，代码如 11-3 所示。

代码 11-3 rec.proto

```
syntax = "proto3";

package rec_service;
```

```
4
5  message Request {
6      int32 UserId = 1;
7  }
8  message Item {
9      int32 ItemId = 1;
10     map<string, string> Tests = 2;
11 }
12 message Response {
13     repeated Item Items = 1;
14 }
15 service RecService {
16     rpc Rec (Request) returns (Response);
17 }
```

第 1 行 syntax = “proto3” 指明使用 protobuf version3 进行序列化和反序列化。实体用 message 表示，message 可以嵌套 (比如 Response 类型中嵌套了 Item 类型)，gRPC 的请求和响应都必须是 message 类型，不能是基本数据类型，即使请求或响应中只包含一个基本数据类型成员。repeated 表示列表类型。第 15 行指明了服务的名称，第 16 行指明服务中有一个 “Rec” 接口可以调用，一个服务里可以包含多个接口。

通过以下命令把 proto 文件转化为 2 个 Python 文件：rec_pb2_grpc.py 和 rec_pb2.py。rec_pb2.py 中是 proto 文件里 message 对应的 python class，以及指导 protobuf 进行序列化的元信息。rec_pb2_grpc.py 里有服务注册和服务调用的基础函数。

```
python -m grpc_tools.protoc -I. --grpc_python_out=. --python_out=. rec.
    proto
```

2. Service 端

代码 11-4 service.py

```
# coding=utf-8

from rec_pb2_grpc import RecServiceServicer, add_RecServiceServicer_to_
    server
```

```
from rec_pb2 import Response, Item
import grpc
import time
from concurrent import futures

def rec(uid):
    """
    :param uid: 给uid推荐Item
    :return: 返回Item数组
    """
    return [Item()] * 10  #构造虚拟数据

class RecService(RecServiceServicer):
    def Rec(self, request, context):
        uid = request.UserId
        items = rec(uid)
        response = Response(Items=items)
        return response

if __name__ == "__main__":
    num_worker = 8    # 8个工作线程
    grpcServer = grpc.server(futures.ThreadPoolExecutor(max_workers=num_
        worker))
    handler = RecService()
    add_RecServiceServicer_to_server(handler, grpcServer)
    grpcServer.add_insecure_port("127.0.0.1:5678")
    grpcServer.start()
    try:
        while True:    #主线程永不退出
            time.sleep(10000)
    except KeyboardInterrupt:
        grpcServer.stop(0)
```

gRPC 允许开多个工作线程同时对外提供服务以提高吞吐量，线程数由 max_workers 参数指定。服务启动之后主线程不能退出，因为主线程一旦退出工作线程也就随之终止，无法对外提供服务了。

3. Client 端

代码 11-5 client.py

```
1  # coding=utf-8
2
3  from rec_pb2 import Request
4  from rec_pb2_grpc import RecServiceStub
5  import grpc
6
7  channel = grpc.insecure_channel("127.0.0.1:5678")
8  stub = RecServiceStub(channel)
9  request = Request(UserId=123)
10 response = stub.Rec(request , timeout=0.01)  #设置超时
11 print len(response.Items)
```

第 7 行先创建通信通道 channel，第 8 行基于 channel 创建一个服务的 stub，然后就可以通过这个 stub 调用远程服务了，stub 是线程安全的，支持在多个线程中同时使用。第 10 行设置了远程调用的超时时间是 0.01s，如果延时超过这个阈值会报错：Deadline Exceeded。

11.4.3 服务发现与负载均衡

服务发现最简单的做法是把 Service 信息都配置在 Client 端，Client 通过负载均衡算法选择与哪台 Service 通信。这种做法的弊端是当有新 Service 加入时所有 Client 的配置信息都需要更改，为了解耦我们引入服务注册中心，由它去维护 Service 信息的变更。当有新 Service 加入时它把自己的信息写入注册中心，注册中心周期性地向 Service 发送心跳，如果收不到 Service 的回应注册中心就将其删除。Client 访问服务注册中心来获取有哪些 Service，或者把负载均衡算法做在注册中心内部，Client 访问注册中心直接得到需要跟哪台 Service 通信。服务发现通用架构如图 11-14 所示。

服务注册中心最核心的功能就是存储配置信息并提供高效的访问，很自然地我们会想到用 redis 或 memcache 等内存数据库，有些公司确实是这么干的。zookeeper、consul、etcd 也都非常适合做服务注册中心，因为它们除了提供高可用、分布式、一致性的键值存储功能外，还自带了服务监听功能，可以及时发现失效的 Service。

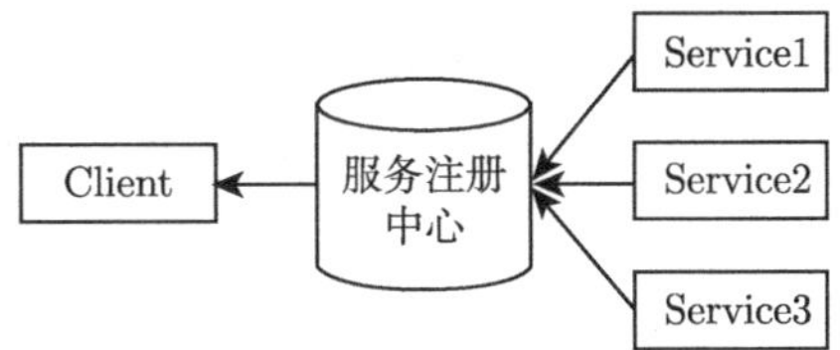

图 11-14　服务发现通用架构

简单的负载均衡算法有轮询法和随机法。轮询法即按照相同的顺序依次访问各台 Service，遍历完之后从头再来。随机法即每次随机选择一台 Service 进行访问，从统计意义上讲每台 Service 被访问的次数是一样的。这两种方法都不适用于机器性能有明显差异的分布式系统，如果某一台机器的配置不好就会成为系统的瓶颈。

加权轮询法根据服务器的配置高低设置不同的访问权重，使得从总体上看各 Service 被访问的比例与权重分配的比例相同，具体实现算法如下。

算法 11-2　加权轮询法

1. 根据机器性能给各 Service 分配权重 effectiveWeight。计算所有 Service 的 effectiveWeight 之和 totalWeight。
2. 将各 Service 的初始 currentWeight 全部赋为 0。
3. currentWeight = currentWeight + effectiveWeight。选中 currentWeight 最大的 Service 进行访问。
4. 对于选中的 Service，令其 currentWeight = currentWeight - totalWeight。

   返回第 3 步。

举个例子，有三个 Service：a、b、c，分配权重 effectiveWeight={4,2,1}，则前 7 次 Service 的选择过程见表 11-3。

表 11-3　加权轮询法举例

请求序号	请求前的 currentWeight	选中 Service	请求后的 currentWeight
1	{a=4, b=2, c=1}	a	{a=−3, b=2, c=1}
2	{a=1, b=4, c=2}	b	{a=1, b=−3, c=2}
3	{a=5, b=−1, c=3}	a	{a=−2, b=−1, c=3}
4	{a=2, b=1, c=4}	c	{a=2, b=1, c=−3}
5	{a=6, b=3, c=−2}	a	{a=−1, b=3, c=−2}
6	{a=3, b=5, c=−1}	b	{a=3, b=−2, c=−1}
7	{a=7, b=0, c=0}	a	{a=0, b=0, c=0}

effectiveWeight 代表了 Service 的承载能力，它不是固定不变的，在通信过程中如果发生异常这个值要减 1，通信正常这个值再加 1，直到恢复至初始的 effectiveWeight 值。动态调整 effectiveWeight 的目的是及时发现服务器异常，把负载分配到其他机器上去。

最小连接数法是一种更简单更直接的负载均衡算法，选中一台 Service 时其连接数加 1，Service 返回结果后连接数减 1，负载高的 Service 处理请求的延时比较长，它上面会堆积比较多的请求连接，因此 Client 每次选择连接数最少的 Service 进行访问。当 QPS 很低时所有 Service 的连接数长期处于 0，为避免总是访问同一台 Service 需要引入随机因子，这种情况下最小连接数法退化为随机法。

第 12 章 收集训练数据

数据是算法的命脉，在工业界搞算法的头等大事就是收集数据。样本数据的收集过程通常是各种业务日志的流转并最终落库，日志的格式以及流转的过程要经过精细的设计。

12.1 日志的设计

日志收集系统的主要功能是在线实时收集正负样本及其特征，为模型训练和指标监控做准备。以推荐系统为例，用户打开 APP 后系统向他推荐了一批物品 (新闻、商品、广告等)，用户点击刷新按钮后系统向他推荐了第二批物品，在点击率预估任务中，用户看到的物品如果点击了就是正样本，没点击就是负样本。展现数据和点击数据由前端实时地发送给日志收集器，即同一个物品的点击数据会滞后于展现数据到达日志收集器，日志收集器根据物品 id 对展现和点击数据进行合并，以此来识别正负样本。但仅依据物品 id 进行日志合并是不对的，因为一个物品可能在多次请求中都被展现了，其中只有一次被点击了，按物品 id 合并会把多次的展现合并为一条数据，从而误以为这是一条正样本，但实际上这里面包含了多条负样本。解决办法是前端每次请求算法服务时都生成一个唯一的 traceid(可以采用 uuid 或 snowflake 等算法)，在展现和点击日志里都带上这个 traceid，即同一批展现的物品 (item) 拥有相同的 traceid，日志收集器根据 traceid+itemid 对日志进行合并。

代码 12-1 展现和点击日志

```
class Log(object):
    traceid = ""  # 前端每次请求算法服务时生成一个唯一的traceid，即算法服务
        本次返回的这一批item共用一个traceid
    uid = 0  # 用户id
    itemid = 0  # 物品id
```

```
class Show(Log):
    show_time = 0  # 展现时间
    position = 0  # 在列表中的第几个位置展现

class Click(Log):
    click_time = 0  # 点击时间
```

正负样本对应的特征也需要实时收集，这样就可以实时地更新模型，即使是周期性地离线更新模型也最好不要等到模型训练时才去计算样本特征，因为用户的画像和物品的基本属性是动态变化的，样本生成时使用的特征和几天甚至几个月后再计算得到的特征可能是不一样的。算法使用的特征除了用户类特征和物品类特征外，还包含请求上下文特征，比如请求发生的时间、地点、网络连接方式、手机机型、APP 版本等，总之特征维度非常多，为了减小数据传输和磁盘存储的开销，通常采用 Protocol Buffer(简称 Protobuf 或 pb) 对特征日志进行压缩。先安装 Protobuf，然后编写.proto 文件，这里我们以 location 代表请求上下文特征，gender 代表用户类特征，price 代表物品类特征。最后使用 protoc 命令将 proto 文件转换为 Python 文件，proto 中的 message 就变了 Pyhton 中的 class。

代码 12-2 特征 proto 文件

```
syntax = "proto3";

message Request {
    string traceid = 1;
    int32 uid = 2;
    int64 request_time = 3;
    string location = 5; //用户的位置
}
message Feature {
    string traceid = 1;
    int32 uid = 2;
    int32 itemid = 3;
```

```
    int64 gen_feature_time = 4; //生成特征的时间
    int32 gender = 5; //用户的特征，性别
    int32 price = 6; //物品的特征，价格
}
```

12.2 日志的传输

所有日志需要从不同的服务器发往同一个地方，在那里进行合并，内网数据传输最简单的方式是 UDP。展现和点击数据比较短，可以转化为 json 文本进行传输；特征数据比较多，采用 pb 转化为字节流进行传输。为了方便数据接收方对日志按条分隔，数据发送方需要在每条日志后面加一个分隔符，对于文本日志使用一个换行符就可以了，因为一条日志内部通常不会包含换行符，对于字节流日志分隔符需要设计得长一些，避免与日志内部的某个子串重复。

代码 12-3 基于 UDP 的日志发送

```
from socket import *
import struct
import simplejson

HOST = "127.0.0.1"
REQUEST_PORT = 1234
FEATURE_PORT = 2345
SHOW_PORT = 3456
CLICK_PORT = 4567

LOG_DELIMITER = b"\xba\x11\x7f\xc3\x57"

s = socket(AF_INET, SOCK_DGRAM)  # UDP

def send_request(request):
    # protobuf序列化为字节流，再加上特定分隔符
    bytes = request.SerializeToString() + LOG_DELIMITER
    s.sendto(bytes, (HOST, REQUEST_PORT))
```

```
def send_feature(feature):
    # protobuf序列化为字节流，再加上特定分隔符
    bytes = feature.SerializeToString() + LOG_DELIMITER
    s.sendto(bytes, (HOST, FEATURE_PORT))

def send_show(show):
    # 序列化为json字符串，再加一个换行符
    json = simplejson.dumps(show.__dict__) + "\n"
    # 用struct转为字节流
    bytes = struct.pack("{:d}s".format(len(json)), json)
    s.sendto(bytes, (HOST, SHOW_PORT))

def send_click(click):
    # 序列化为json字符串，再加一个换行符
    json = simplejson.dumps(click.__dict__) + "\n"
    # 用struct转为字节流
    bytes = struct.pack("{:d}s".format(len(json)), json)
    s.sendto(bytes, (HOST, CLICK_PORT))

def close():
    s.close()
```

日志接收方收集所有的日志，它需要同时监控多个端口，每个端口上接收一种类型的日志，一种类型的日志写入一个文件，文件要按天进行分割。

代码 12-4 基于 UDP 的日志接收

```
import os
from absl import app
from absl import flags
from apscheduler.schedulers.background import BackgroundScheduler
from socket import *
from datetime import datetime, timedelta
```

```
import time

FLAGS = flags.FLAGS
flags.DEFINE_string("port", "0", "which port to listen")
flags.DEFINE_string("logfile", "","write udp data to which file")
flags.DEFINE_string(
    "filetype", "1", "1 represent text file, 2 represent binary
        file")

writer = None
# 与发送方约定好一个UDP数据报文的最大长度
MAX_UDP_DATA_LEN = 10240

def reset_writer(out_file, file_type):
    global writer

    postfix = datetime.now().strftime("%Y%m%d")
    if file_type == 1:
        # 以追回方式打开文本文件，若文件不存在则创建之
        writer = open(out_file+"."+postfix, "a+")
    else:
        # 以追回方式打开二进制文件，若文件不存在则创建之
        writer = open(out_file+"."+postfix, "ab+")

def main(argv):
    del argv
    port = 0
    if FLAGS.port:
        try:
            port = int(FLAGS.port)
        except:
            pass
    if port < 1024:
```

```
        # Linux普通用户不能使用1024以下的端口
        print("plesae use a port more than 1024")
        exit(0)

    logfile = FLAGS.logfile
    if not logfile:
        print("plesae assign an output file for udp log")
        exit(0)

    filetype = 1
    if FLAGS.filetype:
        try:
            filetype = int(FLAGS.filetype)
        except:
            pass
    if filetype not in [1, 2]:
        print(
            "plesae input a valid filetype,1 represent text file,
                2 represent binary file")
        exit(0)

    reset_writer(logfile, filetype)

    root_path = os.path.dirname(logfile)
    scheduler = BackgroundScheduler()
    scheduler.add_job(func=reset_writer,args=(logfile,filetype,),
        trigger='cron', hour=0)
    try:
        scheduler.start()
    except (KeyboardInterrupt, SystemExit):
        scheduler.shutdown()

    s = socket(AF_INET, SOCK_DGRAM)  # UDP
```

```
    s.bind(('0.0.0.0', port))
    while True:
        data, _ = s.recvfrom(MAX_UDP_DATA_LEN)
        writer.write(data)
        writer.flush()

    writer.close()
    s.close()

if __name__ == "__main__":
    app.run(main)
```

采用 UDP 协议做日志传输有以下几个原因。

1) UDP 协议简单，数据传输效率高，而 TCP 对服务器资源消耗大且传输速度慢。

2) UDP 的可靠性虽然没有 TCP 高，但对于日志收集这种业务场景允许有少量的数据丢失。

3) UDP 是面向报文的，TCP 是面向字节流的，即 UDP 可以自动识别每条日志的边界，而 TCP 把数据看成一串无结构的字节流，不知道日志边界在哪里，所以 UDP 每次调用 recvfrom(n) 读出来的就是一条完整的日志 (只要 n 大于日志的长度)，而 TCP 调用 recv(n) 读出来的只是长度 $\leqslant n$ 的一些字节，需要与发送方约定好分隔符自行进行分隔。

4) UDP 天然地可以实现风险隔离，即当日志收集器 CPU 阻塞甚至宕机后，对日志发送方没有任何影响，它只管不停地发送日志就可以了，完全感知不到日志接收方的状态。

UDP 经常被诟病的两个问题是：分片乱序和数据丢包。一条 UDP 报文长度如果超过最大传输单元 (maximum transmission unit, MTU, 以太网上通常是 1500 字节)，则会被切分成多个片段传输，各个片段到达日志收集器的顺序与发送顺序可能会不一样。日志收集器对接收的报文会进行完整性检验，如果发现数据不完整就直接丢弃，并不会通知发送方重新发送。然而在内网环境中这两种情况出现的概率极低，况且当报文长度小于 MTU 时也不会出现分片乱序的问题。

其实单就日志收集任务而言，工业界早有成熟的解决方案，那就是 flume，只是 flume 实施起来比 UDP 方式臃肿了许多，资源开销很大。如果你的业务数据流比较复杂，flume 或许是不错的选择。

flume 支持 UDP、TCP、Kafka、thrift 等多种数据传输方式，日志接收方可以选择把数据存到本地或 HDFS(Hadoop Distributed File System)。使用 flumelogger 这个 Python 包可以像写本地 logger 一样将日志以 thrift 的方式发送给接收方。

代码 12-5　基于 flumelogger 的日志发送

```
import simplejson
from flumelogger import handler
import logging
import logging.config

FLUME_HOST = "127.0.0.1"
REQUEST_PORT = 1234
FEATURE_PORT = 2345
SHOW_PORT = 3456
CLICK_PORT = 4567

LOG_DELIMITER = b"\xba\x11\x7f\xc3\x57"

def create_logger(port, name):
    formater = logging.Formatter("%(message)s")
    halr = handler.FlumeHandler(host=FLUME_HOST, port=port)
    halr.setFormatter(formater)
    logger = logging.getLogger(name)
    logger.setLevel(logging.INFO)
    logger.addHandler(halr)

request_logger = create_logger(REQUEST_PORT, "request_logger")
feature_logger = create_logger(FEATURE_PORT, "feature_logger")
show_logger = create_logger(SHOW_PORT, "show_logger")
click_logger = create_logger(CLICK_PORT, "click_logger")
```

```
def send_request(request):
    # protobuf序列化为字节流，再加上特定分隔符
    bytes = request.SerializeToString() + LOG_DELIMITER
    request_logger.info(bytes)

def send_feature(feature):
    # protobuf序列化为字节流，再加上特定分隔符
    bytes = feature.SerializeToString() + LOG_DELIMITER
    feature_logger.info(bytes)

def send_show(show):
    # 序列化为json字符串，再加一个换行符
    json = simplejson.dumps(show.__dict__) + "\n"
    show_logger.info(json)

def send_click(click):
    # 序列化为json字符串，再加一个换行符
    json = simplejson.dumps(click.__dict__) + "\n"
    click_logger.info(json)
```

数据接收方只需要配置好监听端口和日志落地目录，再启动 flume 就可以了。

代码 12-6 flume 接收日志的配置

```
# Name the components
Request.sources = src1
Request.channels = ch1
Request.sinks = si1

# source
# 数据传输方式为thrift
Request.sources.src1.type = thrift
Request.sources.src1.threads = 50
Request.sources.src1.bind = 0.0.0.0
```

```
# 监听端口
Request.sources.src1.port = 1234
# 当从source往channel里写时，一个batch包含几个event
Request.sources.src1.batchSize = 10
Request.sources.src1.channels = ch1

# channel
# memory的性能最好，但如果flume意外挂掉可能会丢失数据
Request.channels.ch1.type = memory
# channel可容纳的最大event条数
Request.channels.ch1.capacity = 10000
# 从source往channel里 写 ， 或 从channel往sink里 写 ， 一 次 搬 运event的 条 数 要 大
    于source和sink的batchSize
Request.channels.ch1.transationCapacity = 100
# sink
Request.sinks.si1.channel = ch1
# 当从channel往sink里写时，一个batch包含几个event
Request.sinks.si1.batchSize = 10
Request.sinks.si1.type = file_roll
# 与file_roll配合使用，每隔86400秒生成一份新的文件
Request.sinks.si1.sink.rollInterval = 86400
Request.sinks.si1.sink.directory = /path/to/request.log
# 不要追加换行符，因为发送方已经把日志分隔符带上了
Request.sinks.si1.sink.serializer.appendNewline = false
```

12.3 日志的合并

现在请求上下文、特征数据、展现日志和点击日志都收集到了同一台服务器上，接下来要按 traceid+itemid 对这 4 类日志进行合并。请求上下文中只包含 traceid，不包含 itemid，可以用一个单独的 dict 存储请求上下文，以 traceid 为 key。特征、展现和点击日志中都包含 traceid 和 itemid，因此可以把特征、展现和点击封装到一个 class 里，构建一个 dict，traceid+itemid 作为 key，封装后的 class 作为 value，遍历这 3 个日志文件就可以对它们进行合并，根据 traceid 可以从第一个 dict 中取

得请求上下文数据。

日志的合并需要实时地进行，我们设定一个时间窗口，比如 10min，从一个物品被展现开始计时，如果一个时间窗口内没有接收到相应的点击日志就认为这是一条负样本。所以 4 类日志的接收要实时地进行，同时日志写入本地文件后要不停地 tail 该文件，把接收到的数据交给负责日志合并的进程。tail 文本文件时比较简单，直接以换行符分隔各条日志即可，tail 二进制文件就比较麻烦，要从字节流中去匹配那一串分隔符。

代码 12-7 tail 日志文件

```
from rpc_pb2 import Request , Feature
from log import Show , Click
from log_sender import LOG_DELIMITER
from bytebuffer import ByteBuffer
from log_collector import MAX_UDP_DATA_LEN
import simplejson
from datetime import datetime

REQUEST_LOG_FILE = "/path/to/request.log"
FEATURE_LOG_FILE = "/path/to/feature.log"
SHOW_LOG_FILE = "/path/to/show.log"
CLICK_LOG_FILE = "/path/to/click.log"

def byte_log_generator(log_file):
    postfix = datetime.now().strftime("%Y%m%d")
    with open(log_file + "." + postfix , "rb") as f_in:
        delimiter_len = len(LOG_DELIMITER)
        bf = ByteBuffer.allocate(MAX_UDP_DATA_LEN)
        while True:
            curr_position = f_in.tell()
            n = 0
            # 重试10次，尽量把buffer读满
            for _ in xrange(10):
```

```
        n += bf.read_from_file(f_in)
        if bf.get_remaining() == 0:
            break
    if n <= 0:
        break

    bf.flip()  # bf由写入变为读出状态，即把position置为0

    idx = 0
    target = LOG_DELIMITER[idx]  # 当前要寻找LOG_DELIMITER中的
        哪个字符

    bf.mark()  # 记下当前位置，reset时会回到这个位置
    begin = 0  # 以delimiter结束上一段后，下一段的开始位置
    length = 0  # 上一次delimiter结束后，又从buffer中读了几个字节

    while True:
        if bf.get_remaining() == 0:
            break
        b = bf.get_bytes(1)[0]  # 逐个字节地读buffer
        length += 1
        if b == target:
            idx += 1
            if idx == delimiter_len:  # 遇到了完整的LOG_
            DELIMITER
                begin = bf.get_position()#下一次读buffer的开
                    始位置
                bf.reset()  # 回到本段的开始位置
                idx = 0
                bytes = bf.get_bytes(length - delimiter_
                    len)
                yield bytes
                bf.set_position(begin)  # 显式回到指定位置
```

```
                    bf.mark()
                    length = 0
                target = LOG_DELIMITER[idx]  # 下一个寻找目标
            else:
                if idx > 0:  # 重置idx和target
                    idx = 0
                    target = LOG_DELIMITER[idx]

        f_in.seek(curr_position + begin)
        bf.clear()  # 回到0位置

def request_generator():
    for bytes in byte_log_generator(REQUEST_LOG_FILE):
        request = Request()
        try:
            # protobuf反序列化
            request.ParseFromString(bytes)
        except:
            pass
        else:
            yield request

def feature_generator():
    for bytes in byte_log_generator(FEATURE_LOG_FILE):
        feature = Feature()
        try:
            # protobuf反序列化
            feature.ParseFromString(bytes)
        except:
            pass
        else:
            yield feature
```

```
def text_log_generator(log_file):
    postfix = datetime.now().strftime("%Y%m%d")
    with open(log_file + "." + postfix) as f_in:
        for line in f_in:
            yield line.strip()

def show_generator():
    for text in text_log_generator(SHOW_LOG_FILE):
        # json反序列化
        dic = simplejson.loads(text)
        traceid = dic.get("traceid", "")
        uid = dic.get("uid", 0)
        itemid = dic.get("itemid", 0)
        show_time = dic.get("show_time", 0)
        position = dic.get("position", 0)
        if traceid and uid and itemid and show_time:
            show = Show()
            show.traceid = traceid
            show.uid = uid
            show.itemid = itemid
            show.show_time = show_time
            show.position = position
            yield show

def click_generator():
    for text in text_log_generator(CLICK_LOG_FILE):
        # json反序列化
        dic = simplejson.loads(text)
        traceid = dic.get("traceid", "")
        uid = dic.get("uid", 0)
        itemid = dic.get("itemid", 0)
        click_time = dic.get("click_time", 0)
        if traceid and uid and itemid and click_time:
```

```
        click = Click()
        click.traceid = traceid
        click.uid = uid
        click.itemid = itemid
        click.click_time = click_time
        yield click
```

日志合并最关键的问题是如何及时地识别出哪些展现是一个时间窗口之前发生的。最原始的想法是把展现日志按时间排好序存到一个数组里，只要找到最早的那条时间窗口之内的日志，它之前的就都是过期的数据。我们来估计一下这样操作的时间复杂度：接收到一条展现日志，根据二分法打到它应该插入的位置，即 $O(\log N)$，插入后它后面的元素要整体往后移一位，即 $O(N)$，当它过期后还需要从数组中删除，后面的元素又要整体往前移一位，即 $O(N)$，时间开销还是比较大的。如果把数组改为链表，虽然插入和删除元素的时间复杂度都是 $O(1)$，但由于无法使用二分查找，遍历查找的时间复杂度还是 $O(N)$。小根堆是一个很好的解决方案，按展现时间建立小根堆，插入一个元素的时间复杂度是 $O(\log N)$，不停地轮询堆顶元素，一旦发现它比当前时间还要早出一个时间窗口就将其删除，删除堆顶的时间复杂度也是 $O(\log N)$。删除堆顶之前检查一下有没有相应的点击日志，如果有就是正样本，没有就是负样本。

代码 12-8 合并日志，生成样本

```
from expiringdict import ExpiringDict
import heapq
from log_generator import request_generator , feature_generator ,
    show_generator , click_generator
import threading
import time


class Corpus(object):
    """feature、show、click这3种数据可以按traceid+itemid进行合并
    """
    feature = None
```

```
    show = None
    click = None

TIME_WINDOW = 600  # 时间窗口设为10min
corpus_in_time_window = []
corpus_item_dict = dict()  # 两层嵌套的dict，外层dict的key是traceid，内
    层dict的key是itemid，value是Corpus
request_dict = ExpiringDict(max_len=100000,
                            max_age_seconds=1.2 * TIME_WINDOW)
                                # traceid作为key，value是Request。
                            Request没有itemid，所以单独存到一个dict里

def receive_request():
    for request in request_generator():
        traceid = request.traceid
        request_dict[traceid] = request  # 存入request_dict

def receive_feature():
    for feature in feature_generator():
        traceid = feature.traceid
        itemid = feature.itemid
        corpus_dict = corpus_item_dict.get(traceid)
        if not corpus_dict:
            corpus_dict = dict()
            corpus = Corpus()
            corpus.feature = feature
            corpus_dict[itemid] = corpus
            corpus_item_dict[traceid] = corpus_dict  # 存
                入corpus_dict
            feature_time = feature.gen_feature_time
            heapq.heappush(corpus_in_time_
                window, (feature_time, traceid))  # 存入小根堆，以数
                据生成时间作为排序依据，同时把traceid也存到树的节点中
```

```
        else:
            corpus = corpus_dict.get(itemid)
            if not corpus:
                corpus = Corpus()
                corpus.feature = feature
                corpus_dict[itemid] = corpus
            else:
                corpus.feature = feature

def receive_show():
    for show in show_generator():
        traceid = show.traceid
        itemid = show.itemid
        corpus_dict = corpus_item_dict.get(traceid)
        if not corpus_dict:
            corpus_dict = dict()
            corpus = Corpus()
            corpus.show = show
            corpus_dict[itemid] = corpus
            corpus_item_dict[traceid] = corpus_dict  # 存
                入corpus_dict
            show_time = show.show_time
            heapq.heappush(corpus_in_time_window, (show_
                time, traceid))  # 存入小根堆，以日志生成时间作为排序依
                据，同时把traceid也存到树的节点中
        else:
            corpus = corpus_dict.get(itemid)
            if not corpus:
                corpus = Corpus()
                corpus.show = show
                corpus_dict[itemid] = corpus
            else:
                corpus.show = show
```

```
def receive_click():
    for click in click_generator():
        traceid = click.traceid
        itemid = click.itemid
        corpus_dict = corpus_item_dict.get(traceid)
        if not corpus_dict:
            corpus_dict = dict()
            corpus = Corpus()
            corpus.click = click
            corpus_dict[itemid] = corpus
            corpus_item_dict[traceid] = corpus_dict  # 存
                入corpus_dict
            click_time = click.click_time
            heapq.heappush(corpus_in_time_window, (click_
                time, traceid))  # 存入小根堆，以数据生成时间作为排序依
                据，同时把traceid也存到树的节点中
        else:
            corpus = corpus_dict.get(itemid)
            if not corpus:
                corpus = Corpus()
                corpus.click = click
                corpus_dict[itemid] = corpus
            else:
                corpus.click = click

def sample_generator():
    """组合4种日志，生成样本
    """
    while True:
        if len(corpus_in_time_window) == 0:
            time.sleep(0.1)
            continue  # corpus_in_time_window暂时为空，之后还会有数据进来
```

```
        window_begin = time.time() - TIME_WINDOW  # 时间窗口的起始点
        earliest_corpus = corpus_in_time_window[0]  # 取出小根堆的
            堆顶元素
        if window_begin < earliest_corpus[0]: # 堆顶元素在时间窗口以
            内
            time.sleep(0.1)
            continue  # 什么都不做

        # 堆顶元素在时间窗口以外
        heapq.heappop(corpus_in_time_window)  # 删除堆顶元素
        traceid = earliest_corpus[1]  # 取出堆顶元素的traceid
        request = request_dict.get(traceid)
        if request:
            del request_dict[traceid]   #   从request_dict中删除，释放
                内存
        corpus_dict = corpus_item_dict.get(traceid)
        if corpus_dict:
            for itemid, corpus in corpus_dict.items():
                feature = corpus.feature
                show = corpus.show
                click = corpus.click
                if show:
                    if click:  # 正样本
                        if request:
                            yield (request, feature, show, click,
                            True)
                    else:  # 负样本
                        if request:
                            yield (request, feature, show, click
                                , False)

request_thread=threading.Thread(target=receive_request,)
request_thread.start()
```

```
feature_thread=threading.Thread(target=receive_feature,)
feature_thread.start()
show_thread=threading.Thread(target=receive_show,)
show_thread.start()
click_thread=threading.Thread(target=receive_click,)
click_thread.start()

if __name__ == "__main__":
    for request, feature, show, click, tag in sample_generator():
        # 打印样本特征和样本标签
        print feature.uid, feature.itemid, request.request_time,
            request.location, feature.gender, feature.price, show
            .position, "1" if tag else "0"
```

12.4 样本的存储

样本及其特征得到后存入本地文件，每隔一个小时往 HDFS 上 push 一次，周期性更新模型时从 HDFS 上获取训练数据。借助于 hdfs3 包，2 行代码就可以把本地文件 put 到 HDFS 上。

出于数据排查的目的，样本还需要存入 HBase，这样就可以根据用户 id 查询算法服务为该用户展现了哪些物品，其中哪些被点击了，每一个展现物品背后使用的特征取值是多少，在算法 debug 阶段有这样一个查询页面会极大提高算法工程师的工作效率。为了能按 uid 查询，HBase 表的 rowkey 以 uid 作为前缀。展现、点击和特征日志存入一张表，以 uid_traceid_itemid 作为 rowkey，请求日志中没有 itemid 时单独存入一张表，以 uid_traceid 作为 rowkey。

用 Python 读写 HBase 时需要借助于 happybase 包。

代码 12-9 样本存入 HBase

```
import happybase
from log_merger import sample_generator

conn = happybase.Connection(host='localhost', table_prefix="
    namespace", table_prefix_separator=b':', transport='framed',
```

```
    protocol='compact')
request_table = conn.table("request")
corpus_table = conn.table("corpus")

for request, feature, show, click, tag in sample_generator():
    # 写request表
    rowkey = str(request.uid) + "_" + request.traceid
    data = {"request:location": request.location, "request:
        request_time": str(request.request_time)}
    request_table.put(rowkey, data)
    # 写corpus表
    rowkey = str(request.uid) + "_" + request.traceid + "_" + str
        (show.itemid)
    data = {"feature:gen_feature_time": str(feature.gen_feature_
        time), "feature:gender": str(feature.gender), "feature:
        price": str(feature.price), "show:show_time": str(show.
        show_time), "show:position": str(show.position)}
    if tag:
        data["click:click_time"] = str(click.click_time)
    corpus_table.put(rowkey, data)
```

request 表结构见表 12-1，corpus 表结构见表 12-2。

表 12-1　request 表结构

列簇	列
request	location
	request_time

表 12-2　corpus 表结构

列簇	列
feature	gen_feature_time
	gender
	price
show	show_time
	position
click	click_time

第 13 章 分布式训练

分布式模型训练可以突破单机 CPU 和内存的限制，加快训练速度，通用的框架如图 13-1 所示。各台 Worker 并行地执行模型训练，每轮迭代前从参数服务器 (Parameter Server, PS) 上拿到最新的参数，根据新一批的训练样本采用某种优化方法更新参数，把参数 push 回参数服务器，然后进行下一轮迭代。分布式训练的关键是参数服务器，各台 Worker 通过参数服务器与其他 Worker 共享训练的成果。

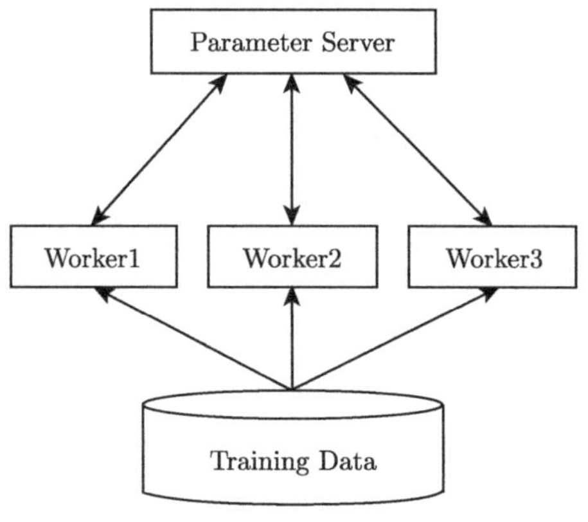

图 13-1 分布式并行训练框架

13.1 参数服务器

早期人们用 memcache 来充当参数服务器，对于简单的 KV 存储，memcache 的效率确实非常高。后来李沐等人又发明了一种基于异步的参数服务器，节约了网络传输和读写公共变量等待锁的时间 (PS 上存储的模型参数就是公共变量)。

图 13-2 是同步训练模式，在 t_0 时刻 Worker 向 PS 发送了一个 pull 请求，在 t_1 时刻 PS 把模型参数返回给了 Worker，然后 Worker 才开始第 5 轮的迭代。第 5 轮迭代结束后 Worker 向 PS 发送了一个 push 请求，希望把更新后的参数写回 PS，在 t_3 时刻 PS 返回 push ack 表示 push 请求已执行完毕。然后 Worker 重新发起

pull 请求，等 t_4 时刻获取到模型参数后才开始第 6 轮的迭代。即在同步模式中每一轮迭代前都要确保拿到了最新的模型参数，每一轮迭代后都要等待参数写回 PS 成功才进行后面的操作。

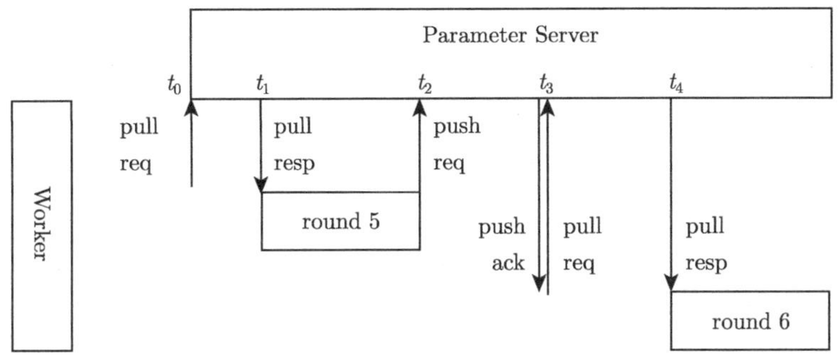

图 13-2　同步训练模式

图 13-3 是异步训练模式，在 t_0 时刻 Worker 向 PS 发送了一个 pull 请求，不等 PS 返回模型参数就立即开始了第 5 轮的迭代。第 5 轮迭代结束后 Worker 向 PS 发送了一个 push 请求，紧接着又发送了一个 pull 请求然后就第开始了第 6 轮的迭代，即在 t_2 时刻 round 6 使用的参数是 t_1 时刻 PS 返回的参数，并不是 round 5 结束时得到的参数。t_2 时刻的 push 请求在 t_3 时刻才反映到 PS 上，t_4 时刻 round 7 开始时 Worker 取到的是 t_2 时刻 round 5 更新后的参数。

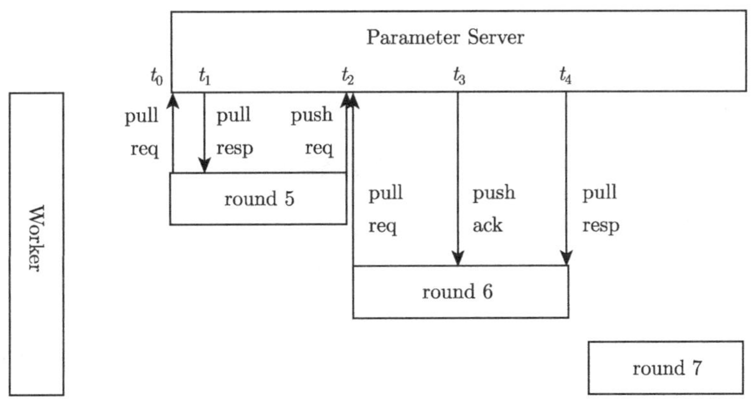

图 13-3　异步训练模式

显然异步模式可以提高训练速度，但是需要“更多”的迭代次数才能达到同等的收敛效果。其实在基于随机梯度下降 (及其衍生模式) 的训练过程中，损失函数本来就是起起伏伏的，第 n 轮迭代后的参数不一定优于第 $n-1$ 轮迭代后的参数，所以第 $n+1$ 轮直接利用第 $n-1$ 轮的参数未尝不是一件好事。实践表明，达到同样的收敛效果时异步模式跟同步模式所需要的迭代次数是一样的。

李沐设计的参数服务器架构如图 13-4 所示。存储模型参数的机器是 Server，负责更新参数的机器是 Worker，Server Manager 负责维护 Server 集群的信息并调度数据在 Server 上的分布。Server Manager 要跟每一台 Server 和每一台 Worker 通信，Server 之间也要互相通信，Worker 之间不需要通信，Worker 跟各台 Server 也会产生通信。Worker 需要多台，否则无法实现并行训练。如果只训练一个模型那 Server 只需要一台就够了，但 PS 作为公司级别的基础设施，它上面要同时训练多个模型，每个模型的参数都要占用大量的内存，这个时候就需要多台 Server 了。

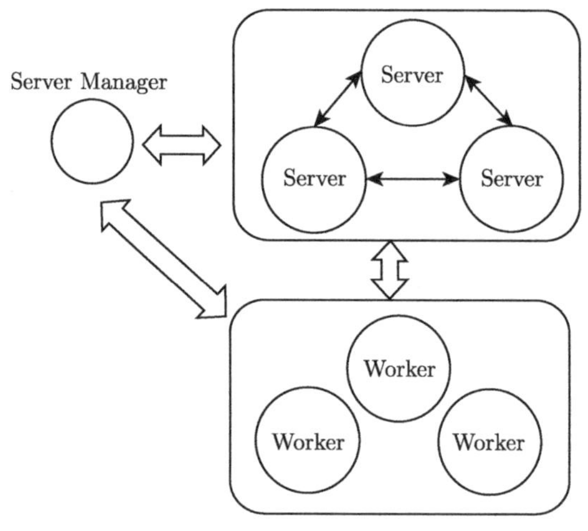

图 13-4　参数服务器架构

如果一个模型占用一台 Server，那各个 Server 的内存使用率就很不均匀，因为不同模型的参数规模可能相差甚远。如果每个模型的参数都均匀地分布在各台 Server 上，虽然可以保证各台 Server 的内存使用率是均等的，但是当 Server 宕机或有新 Server 加入时参数在各台 Server 上又要重新分配。哈希环是一个比较好的解决方案，在图 13-5a 中，一共有 1000 个参数，编号为 0~999，其上的两个随机数 266 和 683 把区间 [0,999] 分成三段，每段上的参数由相应的三台 Server 来存储。当 Server 很多时 (比如几十上百台)，参数的分布总体上会比较均匀。如图 13-5b 所示，当 Server4 加入时再生成一个随机数 190，它夺去了本属于 Server1 的部分参数，这样 Server4 存储区间 [0,190] 上的参数，Server1 存储 [191,266] 上的参数，Server2 和 Server3 无须做任何更改。如图 13-5c 所示，当 Server1 宕机时，原属于 Server1 的参数段由 Server2 接管，Server3 和 Server4 无须做任何更改。

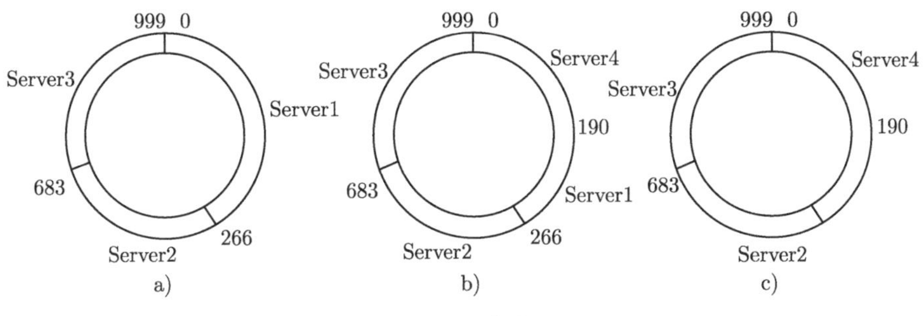

图 13-5 哈希环

如图 13-6 所示是 Worker 从 PS 上拉取参数的流程。Worker1 想获取区间 [100,800] 上的参数，它随机选中了 Server2，并向其发送 pull 请求。Server2 只存储了 [267,683] 上的参数，它还需要从 Server1 拉取 [100,266] 段的参数，向 Server3 拉取 [684,800] 段的参数，拉取到之后再把 [100,800] 段的参数返回给 Worker1。Worker 向 PS 集群 push 参数的流程与上述类似。

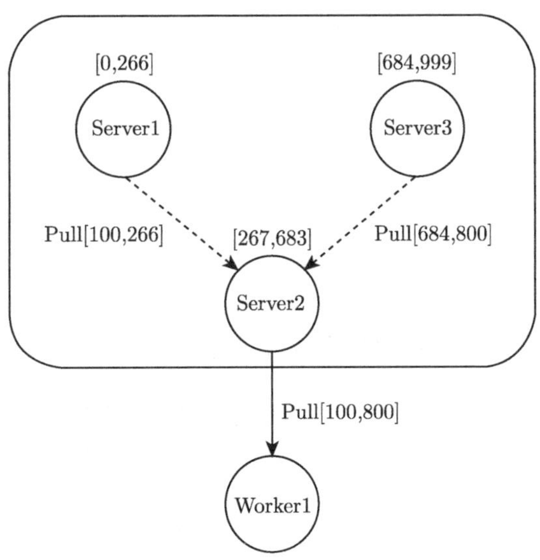

图 13-6 从 PS 上拉取参数

Server 可能宕机或者处于短暂不可用的状态，所以每台 Server 都需要有备份，即每台 Server 既是 master 角色，有若干台 slave，同时它也是其他若干台 Server 的 slave。如图 13-7 所示，在 push 流程中对 master 的修改也要反映到 slave 上，为了节约网络开销，连续对 master 修改多次后才将最终的参数值同步到 slave 上。

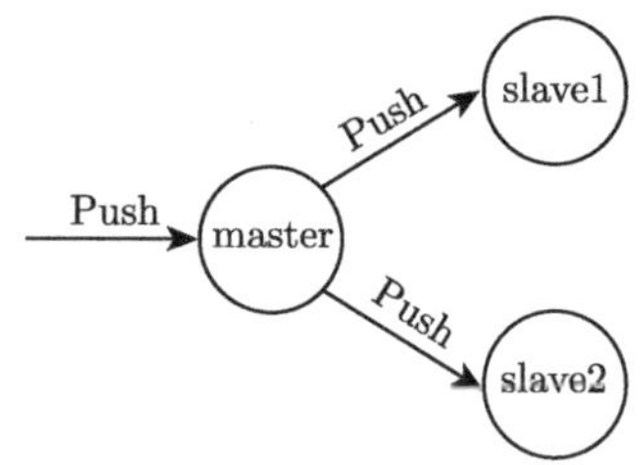

图 13-7　push 操作同步到 slave 上

从 Worker 向 PS pull 参数的过程中我们也看到 Worker 需要知道每一台 Server 的 IP 地址，否则它不知道跟谁通信；每一台 Server 都需要知道其他 Server 的 IP 地址以及各自负责的参数区间段。Server Manager 负责维护 Server 集群的基本信息，每当有新 Server 加入时都要向 Server Manager 汇报，Server Manager 会重新计算各台 Server 应负责的参数区间段。添加 Server 的具体流程如图 13-8 所示，大写的英文表示消息类型，带圈的数字表示特定的动作。

添加 Server 期间，Server Manager、Servers 和 Workers 之间要传输 8 种消息，对于每种消息，接收方都要执行特定的工作，这些工作共有 7 种。我们按 7 种工作的编号来详细描述添加 Server 的流程。

① New Server 启动时向 Server Manager 发送一条 ADD_SERVER 命令，Server Manager 在哈希环上为它生成一个位置，从而计算出 New Server 负责的参数区间，把这个参数区间封装在 ADD_SERVER_ACK 消息里返回给 New Server，ADD_SERVER_ACK 消息里同时包含各台 Old Server 负责的参数区间。

② New Server 拿到属于自己的参数区间，从其他 Old Server 上拉取这些参数的值。然后向 Server Manager 发送 KEY_RANGE_CHANGE 命令。

③ Server Manager 重新计算各台 Server 负责的参数区间 (有一台 Old Server 的参数区间在这一步会发生变化)。Manager 把最新的 Servers 以及各台 Server 负责的参数区间封装在 KEY_RANGE_CHANGE_ACK 消息里，广播给每一台 Server。

④ 各台 Server 把最新的集群信息 (包括有哪几台 Server 以及每台 Server 负责

的参数区间) 存储在本地，然后向 Manager 发送一个 MASTER_SLAVE_CHA NGE 命令。

⑤ 等所有 Server 都返回 MASTER_SLAVE_CHANGE 后，Server Manager 计算出新的主从关系，封装在 MASTER_SLAVE_CHANGE_ACK 消息中广播给所有 Server。

⑥ 各台 Server 把集群的主从关系存储在本地，删除不属于自己的参数，然后从自己的 master 那里拉取参数，最后向 Manager 发送 CHANGE_SERVER_FI NISH 消息。

⑦ 等所有 Server 都返回 CHANGE_SERVER_FINISH 后，Server Manager 给每一台 Worker 都发送一条 SERVER_CHANGE 消息，里面携带着集群中每一台 Server 的 IP 地址。Worker 接收到消息后把 Server 信息存储在本地。

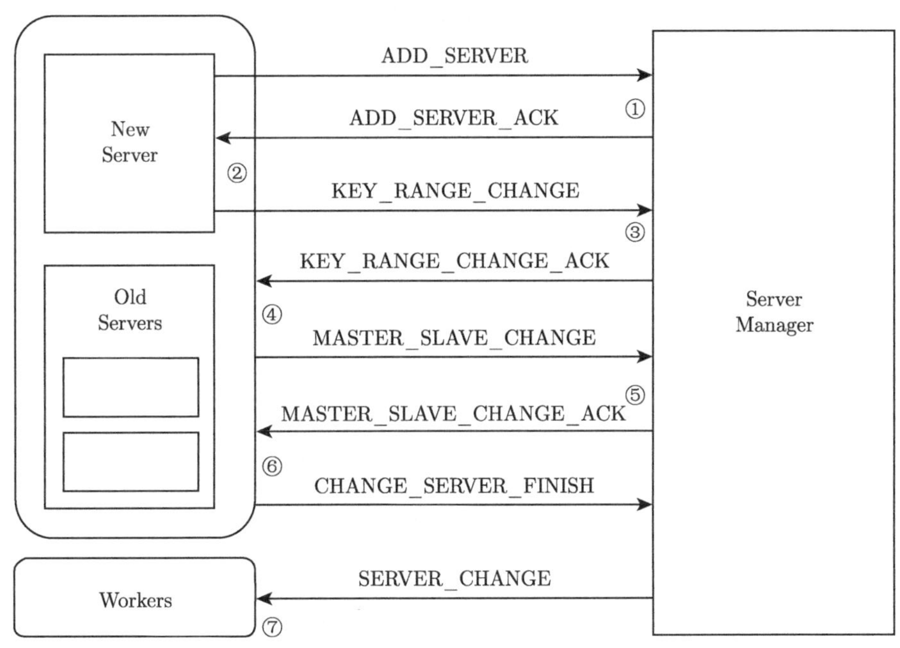

图 13-8 添加 Server 流程

如图 13-9 所示，删除 Server 的流程如下。

New Worker 启动时也要向 Server Manager 发送一条 ADD_WORKER 消息，Manager 把 Server 集群的信息告诉新启的 Worker，同时 Manager 也需要维护所有 Worker 的列表。

Server Manager 周期性地向各台 Server 发送 PING 消息，Server 向 Manager 回应 PING_ACK 消息。如果连续 3 次 ping 某台 Server 都没有回应，则 Manager 向还存活的 Server 广播一条 DELETE_SERVER 消息，告诉它们有一台 Server 已无法正常工作。

⑧ 各台 Server 接收到 DELETE_SERVER 消息后，把 Dead Server 置为 NotReady，这样再需要向 Dead Server 请求数据时就向它的 Slave 请求。然后 Server 向 Manager 返回一条 DELETE_SERVER_ACK 消息。

⑨ 等所有 Server 都返回 DELETE_SERVER_ACK 后，Manager 重新计算各台 Server 负责的参数区间 (仅有一台 Server 的参数区间要变大，其他的不变)。Manager 把最新的 Servers 以及各台 Server 负责的参数区间封装在 KEY_RANGE_CHANGE_ACK 消息里，广播给每一台 Server。

接下来的流程④ ⑤ ⑥ ⑦ 跟添加 Server 时一样。

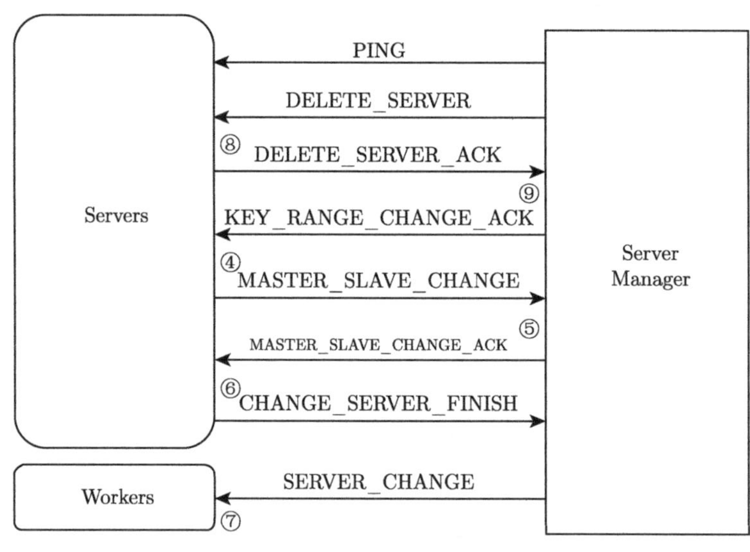

图 13-9 删除 Server 流程

13.2 基于 PS 的优化算法

对于任意的机器学习算法都可以对其模型参数进行编号，以编号作为 key，参数值作为 Value 存储在 PS 上，Worker 与 PS 之间传输数据时指定 KeyRange 即可。有时候一个 key 可以对应多个参数，比如当参数是二维矩阵时，一个 key 可以代表一整行参数。github.com/Orisun/ps 是笔者用 Go 语言实现的一版 Parameter Server，支持 Go 和 Python 两种客户端，提供以下 API 给 Worker 调用。

```
Pull(KeyRange) return int
WaitPull(int) return []Value
Push(KeyRange, []Value) return int
WaitPush(int) return bool
Inc(KeyRange, []Value) return int
WaitInc(int) return bool
```

算法 13-1 基于 PS 的随机梯度下降法

输入：学习率 α，参数个数 d，迭代次数 T，同步代数间隔 m。

从 PS 上取下初始的模型参数 W。
把 pull_msg_history 初始化为长度是 m 的 0 向量。
for $t = 0$ **to** $T - 1$ **do**
    $sync\_round = t - m$
    $sync\_msg\_id = 0$
    if $sync\_round \geqslant 0$ **do**
        $sync\_msg\_id = \text{pull\_msg\_history}[sync\_round\%m]$
    endif
    if $sync\_msg\_id > 0$ **do**
        $W = \text{WaitPull}(sync\_msg\_id)$
    endif
    $msg\_id = \text{Pull}([0, d - 1])$
    $\text{pull\_msg\_history}[t\%m] = msg\_id$
    取出下一个样本 (x, y)。
    根据 (x, y) 和 W 计算梯度 g。
    $\text{Inc}(-\alpha g)$
endfor

当一个 key 代表一个参数时，Value 就是 float 类型，当一个 key 代表多个参数时，Value 就是 []float 类型。Pull 函数代表 Worker 要从参数服务器上拉取某段区间的参数，这个函数只是向 Server 发送一个 Pull 消息，并立即返回消息 id，并不会等待 PS 返回真正的参数值。把消息 id 传给 WaitPull 函数，该函数会一直阻塞，直到 PS 返回真正的模型参数。Worker 调用 Push 函数时是想把某段区间的模型参数写回 PS，同样地，Push 函数只是发送一条 Push 消息，WaitPush 函数会等待 Push 命令执行完毕。Inc 与 Push 类似，不同之处在于 Push 是覆盖 PS 上的参数，而 Inc 是让 PS 上的参数加上一个增量。在多 Worker 并行优化算法模型的情况下我们应该使用 Inc 而非 Push，因为 Push 会覆盖其他 Worker 的训练成果，而 Inc 会把每台 Worker 的训练成果都反应在 PS 上。

之所以要提供 Wait 类的函数，是因为完全异步的训练方式可能会有问题。试想如果 Worker 更新参数非常快，同时读写 PS 又非常慢，那可能连续多轮迭代使用的参数都是一样的，即第 n 轮发出去的 Pull 请求到第 $n+m$ 轮 Worker 才真正拿到 PS 上的参数，第 $n+m$ 轮是在第 n 轮的结果上更新参数。m 如果比较大会影响收敛速度，所以当 m 还比较小时就强行调用 Wait 函数，等待前几轮的 Pull、Push 或 Inc 函数执行完毕。

以最简单的优化算法 SGD 为例，说明如何基于 PS 进行编程。在并行训练开始之前需要先初始化 PS 上的参数。

在上述算法中只调用了 WaitPull，并没有调用 WaitInc，其实调用 WaitPull 或 WaitInc 效果是一样的，因为 PS 是按先后顺序处理接收到的消息的，如果此前 m 轮的 Pull 请求执行完毕了，可以近似地认为前 m 轮的 Inc 请求也已执行完毕。在调用 Pull() 函数时传递的 KeyRange 是 $[0, d-1]$，即每台 Worker 都负责更新全部的模型参数，由于计算 g 是非常快的，它占用 CPU 的时间比例很小，所以每台 Worker 负责更新不同区间段的参数并不会取得并行的速度优势，反而会导致各维度上的 W 不能同步进化，减慢了收敛速度。

FTRL 比 SGD 稍微复杂一点，参见算法 4-2，PS 上真正需要存储的是 z 向量和 n 向量，根据 z 和 n 可以计算出 W。每次迭代时从 PS 上取下 z 和 n，得到 W，进而计算出梯度 g 和 σ，$\Delta z = g - \sigma W$，$\Delta n = g^2$，最后调用 $\mathrm{Inc}(\Delta z, \Delta n)$。

通过一个实验来感受一下 PS 并行计算的优势，github.com/Orisun/ps 上有相关数据和实验代码。

训练数据：随机生成一个 1 万维的 W 向量，从函数 $Y = 1/(1+\mathrm{e}^{-WX})$ 上随机采样 1 万个点 (x, y) 构成训练样本，从训练样本中抽取 10% 作为验证集。

训练方法：采用交叉熵损失函数，用 FTRL 作为优化算法，mini-batch 迭代，样本重复利用 20 轮。

PS 集群配置：1 台 Server Manager，3 台 Server。

Worker 配置：1 台 worker 使用全部的训练数据；或者 3 台 Worker，各使用 1/3 的训练数据。由于训练集和参数规模都很小，单机完全可以完成训练，这个可作为 baseline。若用 PS 集群存储参数 W，仅使用一台 Worker 进行迭代学习，训练耗时和损失函数与 baseline 持平，这说明虽然引入了网络 I/O 开销，但由于是异步更新参数，所以并没有花费更多的时间。当使用 3 台 Worker 时每台只使用 1/3 的训练样本，所以理论上最短耗时为 baseline 的 1/3，即 90s 左右，而实际用了 120s，这是由于 Worker 变多后 PS 集群的并行请求压力变大，Worker 在等待 m 轮之前的训练结果时要花费些时间。3 台 Worker 并行训练得到的损失函数依然可以与 baseline 持平。

表 13-1 是各种机器配置下的训练效率对比。

表 13-1　PS 训练效率

训练方法		训练耗时/s	验证集上的损失/10^{-4}
单机		276	2.81
PS	1 台 Worker	280	2.93
	3 台 Worker	120	2.63

13.3　在线学习

离线训练好的模型应用于线上服务后，还需要保持不断地更新，即吸纳线上新产生的训练样本去更新模型。这样做有两个好处：使用更多的样本可以使模型达到更高的精度；样本的分布会改变，比如以前是女性用户居多而现在男性成为主力，用户的喜好也会改变，比如去年流行的服装款式今年已不再流行，所以我们需要使用最新的样本来帮助模型做及时的调整。

更新模型有以下两种方式。

1) 定期更新。每隔一段时间把新生成的样本加到老样本里去，重新训练一版模型。

2) 实时更新。拿线上新生成的样本数据实时地去更新模型参数。

定期更新几乎就是算法工程师自欺欺人的谎言，由于重新训练模型比较麻烦，所以很少有人会坚持更新模型 3 次以上。实时更新是最理想的方案，但是要防范系统风险，如果人失去了对模型的掌控，任由模型自动学习更新，可能会有损线上效果，因为谁也不能保证代码里没有潜在的 bug。

既要让模型能够自动更新，又要确保线上使用的模型的正确性，通常的做法是同时运行两个模型。如图 13-10 所示，参数服务器上存储着两个模型，主模型是之前训练好的，并已人工校验过它的效果，对于线上绝大多数的请求都使用主模型。新模型是从主模型继承而来的，新模型会保持实时的更新而主模型不会。把两个模型的效果指标都监控起来，多数情况下运行一段时间后新模型的指标会优于主模型，此时就可以把新模型的参数复制到主模型里去。

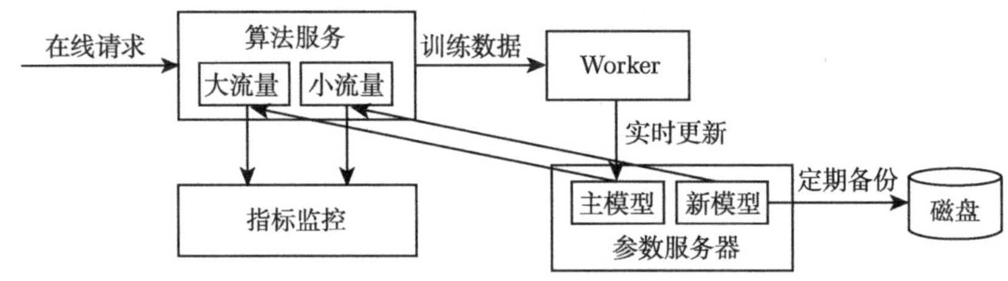

图 13-10　在线学习架构

第 14 章 A/B 测试

所谓 A/B 测试是指采用多种不同的方案去实现同一个功能，每种方案分发给一组用户，各组用户数量相等，且在各个特征维度上独立同分布，观察各个方案的效果，最终选出有明显优势的那个方案。A/B 测试不是只有 A 和 B 两种方案，可以把更多方案放在一起对比。A/B 测试最终不一定能选出一个最优方案，这里有两种情况：当指标比较多时，某个方案在一部分指标上表现最好，而另一个方案在另外一些指标上表现最好，综合考虑多个指标时大家可能会出现分歧；当表现最好的方案比第二名稍微高了一点时，由于用户总量较少，所以“第一名好于第二名”的置信度很低。

14.1 实验分组

A/B 测试的典型应用场景是这样的，线上本来运行的是模型 A，现在又生成了两个模型 B 和 C(A、B、C 可能是不同的算法，也可能是同一种算法只是参数不同，也可能兼而有之)，想把 A、B、C 都放到线上做一下对比。新算法初次上线一般分配的流量都很小，比如 3%，所以我们拿出 9% 的用户来做实验，三个模型各分得 3% 的用户，观察在实验用户群上各模型的表现。更严谨的做法是再拿出 3% 的用户，给他们分配模型 A，这样模型 A 被分配给了两组 3% 的用户，一个是实验组，一个是对照组，理论上实验组和对照组各项指标表现应该是一致的，如果不一致有可能是用户量太少导致波动较大，也有可能是分组算法把用户分得不够随机，总之对照组的存在可帮助确认测试结果是否可靠。

一个 A/B 实验实现的是一个功能，线上可能同时运行着多个 A/B 实验以实现不同的功能，比如推荐、搜索场景下在测试多个召回模型的同时也在测试多个排序模型。把一个 A/B 实验覆盖的用户群称为一个大组，实验内部各个模型覆盖的用户群称为一个小组。两个大组的用户可以有交集，但必须保证两组 A/B 实验之间互不影响，具体来讲，假如第一个 A/B 实验内有 A、B 两个分组，第二个 A/B 实验内有 C、D 两个分组，在用户已经是随机分配的前提下，如果 A 组内有 20%

的用户也在 C 组内，那么 A 组内也必须有 20% 的用户落在 D 组内，对于 B、C、D 组依此类推。

既然是要对用户分组，那依据什么来标记用户呢？最直接的方法是使用用户 id，也可以使用设备 id(比如用户计算机的 MAC 地址、浏览器 cookie、手机 IMEI 等)。使用用户 id 的好处是不论用户在计算机上登录还是在手机上登录，分配给他的都是同一个方案，可以保证用户体验的一致性。当用户没有登录时采用设备 id，至少保证用户在这一台设备上的体验是一致的。

接下来要设计一个分组算法，把用户分到各个实验组里去，该算法需要满足以下 4 个条件。

1) 一个用户被分到哪个组里是确定不变的。

2) 各组分得的用户数要等于事先设定好的比例。

3) 分组是随机的，即各组用户的分布是一致的。

4) 各个 A/B 实验大组之间的用户互不影响，保持正交。

下面给出 uid 分组算法及相应的验证代码，有些公司的 uid 是递增生成的，有些公司的 uid 是随机生成的，代码中对这两种情况都做了验证。如果用设备 id 给用户分组，设备 id 通常是字符串，可以先对其进行哈希运算，哈希值就相当于随机生成的 uid。

代码 14-1 uid 分组算法及随机性验证

```
from __future__ import division
from collections import defaultdict
import random
import math


# 质数表
PRIME_TABLE = [998537, 998539, 998551, 998561, 998617, 998623, 998629,
    998633, 998651, 998653]


def choose_strategy(uid, rnd=0):
    """根据uid生成[0,100)上的一个随机整数
    """
```

```
    prime = PRIME_TABLE[rnd % len(PRIME_TABLE)]
    random.seed(uid ^ prime)   # 质数的加入是为了保证各A/B实验之间的正
        交性
    return random.randint(0, 99)

total_user = 1000000  # 每组实验内用户的总数

def sequential_uid_generator():
    """顺序uid生成器
    """
    for i in xrange(total_user):
        yield i

def random_uid_generator():
    """随机uid生成器
    """
    for i in xrange(total_user):
        yield random.randint(1e12, 1e20)

def gen_test_group(test_count, rnd, uid_generator):
    """生成一个大组，有test_count个小组，每个小组是uid构成的set
    """
    set_list = []
    for i in xrange(test_count):
        set_list.append(set())

    for uid in uid_generator():
        stg = choose_strategy(uid, rnd)
        modulus = stg % test_count
        set_list[modulus].add(uid)
```

```
    return set_list

def test_random(uid_generator):
    """测试随机性
    """
    set_list = gen_test_group(100, 1, uid_generator)  # 分为100个小组
    for i, set in enumerate(set_list):
        ratio = len(set) / total_user
        # 每个小组的占比都应该是0.01，误差容忍度是0.001
        if math.fabs(ratio - 0.01) > 1e-3:
            print i, ratio

def test_orthogonality(set_list1, set_list2):
    """
    验证对于大组1中的每个小组而言，它在大组2的各个小组上的分布是均匀的
    :param set_list1: 大组1
    :param set_list2: 大组2
    """
    for set1 in set_list1:
        total = len(set1)
        count_dict = defaultdict(int)
        for ele in set1:
            for i, set2 in enumerate(set_list2):
                if ele in set2:
                    count_dict[i] += 1
                    break
        # set1的元素应该均匀地分布在各个set2中
        for ele, count in count_dict.iteritems():
            ratio = count / total
            # 每一份的占比都应该是1/len(set_list2)，误差容忍度是0.1/len
```

```
            (set_list2)
        if math.fabs(ratio - 1 / len(set_list2)) > 0.1 / len(set_
            list2):
            print ele, ratio

def test_cross(uid_generator):
    """验证两个大组之间的正交性
    """
    group_count = 10  # 10个大组
    set_list_list = []
    for i in xrange(group_count):
        set_list = gen_test_group(4, i + 1, uid_generator)  # 每个大组
            内4个小组
        set_list_list.append(set_list)
    for i in xrange(group_count):
        for j in xrange(i + 1, group_count):
            set_list1 = set_list_list[i]
            set_list2 = set_list_list[j]
            test_orthogonality(set_list1, set_list2)
            test_orthogonality(set_list2, set_list1)

# 顺序生成uid
print "sequential_uid_generator:"
print "test_random:"
test_random(sequential_uid_generator)  # 测试同一大组内，uid在各个实验
   上分布得是否均匀
print "test_cross:"
test_cross(sequential_uid_generator)  # 测试不同大组之间，uid的分布是否
   正交
# 随机生成uid
```

```
print "random_uid_generator:"
print "test_random:"
test_random(random_uid_generator)
print "test_cross:"
test_cross(random_uid_generator)
```

14.2 指标监控

A/B 测试最终要以指标来论高下，所以要对指标进行及时、准确的监控。

14.2.1 指标的计算

工程中最常用的指标是点击率和 AUC(Area Under The Curve)。

$$\text{点击率} = \frac{\text{点击量}}{\text{展现量}}$$

$$\text{AUC} = P(\text{正样本的 score} > \text{负样本的 score})$$

点击率比较好统计，来一条正样本就上报一个计数 1，来一条负样本就上报一个计数 0，给定一个时间段，统计一下一共有多少条计数就说明有多少次展现，这些计数的和就是点击量，这些计数的算术平均值就是点击率。

$$\text{点击率} = \frac{\text{所有计数之和}}{\text{计数的总条数}} \tag{14-1}$$

AUC 代表正样本的 score 大于负样本 score 的概率，它统计起来比较麻烦。给定一个时间段，假设有 M 条正样本，N 条负样本，每条样本都携带一个 score，该 score 是模型预测出来的样本被点击的概率，让正样本和负样本两两组合，一共有 $M \times N$ 种组合，统计这些组合中正样本 score 大于负样本 score 的频率，用频率来近似概率从而得到 AUC。

$$\text{AUC} = \frac{\sum \mathbf{1}(\text{正样本的 score} > \text{负样本的 score})}{M \times N} \tag{14-2}$$

令 $M + N = n$，则当 $M = N = n/2$ 时，$M \times N$ 取得最大值 $n^2/2$，这就是最坏情况下计算 AUC 的时间复杂度。有一种更快的方法可以计算式 (14-2) 中的分子，对所有样本按 score 从大到小排序，排在第一位的记其 rank 值为 $n-1$，排在第二位的 rank 值为 $n-2$，依此类推。对于某个正样本，它排在第 i 位，其 rank

值为 $rank_i$，则 $rank_i$ 等于它跟另外 $n-1$ 个样本组合时 score 比其他样本高的个数，把所有正样本的 rank 值加起来就是所有正样本跟其他所有样本两两组合时正样本 score 大于另外一个样本 score 的个数，跟式 (14-2) 的分子对比一下，这里多算了一部分：正样本两两组合时其中一个 score 大于另一个 score 的次数，不考虑 score 相等的情况，任意组合都满足其中一个 score 大于另一个 score，即多算的部分就是 M 个正样本两两组合的种数 $M(M-1)/2$。所以 AUC 的另一个计算方式为

$$\mathrm{AUC}=\frac{\sum\limits_{i\in\text{正样本}} rank_i-\dfrac{M(M-1)}{2}}{M\times N}$$

这种方法的时间复杂度取决于对样本进行排序的时间复杂度。

以上都没有考虑样本 score 相等的情况，实际上如果 k 个样本的 score 相等，那么它们的 rank 值应该取原始 rank 的平均值，比如表 14-1 中 B、C、D 的 score 相等，它们最终的 rank 等于 $(3+2+1)/3=2$。

表 14-1　score 相等时 rank 的计算

样本	score	原始 rank	最终 rank
A	0.8	4	4
B	0.6	3	2
C	0.6	2	2
D	0.6	1	2
E	0.4	0	0

14.2.2　指标的上报与存储

influxDB 是一个时间序列数据库，每一条入库数据都会带上一个时间戳，它支持各种与时间相关的函数计算，比如计算一段时间内的平均值、最大值、分位点等。influxDB 非常适合用来记录线上算法的指标，一方面是因为所有指标都是带时间戳的，另一个原因是诸如点击率这样的指标需要计算平均值，参见式 (14-1)，而 influxDB 刚好支持。代码 14-2 是一段向 influxDB 上报数据的代码。

代码 14-2　写 influxDB

```
from telegraf.client import TelegrafClient
```

```
client = TelegrafClient(host="127.0.0.1", port=8089)

# measurement_name是表名，values=1代表正样本，values=0代表负样本。tags
    上会建索引，pageno代表在第几页展现，position代表在页内的位置。
client.metric(measurement_name="click_ratio", values=1, tags={"pageno":
    1, "position": 1})
client.metric("click_ratio", 0, {"pageno": 1, "position": 2})
client.metric("click_ratio", 0, {"pageno": 1, "position": 1})
client.metric("click_ratio", 1, {"pageno": 2, "position": 1})
```

查看 influxDB 中的数据：

```
> select * from click_ratio;
name: click_ratio
time                    pageno  position  value
----                    ------ -------- -----
1541251340323776370      1        1        1
1541251340325320658      1        2        0
1541251340325325643      1        1        0
1541251340325326967      2        1        1
```

统计一段时间内的展现量：

```
> select count(*) from click_ratio where time
    >1541250000000000000 and time<1541253600000000000;
name: click_ratio
time                    count_value
----                    -----------
1541250000000000001      4
```

统计一段时间内的点击量：

```
> select sum(*) from click_ratio where time>1541250000000000000
    and time<1541253600000000000;
name: click_ratio
```

```
time                    sum_value
----                    ---------
1541250000000000001     2
```

统计一段时间内的点击率：

```
> select mean(*) from click_ratio where time
         >1541250000000000000
    and time<1541253600000000000;
name: click_ratio
time                    mean_value
----                    ----------
1541250000000000001     0.5
```

统计第一页的点击率：

```
> select mean(*) from click_ratio where pageno='1';
name: click_ratio
time mean_value
---- ----------
0    0.3333333333333333
```

统计第一页第一个位置上的点击率：

```
> select mean(*) from click_ratio where pageno='1' and position='
    1';
name: click_ratio
time mean_value
---- ----------
0    0.5
```

influxDB 无法帮用户完成 AUC 的计算，它只能存储 AUC 的值。

14.2.3 指标的展现与监控

指标存储在了 influxDB 中，Grafana 负责把它们实时地展现出来，并且监控指标异动，必要时通过邮件、短信等方式通知开发人员。

Grafana 支持多种常见的数据源，比如 MySQL、Elasticsearch、OpenTSDB 等，首先我们把数据源配置为 influxDB，指定数据库地址和端口，如图 14-1 所示。

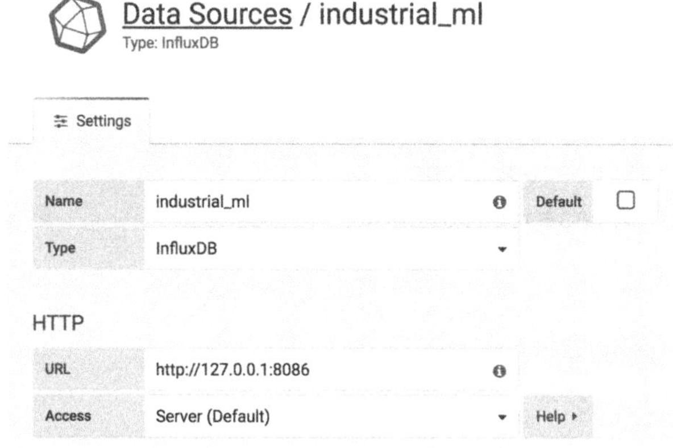

图 14-1　Grafana 数据源配置

Grafana 支持各种 IM 报警方式，比如钉钉、Slack、Microsoft Teams、LINE 等，如果你没有使用这些聊天工具，可以设置邮件报警，如图 14-2 所示，这里勾选了 Include image，则报警邮件中会带上相应的指标趋势图。

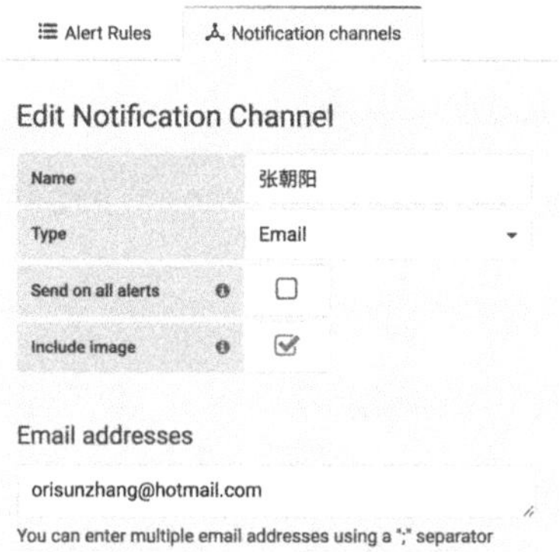

图 14-2　Grafana 报警通道配置

在 Grafana 中展示 influxDB 里的数据时需要指定 measurement name、时间窗口以及相应的聚合函数，如图 14-3 所示，配置的时间窗口是 1min，即统计每一分钟里的展现量、点击量和点击率。

图 14-3 时间趋势图配置

在代码 14-2 中，我们把页码 pageno 和页内位置 position 作为 tags 写到了 influxDB 中，influxDB 会在这两列上建索引，在 Grafana 中可以限定索引的取值，比如要观察第一页第一个位置上的点击率时可按照图 14-4 所示进行配置。

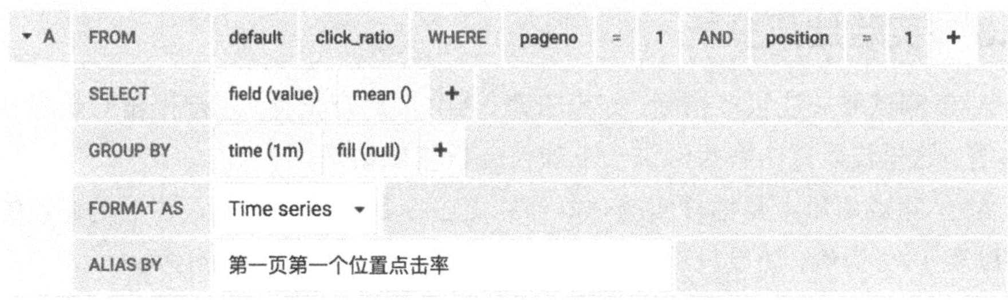

图 14-4 带 where 条件的趋势图配置

点击率是重要的线上指标，当点击率低于阈值时需要报警。图 14-5 体现的是对于 C 指标，如果过去 10min 内它的平均值低于 0.1 就报警，每隔 1min 检查一次，指标 C 对应图 14-3 中的点击率。

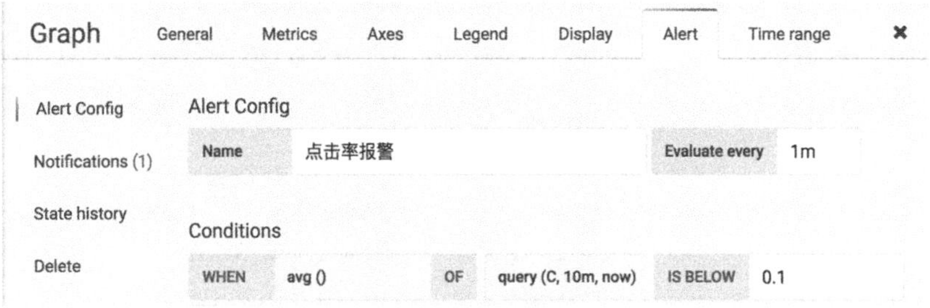

图 14-5　报警条件配置

图 14-6 指定通过哪个通道进行报警，在 Grafana 中可以配置多个报警通道，针对不同的指标可以选择不同的通道也可以选择相同的通道，还可以在报警内容中添加一些说明。

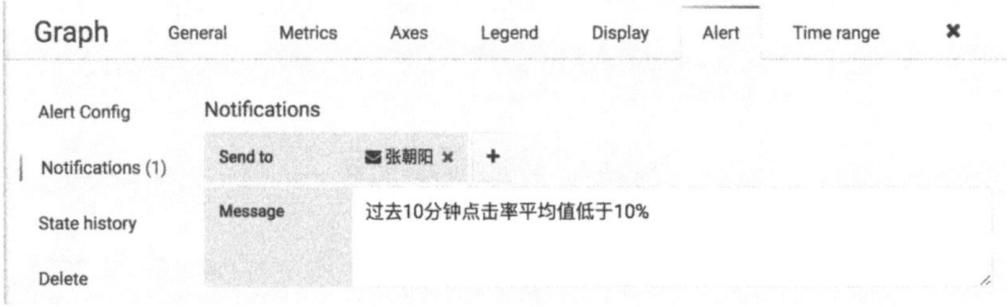

图 14-6　报警接收人配置

14.3　实验结果分析

A/B 测试要关注很多指标，如点击率、AUC、用户留存、用户停留时长和互动频率等，这里仅以点击率为例讲一下如何分析测试结果。

A/B 测试本质上是抽样实验，得到的点击率是样本的均值，并不是真正的期望，以表 14-2 为例，如果只看样本均值很容易得到模型的优劣顺序为 C>A>B，这就是点估计。而区间估计则要在给定置信度的情况下，计算出两个模型的点击期望之差落在哪个区间，这个时候就要用到式 (2-8)。

$$\left((\overline{X}-\overline{Y})-z_{\alpha/2}\sqrt{\frac{S_1^2}{n}+\frac{S_2^2}{m}},(\overline{X}-\overline{Y})+z_{\alpha/2}\sqrt{\frac{S_1^2}{n}+\frac{S_2^2}{m}}\right)$$

方差已填在表 14-2 中。

表 14-2 A/B 测试结果

模型	展现量	点击量	点击率	方差
A	99458	10045	0.101	0.091
B	100134	9282	0.093	0.084
C	99705	10268	0.103	0.092

给定置信度为 0.95 时 $\alpha = 0.05$，根据 Excel 函数 NORMSINV(1 − 0.05/2) 得 $z_{\alpha/2} = 1.96$。一个展现是否被点击服从伯努利分布，设展现量为 n，点击量为 k，则样本方差为

$$S^2 = \frac{1}{n-1}\sum_{i=1}^{n}(X_i - \overline{X})^2 = \frac{k(1-\overline{X})^2 + (n-k)(0-\overline{X})^2}{n-1}$$

根据点估计，模型 A 比模型 B 的点击率高出 0.008；根据区间估计，我们可以有 95% 的把握认为模型 A 的点击率减去模型 B 的点击率位于区间 $[0.006, 0.011]$，即模型 A 肯定是优于模型 B 的，此时称对比是显著的。同理计算出模型 C 的点击率与模型 A 的点击率之差位于置信区间 $[-0.001, 0.005]$，即模型 C 的点击率还有一定的可能会低于模型 A 的点击率，此时称对比是不显著的。在对比不显著的情况下我们无法得出确切的结论。即使对比显著，如果差距很小也不能得出确切的结论，比如模型 A 的点击率只比 B 高了 0.006~0.011，最终也不一定会选择模型 A 而弃用模型 B。